大数据环境下的计算机网络安全

刘志明　赵丹　何婧媛　著

延吉·延边大学出版社

图书在版编目（CIP）数据

大数据环境下的计算机网络安全 / 刘志明, 赵丹,
何婧媛著. -- 延吉：延边大学出版社，2024.8.
ISBN 978-7-230-07001-0
Ⅰ.TP393.08
中国国家版本馆 CIP 数据核字第 2024662LK0 号

大数据环境下的计算机网络安全

| 著　者：刘志明　赵丹　何婧媛　著 |
| 责任编辑：孟祥鹏 |
| 封面设计：侯　晗 |
| 出版发行：延边大学出版社 |

社　　址：吉林省延吉市公园路 977 号	邮　　编：133002
网　　址：http://www.ydcbs.com	E-mail：ydcbs@ydcbs.com
电　　话：0433-2732435	传　　真：0433-2732434
制　　作：期刊图书（山东）有限公司
印　　刷：延边延大兴业数码印务有限责任公司
开　　本：787mm×1092mm　1/16
印　　张：14.75
字　　数：320 千字
版　　次：2025 年 3 月第 1 版
印　　次：2025 年 3 月第 1 次印刷
书　　号：ISBN 978-7-230-07001-0

定　　价：75.00 元

PREFACE 前　言

随着信息技术的迅猛发展，大数据已经成为当今时代的标志性特征。大数据的广泛应用，正在深刻地改变着人们的生活方式、工作模式和思维方式。在这个数据驱动的时代，大数据为人们提供了前所未有的机遇，使人们能够以前所未有的方式理解和塑造世界。然而，大数据时代的到来也带来了一系列新的挑战，特别是在计算机网络安全领域。

在大数据环境下，数据的收集、存储、处理和分析等面临着前所未有的安全威胁。这些威胁可能来自外部的恶意攻击，也可能源自内部的数据泄露或误操作。一旦发生数据安全问题，不仅会导致个人隐私泄露，还可能对企业声誉和经济利益甚至国家安全造成重大影响。因此，大数据环境下的计算机网络安全问题已经成为当今社会亟待解决的重要问题之一。

为了应对这些挑战，本书旨在为读者提供一个全面而深入的了解大数据环境下计算机网络安全的视角。本书将从大数据的定义和特点入手，深入探讨大数据对计算机网络安全的影响，分析大数据环境下网络安全的新特点和新挑战。同时，本书还将介绍一系列隐私保护技术和网络安全防护技术，以帮助读者更好地理解和解决大数据环境下的网络安全问题。

此外，本书还介绍了大数据环境下计算机网络安全的法律法规与伦理道德问题。在大数据时代，数据的收集、使用和共享涉及众多的法律法规与伦理道德问题。笔者希望读者通过阅读本书，能够在享受大数据带来的便利性的同时，充分认识到自身在数据保护方面的责任和义务，并为构建安全、可信的大数据环境贡献自己的力量。

值得一提的是，本书还介绍了大数据环境下计算机网络安全的未来趋势与挑战。随着人工智能、零信任模型等的发展和应用，网络安全将面临更多的机遇与挑战。希望读者在阅读本书后，能够对前沿技术有初步的了解，并为未来的学习和实践打下坚实的基础。

目前，大数据已经成为推动社会进步的重要力量。然而，大数据的广泛应用也带来了一系列新的挑战。笔者相信，只有通过不断学习和实践，才能更好地应对这些挑战，以构建一个安全、可信的大数据环境。希望本书能够为读者提供有益的参考和帮助。

本书由刘志明、赵丹、何婧媛撰写，徐桂红、刘祎然、吴永兴在后期完成整理。在本书的撰写过程中，笔者也得到了许多专家的指导和帮助。他们提出的意见和建议使本书内容更加充实与完善。在此，笔者向所有为本书作出贡献的人士表示衷心的感谢。

需要强调的是，大数据环境下的计算机网络安全是一个复杂且多变的领域。本书虽然力求全面和深入，但难免有不足和疏漏之处，敬请广大读者谅解，也欢迎广大读者提出宝贵的意见和建议，以便后续不断完善和改进。同时，笔者也期待与读者一起分享和学习更多关于大数据环境下计算机网络安全的知识及经验。

让我们携手应对大数据环境下的计算机网络安全挑战，共同迎接更加安全、可信的未来！

编　者

2024 年 6 月 5 日

CONTENTS 目 录

第一章 大数据概述 ·· 1
    第一节 大数据的定义与特点 ·· 1
    第二节 大数据的发展历程 ··· 5
    第三节 大数据在各行业的应用 ··· 11

第二章 计算机网络安全基础 ·· 20
    第一节 计算机网络安全概述 ·· 20
    第二节 网络安全威胁与网络攻击类型 ·· 27
    第三节 传统网络安全防护措施 ··· 32

第三章 大数据对计算机网络安全的影响 ·· 40
    第一节 大数据带来的新安全挑战 ·· 40
    第二节 大数据环境下网络安全的特点 ·· 44
    第三节 大数据与网络安全的关系 ·· 49

第四章 大数据环境下的计算机网络威胁 ·· 56
    第一节 高级持久性威胁攻击 ·· 56
    第二节 勒索软件与加密货币挖矿 ·· 62
    第三节 数据泄露与内部威胁 ·· 69

第五章 大数据环境下计算机网络隐私保护 ··· 76
    第一节 数据匿名化与脱敏技术 ··· 76
    第二节 差分隐私保护 ··· 80
    第三节 隐私保护算法 ··· 84

第六章 大数据环境下计算机网络安全防护技术 ······································· 90
    第一节 安全信息与事件管理 ·· 90

第二节　用户行为分析 ·· 94
  第三节　基于大数据的入侵检测与防御 ·· 99

第七章　大数据环境下计算机网络身份认证与访问控制 ······························ 104
  第一节　多因素身份认证技术 ·· 104
  第二节　基于角色的访问控制 ·· 112
  第三节　属性基加密与访问控制 ·· 123

第八章　大数据环境下的云计算与计算机网络安全 ······································ 132
  第一节　云计算面临的安全挑战与防护 ·· 132
  第二节　云计算中的大数据安全存储 ·· 145
  第三节　云计算与大数据的协同安全策略 ·· 162

第九章　大数据环境下的物联网与计算机网络安全 ······································ 178
  第一节　物联网面临的安全威胁与挑战 ·· 178
  第二节　物联网大数据安全分析 ·· 183
  第三节　物联网与大数据的安全融合策略 ·· 188

第十章　大数据环境下区块链与计算机网络安全 ·· 192
  第一节　区块链在大数据安全中的应用 ·· 192
  第二节　区块链在数据安全溯源中的应用 ·· 194
  第三节　区块链与大数据的结合及挑战 ·· 196

第十一章　大数据环境下计算机网络安全的法律法规与伦理道德 ············ 199
  第一节　国内外大数据相关法律法规概述 ·· 199
  第二节　大数据环境下的伦理道德问题 ·· 203
  第三节　大数据环境下的法律责任与义务 ·· 208

第十二章　大数据环境下计算机网络安全的未来趋势与挑战 ···················· 215
  第一节　人工智能与网络安全的结合 ·· 215
  第二节　零信任模型在网络安全中的应用 ·· 219
  第三节　未来网络安全的发展趋势与挑战 ·· 223

参考文献 ··· 228

第一章 大数据概述

第一节 大数据的定义与特点

一、大数据的定义

数据（data）就是对客观事实的描述，或者人们通过观察、实验或计算得到的结果。数据有很多种，如数字、文字、图像、声音等。在计算机系统底层，数据是以二进制信息单元 0 和 1 的形式表示的。

大数据（big data）指的是在一定时间范围内不能以常规软件工具处理（存储和计算）的大而复杂的数据集。其实，大数据就是使用单台计算机无法在规定时间内处理完，或者压根就无法处理的数据集。

二、大数据的特点

（一）数据量：巨大的数据规模

在数字化时代，数据量呈现爆炸式增长。大数据的"大"最直接的体现是数据量巨大。这种巨大的数据量不是以传统的吉字节（GB）或太字节（TB）为单位，而是以拍字节（PB）、艾字节（EB）甚至更大的单位来计量的。如此庞大的数据量，无疑对存储和管理提出了前所未有的挑战。

巨大的数据量要求有相应的存储设备来容纳。由于传统的存储设备无法存储如此大规模的数据，因此，云存储、分布式存储等新型存储技术应运而生。新型存储技术通过集群、虚拟化等技术手段来实现数据的高效存储和管理。

巨大的数据量给数据的处理和分析带来了一定的难度。传统的数据处理方法在面对海量数据时，处理效率会大大降低，甚至可能出现无法处理的情况。因此，需要采用更高效的数据处理和分析技术，如 MapReduce、Hadoop 等大数据处理框架，以提高数据处理的速度和效率。

数据量的巨大意味着在数据传输和共享方面存在挑战。由于数据量庞大，在传输和共享过程中可能会出现网络拥堵、数据丢失等问题，因此，需要采用高效的数据传输和共享技术，以确保数据的完整性和可用性。

（二）处理速度：快速精准的数据处理能力

对大数据的处理速度要求非常快，这是因为许多应用场景需要实时或近似实时地进行分析和响应。例如，在金融领域，高频交易需要快速分析市场数据，以做出投资决策；在物流领域，需要实时跟踪货物的运输情况，以确保及时送达。

为了满足快速处理的需求，高性能计算设备和高效的算法成为关键。一方面，通过提升计算设备的性能，如使用功能更强大的中央处理器（Central Processing Unit，CPU）、图形处理器（Graphics Processing Unit，GPU）或现场可编程门阵列（Field Programmable Gate Array，FPGA）等硬件加速器，可以显著提高数据处理的速度；另一方面，通过优化算法和采用并行计算技术，可以进一步提高数据处理的效率。

此外，为了满足高速数据流的处理需求，流处理技术也得到了广泛应用。应用流处理技术可以实时处理连续到达的数据流，提供即时的分析结果，从而满足快速响应的需求。

（三）多样性：数据类型多样化

大数据包含多种类型的数据，如结构化数据、非结构化数据和半结构化数据等，这为数据处理和分析带来了更大的挑战。

结构化数据是指具有固定格式或有限长度的数据，如元数据等。这类数据便于存储和管理，但信息量有限。非结构化数据是指不定长或无固定格式的数据，如文本、图片、视频、音频等。这类数据包含丰富的信息，但处理起来相对复杂。半结构化数据则介于结构化数据和非结构化数据之间，如 XML、JSON 等格式的数据。

为了有效处理多样化的数据类型，需要采用不同的技术和方法：对于结构化数据，可以采用传统的关系型数据库进行处理；对于非结构化数据，需要借助自然语言处理、图像识别等技术进行提取和分析；对于半结构化数据，需要结合结构化数据和非结构化数据的处理方法进行综合分析。

（四）真实性：确保数据的真实性

大数据的真实性是指数据的准确性和可信度。由于大数据来源广泛且十分复杂，数据的真实性往往难以保证，因此，在处理和分析大数据时，需要采取一系列措施来确保数据的真实性。

数据清洗是一个重要环节。通过数据清洗可以去除重复、无效或错误的数据，提高数据的质量和准确性。数据验证也是必不可少的步骤。通过对数据进行校验和比对，可以确保数据的真实性和完整性。此外，还可以采用数据加密和签名等技术手段来确保数据的真实性和安全性。

除了技术手段之外，加强数据管理和监管也是确保数据真实性的重要措施。建立完善的数据管理体系和监管机制，可以规范数据的采集、存储、处理和分析过程，从而提高数据的真实性和可信度。

（五）价值性：挖掘数据的商业价值

虽然大数据包含海量的信息，但有价值的信息相对于数据量而言非常少。然而，一旦能够准确地提取出有价值的信息，其带来的商业价值将是巨大的。

在商业领域，大数据的价值主要体现在以下几个方面：一是市场洞察和趋势预测。通过对大数据进行分析和挖掘，企业可以洞察市场动态和消费者需求，为产品研发、市场营销等提供有力支持。二是优化运营和提高效率。通过对企业内部运营数据进行分析，可以发现流程瓶颈和不必要的环节，从而优化运营和提高效率。三是创新商业模式和服务。通过对大数据进行分析，企业可以发现新的商业模式和服务机会，进而开拓新的市场和客户群体。

为了挖掘大数据的商业价值，企业不仅需要建立完善的数据分析和挖掘体系，还需要培养一支具备数据分析技能的专业团队，以便更好地利用大数据为企业创造价值。

三、大数据技术面临的挑战

（一）数据存储技术方面的挑战

大数据技术面临的第一个挑战便是数据存储。随着信息技术的迅猛发展，大数据的量级已经从吉字节、太字节跃升到拍字节、艾字节甚至更大的字节级别。这样的数据量级对于传统的存储设备来说是一个巨大的挑战。也就是说，存储设备需要有足够的容量来存储这些数据。目前，云计算、分布式存储等技术正在逐步成为解决大数据存储问题的关键。这些技术通过将数据分散存储在多个节点上，不仅能提高存储容量，还能实现数据的高可用性和可扩展性。

但仅仅增加存储容量远远不够，因为大数据的存储还需要考虑数据的快速读/写、高效管理和安全性等。例如，大数据的存储系统需要支持高并发读/写，以确保数据能够被及时处理。由于大数据通常包含多种类型的数据，如文本、图片、视频等，因此，需要有一种高效的数据管理系统来对这些不同类型的数据进行统一的管理和查询。此外，数据的安全性也是不容忽视的问题。大数据的存储需要采取加密、备份、容灾等多种安全措施，以防止数据泄露、损坏或丢失。

为了应对这些挑战，许多企业和研究机构都在积极探索新的存储技术。例如，采用分布式文件系统，如 HDFS（Hadoop Distributed File System）、FastDFS 等，能够支持大规模数据的存储和高效读/写。同时，一些新型存储介质，如闪存、相变存储器等，也在不断发展中，并且有望为大数据存储提供更多的选择。

（二）数据处理技术方面的挑战

数据处理技术是大数据技术面临的第二个挑战。传统的数据处理方法往往难以应对大数据的复杂性。大数据不仅包含结构化数据，还包含大量的非结构化数据，如社交媒体文本、音频、视频等。处理这些类型的数据需要更为高效和并行的处理算法与技术。

为了处理这些多样化的数据，研究者提出了许多新的算法与技术，如 MapReduce 就是一种广泛应用于大数据处理的并行编程模型。MapReduce 将大数据处理任务分解为多个小任务，并在多个计算节点上并行执行，从而大大提高了数据处理的速度和效率。此外，基于机器学习、深度学习等技术的数据处理方法能够从海量的非结构化数据中提取出有价值的信息。

除了数据处理的速度和效率，还需要考虑数据的实时性。在许多应用场景如金融交易、物流追踪等中，数据的实时处理至关重要。因此，大数据处理系统需要具备实时处理能力，以便及时响应业务需求。

（三）数据分析方面的挑战

如何从海量的数据中准确地提取有价值的信息是大数据技术面临的第三个挑战。数据分析的目的是从数据中获取有价值的洞察和预测，以支持决策制定和业务优化。然而，大数据的复杂性使这项任务变得异常困难。

为了解决这个问题，数据科学家通常会采用各种数据挖掘和机器学习算法来提取数据中的模式与关联。这些算法包括但不限于聚类分析、分类算法、关联规则挖掘等。利用这些算法，可以从大数据中发现隐藏的规律和趋势，从而为企业或组织提供有价值的洞察。

值得注意的是，数据分析并不只是技术问题，还涉及数据清洗、数据预处理等环节。为了确保分析的准确性，需要对原始数据进行一系列的处理和转换。此外，数据分析的结果还需要通过可视化的方式呈现出来，以便进行更好的理解和应用。

（四）数据安全方面的挑战

大数据的存储和传输需要采取更严格的安全措施，以防止出现数据泄露和非法访问等安全问题，这是大数据技术面临的第四个挑战。随着大数据的广泛应用，数据泄露和非法访问的风险也在不断增大。一旦数据被泄露或非法访问，不仅会给企业和个人带来巨大的损失，还可能引发法律纠纷和社会信任危机。

为了确保大数据的安全，需要采取多层次的安全措施：首先，在存储层面，需要对数据进行加密处理，并使用安全的存储设备和技术来防止数据被非法访问或篡改；其次，在传输层面，需要使用安全的通信协议和加密技术来确保数据在传输过程中的安全性；最后，需要建立完善的数据访问控制和审计机制，以监控数据的访问和使用情况。

除了技术层面的安全措施之外，还需要加强人员培训和管理，以确保数据安全，如可以提高员工的数据安全意识、制定严格的数据访问和使用规范，以及定期进行数据安全演练等。

（五）技术与业务融合方面的挑战

大数据的最终目的是支持业务的发展和优化，这就需要将技术和业务进行融合，而技术与业务的融合是大数据技术面临的第五个挑战。例如，技术人员和业务人员之间可能存在一定的沟通障碍。技术人员可能更关注技术的先进性和性能，容易忽略业务需求；而业务人员可能更关注业务目标和成果，容易忽略技术限制。这种沟通障碍可能导致技术与业务之间的脱节和矛盾。

为了解决这个问题，需要加强技术人员与业务人员之间的沟通和协作，如双方需要共同明确业务目标和技术需求并制订合理的实施方案。此外，企业还可以考虑引入业务分析师或产品经理等，使其更好地发挥技术与业务之间的桥梁作用。

（六）人才培养和发展方面的挑战

大数据技术的不断发展和普及，对于具备相关技能的人才的需求也在不断增加，然而目前市场上具备专业技能和经验的大数据人才相对匮乏，这是大数据面临的第六个挑战。为了应对这个挑战，企业和组织需要加强人才培养与发展工作，包括提供相关的培训和教育资源、建立激励机制以吸引和留住人才，以及推动行业间的交流和合作等。

同时，高校和教育机构也需要加强与大数据相关的课程的设置和人才培养工作，以满足市场需求。高校也可以通过加强与企业之间的合作来推动大数据人才的培养。此外，高校还可以通过举办相关的技能竞赛、创新项目等活动来激发学生的兴趣，挖掘学生的潜力，并培养其实践能力和创新精神。

第二节　大数据的发展历程

一、早期数据处理与存储技术

（一）从文件系统到数据库管理系统的发展

1. 文件系统的起源与特点

在计算机科学的早期阶段，数据处理和存储的核心是文件系统。文件系统作为计算机存储和组织数据的一种重要机制，以文件为基本单位，每个文件内部存储着特定类型的数据，这些数据可以是文本、图像、音频、视频或其他形式的数字信息。文件系统提供了基本的文件创建、读取、修改和删除等操作，能够使用户非常方便地管理自己的数据。

然而，文件系统在处理大量数据时存在明显的局限性。首先，数据冗余是一个显著问题。由于每个文件都是独立的，相似的数据可能会在多个文件中重复出现，这不仅会浪费存储空间，还会增加数据维护的复杂性。其次，文件系统缺乏统一的数据结构和标准，导致数据不一致问题频发。不同的应用程序可能会以不同的方式存储和解析数据，因此数据交换和共享变得十分困难。最后，文件系统的查询效率比较低下。当数据量增大时，检索特定信息可能需要遍历大量文件，这会大大降低工作效率。

为了解决这些问题，计算机科学家开始探索更加高效、统一的数据管理方式，这促成了数据库管理系统的诞生。

2. 数据库管理系统的诞生与发展

数据库管理系统（Database Management System，DBMS）的出现是数据处理技术的一大飞跃。与文件系统相比，数据库管理系统提供了一种结构化的方法来存储、检索和管理数据。数据库管理系统通过建立统一的数据模型和数据结构来实现数据的集中存储与高效查询。此外，数据库管理系统还提供了数据完整性、安全性和并发控制等机制，可以确保数据的准确性和可靠性。

关系型数据库管理系统（Relational Database Management System，RDBMS）是数据库管理系统的一种重要类型。它基于关系模型，使用表格来存储数据，并通过结构化查询语言（Structured Query Language，SQL）来查询和管理这些数据。关系型数据库管理系统具有数据结构清晰、易于理解、方便扩展等优点，因此在科研等领域得到了广泛应用。

随着技术的不断发展，数据库管理系统也在不断演进。从最初的层次数据库、网状数据库，到如今的关系型数据库管理系统和非关系型数据库管理系统（如MongoDB、Cassandra等），数据库技术在不断创新和完善，以满足不同场景中的数据处理需求。

3. 数据库管理系统对数据处理的影响

数据库管理系统的出现对数据处理产生了深远的影响。首先，数据库管理系统大大提高了数据处理的效率和准确性。通过结构化存储和高效的查询语言，用户可以快速准确地获取所需信息，减少了数据冗余和不一致性带来的问题。其次，数据库管理系统提高了数据的安全性和完整性。通过访问控制、加密等安全措施，以及数据完整性约束条件（如主键、外键等），确保了数据的合法性和可靠性。最后，数据库管理系统促进了数据的共享和交换。统一的数据结构和标准使不同系统之间的数据交换变得更加容易实现。

（二）数据仓库与数据挖掘的兴起

1. 数据仓库的兴起与特点

随着企业数据量的不断增长，以及业务需求的日益复杂和多样化，传统的数据库管理系统在某些方面已经难以满足需求。为了更好地支持管理决策过程，并整合来自不同源的数据，以提供一个统一的数据视图进行分析，数据仓库应运而生。

数据仓库是一个集中式、稳定的数据存储环境，专门用于支持复杂的数据分析和报告需求。与数据库管理系统相比，数据仓库更注重数据的整合、转换和加载过程，以及多维数据分析和数据挖掘等高级功能。数据仓库通过构建星形模型或雪花模型等数据结构来优化查询性能，并提供更直观的数据展示方式。

此外，数据仓库还能提供丰富的工具和技术来支持数据的可视化展示、趋势分析和预测等。这些功能使企业能够更好地了解市场动态、客户行为和业务流程等，从而做出更明智的决策。

2. 数据挖掘的兴起与应用

数据挖掘是通过分析大量数据来发现其中有意义的模式、趋势和关联的过程。随着企业数据量的激增，以及市场竞争的加剧，从海量数据中提取有价值的信息已经成为企业获取竞争优势的关键手段之一。因此，数据挖掘逐渐受到广泛关注并得到了快速发展。

数据挖掘涉及多种算法和技术，如聚类分析、分类算法、关联规则挖掘等。用户可以根据不同的应用场景和需求来选择与优化算法。例如，在市场营销领域，可以利用聚类分析对客户进行细分，以制定个性化的营销策略；在风险评估领域，可以利用分类算法对信贷申请人进行信用评估，以降低违约风险；在推荐系统领域，可以利用关联规则挖掘来发现用户之间的相似性和兴趣偏好，以提供个性化的推荐服务。

3. 数据仓库与数据挖掘对业务决策的影响

数据仓库与数据挖掘的兴起为企业的业务决策提供了强有力的支持。首先，通过整合来自不同源的数据并提供统一的数据视图，企业能够更全面地了解自身的业务状况和市场环境。其次，利用数据挖掘可以从海量数据中提取有价值的信息，从而帮助企业发现潜在的市场机会和竞争威胁。最后，利用数据仓库和数据挖掘可以帮助企业优化资源配置、提高运营效率、降低风险成本，从而提升整体竞争力和营利能力。

二、大数据技术的崛起

（一）分布式存储与计算技术的发展

1. 分布式存储与计算技术的起源

随着互联网和物联网的迅猛发展，全球数据量呈现爆炸式增长。传统的数据处理和存储技术，在面对海量的数据时，显得鞭长莫及。数据的快速增长对存储和计算能力提出了新的挑战，需要一种全新的技术来应对。因此，分布式存储与计算技术应运而生，并且为大数据处理提供了新的解决方案。

分布式存储与计算技术通过将数据分散到多个节点上进行存储和处理，充分利用集群的计算和存储能力来实现高效的并行计算和数据存储。采用这种技术不仅可以提高数据处理的效率，还可以增强数据的可靠性和可用性。

2. 谷歌的谷歌文件系统与 MapReduce

谷歌（Google）的谷歌文件系统（Google File System）和 MapReduce 是分布式存储与计算技术的杰出代表。谷歌文件系统是一个可扩展的分布式文件系统，是专门为存储大量数据而设计的。谷歌文件系统通过将数据分散到多台廉价的服务器上，实现高可用性和高可扩展性。同时，谷歌文件系统还可提供容错机制，确保在部分服务器发生故障时，数据的完整性和可用性不受影响。

MapReduce 则是一种用于处理和生成大数据集的编程模型，能将数据处理任务分解为多个子任务，并在多个计算节点上并行执行。这种模型能大大简化大数据处理的复杂性，使开发人员可以更加专注于业务逻辑的实现，而无须关心底层的分布式计算细节。MapReduce 的出现极大地推动了大数据处理技术的发展。

3. 分布式存储与计算技术的影响和应用

分布式存储与计算技术的兴起，对大数据领域产生了深远的影响。首先，分布式存储与计算技术提高了大数据处理的效率和准确性。并行计算和数据分散存储不但大大缩短了数据处理的时间，而且提高了数据的可靠性。其次，分布式存储与计算技术降低了大数据处理的成本。通过使用廉价的服务器和存储设备，构建大规模的分布式集群，可以凭借较低的成本实现高性能的计算和存储能力。

分布式存储与计算技术已经被广泛应用于各个领域。例如，在搜索引擎、社交媒体、电子商务等领域，这种技术被用于处理海量的用户数据和交易数据。此外，在科学计算、生物信息学等领域，分布式存储与计算技术也可以发挥重要作用。

（二）Hadoop、Spark 等大数据处理框架的出现

1. Hadoop 的诞生与核心组件

Hadoop 是一个开源的分布式计算框架，它的出现为大数据处理带来了革命性的变化。Hadoop 允许使用简单的编程模型在跨计算机集群的分布式环境下处理大规模数据集。这一特性使 Hadoop 成为处理大数据的首选工具之一。

Hadoop 的核心组件包括 HDFS 和 MapReduce。HDFS 提供了高度可扩展的分布式文件系统。HDFS 通过将数据分散到多个数据节点上进行存储，实现了数据的冗余备份和容错机制，从而确保数据的可靠性和可用性。MapReduce 则是一种用于大规模数据集的并行处理模型，能大大提高数据处理的效率。

2. Spark 的兴起与特点

随着大数据技术的不断发展，新的处理框架逐渐涌现。其中，Spark 就是一个备受瞩目的新兴大数据处理框架。与 Hadoop 相比，Spark 在处理迭代计算和交互式查询方面更加高效，这主要得益于 Spark 在内存中处理数据的能力。Spark 将数据存储在内存中，避免了频繁的磁盘输入\输出（I\O）操作，能大大提高数据处理的效率。

除了高效的计算性能之外，Spark 还提供了丰富的应用程序编程接口（Application Programming Interface，API）工具集，以支持多种数据处理任务。这些任务包括批处理、交互式查询、实时流处理和机器学习等。因此，Spark 是一款功能强大且灵活多变的大数据处理工具。实际上，Spark 已经被广泛应用于各个领域，如金融风险控制、智能推荐、物联网数据分析等。

3. Hadoop 与 Spark 的比较

虽然 Hadoop 与 Spark 都是优秀的大数据处理框架，但它们在某些方面存在差异。Hadoop 在处理离线批处理任务时具有较高的性能和稳定性，而 Spark 则在实时流处

理、交互式查询和机器学习等方面更具优势。因此，在选择大数据处理框架时，需要根据实际需求和业务场景进行综合考虑。

对于需要处理大规模离线数据的场景，Hadoop 是一个不错的选择。这是因为 Hadoop 能提供强大的批处理能力和高度可扩展的分布式文件系统，能够满足大规模数据处理的需求。而对于需要实时数据处理、交互式查询或机器学习的场景，Spark 则更具优势。这是因为 Spark 高效的内存计算能力和丰富的 API 工具集使这些任务能够更快速地完成。

三、当前大数据技术的发展趋势

（一）云计算与大数据的结合

1. 云计算对大数据处理的支撑作用

云计算作为一种按需提供计算资源的服务模式，已经成为大数据处理的重要基础。由于云计算平台提供了弹性的计算和存储资源，因此，能够根据实际需求对大数据处理任务进行灵活扩展。这种弹性扩展能力，使大数据处理任务在高峰时期能够得到足够的资源支持，而在低谷时期则能够节约成本。

此外，云计算还能提供丰富的服务和工具集，以简化大数据处理的复杂性。云服务提供商能通过提供预配置的大数据解决方案，降低大数据处理的门槛。这些解决方案通常包括数据存储、数据处理、数据分析和数据可视化等一站式服务，因此，用户无须关心底层技术的细节就能够快速构建和部署大数据应用。

2. 云计算与大数据结合的优势

云计算与大数据的结合带来了诸多优势。首先，通过云计算的弹性扩展能力，大数据处理任务可以更好地应对数据量的激增，确保处理的及时性和准确性；其次，云计算的服务模式使大数据处理成本更加可控，用户只需按需付费，无须一次性投入大量资金建设基础设施；最后，云计算提供的丰富的服务和工具集使得大数据处理更加高效、便捷。

3. 云计算与大数据结合的应用场景

云计算与大数据的结合在多个领域都有广泛应用。例如，在电商领域，通过云计算平台对大量用户行为数据进行分析，可以实现精准营销和个性化推荐。在金融领域，云计算可以帮助银行、证券公司等机构进行风险评估和交易分析。在医疗领域，通过云计算对海量医疗数据进行分析，有助于发现疾病的发病规律和治疗方法。

（二）人工智能与大数据的融合

1. 人工智能在大数据处理中的应用

人工智能的快速发展为大数据处理提供了新的方法和手段。机器学习算法、深度学习算法等被广泛应用于大数据分析中，实现了数据的自动分类、聚类和预测等。利用这些技术能够从海量数据中提取有价值的信息，为企业决策提供支持。

例如，在电商领域，通过机器学习算法对历史销售数据进行分析，可以预测未来一段时间内的销售趋势和热门商品，从而为制定更好的库存管理和采购策略打下基础。在金融领域，深度学习算法可以用于识别欺诈行为和评估信用风险，提高金融机构的风险管理能力。

2. 人工智能与大数据融合的优势

人工智能与大数据融合有很多优势。首先，人工智能技术可以提高大数据处理的自动化程度，减少人工干预和降低错误率；其次，通过人工智能技术对大数据进行深入挖掘和分析，可以发现更多的数据价值和业务机会；最后，人工智能技术还可以优化大数据处理的性能和效率，提高处理速度和准确性。

3. 人工智能与大数据融合的挑战及其对策

尽管人工智能与大数据的融合带来了很多优势，但也面临着一些挑战，如数据质量和标注问题、算法模型的复杂性和可解释性、隐私保护和安全性等。为了应对这些挑战，需要采取一系列对策，如加强数据清洗和预处理工作、优化算法模型的设计和实现、加强隐私保护和安全防护措施等。

（三）边缘计算在大数据处理中的应用

1. 边缘计算对大数据处理的影响

随着物联网设备的普及和5G网络的快速发展，边缘计算逐渐成为大数据处理的新趋势。边缘计算将计算和数据存储推向网络的边缘，即设备或终端附近，以减少数据传输的延迟并提高处理效率。这种处理方式对大数据处理产生了深远的影响。

边缘计算降低了数据传输的需求和成本。由于数据在本地进行处理和分析，无须将所有数据都传输到中心服务器进行处理，因此降低了网络带宽的需求和传输成本。边缘计算提高了大数据处理的实时性和响应速度。由于数据在本地进行处理和分析，因此可以更快地获得处理结果并做出响应。边缘计算还增强了数据的安全性和隐私保护能力。敏感数据可以在本地进行处理而无须上传到云端，因此降低了数据泄露的风险。

2. 边缘计算在大数据处理中的应用场景

边缘计算在大数据处理中有广泛的应用场景。例如，在智能交通领域，通过边缘计算对交通流量数据进行实时处理和分析，可以实现智能交通管理和优化。在工业自动化领域，边缘计算可以用于实时监测和控制生产过程中的各种参数与设备状态，提高生产效率和产品质量。在智能家居领域，通过边缘计算对家居设备产生的数据进行处理和分析，可以实现智能化控制和节能减排等目标。

3. 边缘计算在大数据处理中的挑战与前景

尽管边缘计算在大数据处理中有诸多优势和应用场景，但也面临着一些挑战，如设备计算和存储能力的限制、数据安全和隐私保护问题、标准化和互操作性问题等。为了应对这些挑战并推动边缘计算在大数据处理中的广泛应用，需要进一步加强技术研发和创新、完善标准化和规范制定工作、加强安全保障措施等。

第三节　大数据在各行业的应用

一、大数据在金融行业的应用

（一）风险管理与合规性监控

1. 提升风险识别与评估的精确性

在金融领域，风险无处不在。传统的风险评估方法大多依赖人工经验和定性分析，往往存在主观性和滞后性。然而，大数据技术的引入能够使金融机构通过对海量数据的深度挖掘和分析，更精确地识别潜在的风险点。例如，在评估信贷风险时，利用大数据技术可以对借款人的历史信用记录、资产负债状况、经营情况等多维度信息进行综合分析，从而更准确地评估其信用风险。

此外，利用大数据技术还能帮助金融机构发现传统风险评估方法难以察觉的隐蔽风险。通过对市场数据进行实时监测和分析，金融机构可以及时发现市场异常波动，为风险预警和应对提供有力支持。

2. 提高合规性监控的实时性与智能化

合规性是金融行业的生命线。随着监管政策的不断收紧，金融机构面临的合规压力日益增大。大数据技术为合规性监控提供了新的解决方案。通过对交易数据进行实时监控和分析，金融机构可以及时发现并处理违规交易行为，从而确保业务操作的合规性。

同时，金融机构利用大数据技术还可以建立智能化的合规管理系统。这类系统能够自动识别和提示潜在的合规风险，为管理人员提供决策支持，从而大大提高合规管理的效率和准确性。

3. 完善风险预警与应急响应机制

利用大数据技术不仅可以提升风险识别和合规监控的能力，还可以为金融机构构建更完善的风险预警和应急响应机制。利用大数据模型对历史风险事件进行深度学习和模拟，可以预测未来可能出现的风险情景，从而为金融机构提供早期预警。

在应急响应方面，金融机构利用大数据技术能够快速分析风险事件的性质和影响范围，从而为决策层提供科学的数据支持，确保风险应对的及时性和有效性。

（二）量化交易与高频交易

1. 基于大数据的量化交易策略开发

量化交易以严谨的数学模型和算法为基础，寻求价格趋势和交易机会。大数据技术为量化交易策略的开发提供了较丰富的数据资源和较强大的计算能力。通过对历史交易数据的深度挖掘和分析，交易员可以发现隐藏在数据中的价格规律和交易信号，从而构建出更有效的量化交易策略。

同时，大数据技术还可以帮助交易员优化策略参数，提高策略的营利性和稳定性。通过对市场数据的实时监测和模拟交易，交易员可以及时调整策略以适应市场变化，从而获取更高的投资收益。

2. 高频交易中的大数据处理技术

高频交易以高速、高量的交易特点对数据处理技术提出了更高的要求。大数据技术为高频交易提供了强大的数据处理和分析能力。在高频交易中，每笔交易都可能涉及大量的数据读/写和计算操作。大数据技术通过分布式存储和并行计算等方式，可以确保交易系统的实时性和准确性。

此外，大数据技术还可以帮助交易员实时监测市场动态和交易对手的行为模式，为交易决策提供有力支持。通过对市场数据进行深度分析，交易员可以及时发现并抓住交易机会，提高交易的营利性。

3. 量化交易与高频交易的风险控制

虽然量化交易和高频交易带来了较高的投资收益，但也伴随着较高的风险。大数据技术为这两种交易方式提供了更有效的风险控制手段。通过对交易数据进行实时监测和分析，金融机构可以及时发现异常交易和风险因素，从而采取相应的风险控制措施。

同时，大数据技术还可以帮助金融机构建立风险预警和止损机制。当市场风险达到预设的阈值时，系统会自动触发预警或止损操作，以确保交易的安全性和稳定性。

（三）客户数据分析与个性化服务

1. 客户画像的精准构建

在金融行业，了解客户需求并提供个性化的服务是提升竞争力的关键。大数据技术为金融机构提供了更精准的客户画像构建方法。通过对客户的消费习惯、投资偏好、信用记录等多维度数据进行分析，金融机构可以深入了解客户的真实需求和风险偏好。

基于这些数据，金融机构可以为客户提供更加贴合其需求的产品和服务推荐。例如，对于风险偏好较高的客户，金融机构可以推荐更具投资性的理财产品；而对于风险偏好较低的客户，金融机构可以提供更加稳健的投资组合选择。

2. 个性化服务的实现与提升

大数据技术不仅可以帮助金融机构了解客户需求，还可以为个性化服务的实现提供技术支持。通过进行数据分析，金融机构可以针对不同的客户群体设计差异化的产品和服务方案。同时，在提供服务的过程中，金融机构还可以根据客户的实时反馈和行为数据，不断优化和调整服务策略，以提升客户满意度和忠诚度。

此外，大数据技术还可以帮助金融机构建立智能化客户服务系统。这类系统能够自动识别客户需求并提供相应的服务响应，从而大大提高服务效率和客户满意度。

3. 客户关系管理的优化与创新

大数据技术为金融机构的客户关系管理带来了革命性的变化。传统的客户关系管理大多依赖于人工经验和定性分析，而大数据技术的引入使金融机构能够更加科学地维护和管理客户关系。

通过对客户数据进行深度挖掘和分析，金融机构可以及时发现客户关系的潜在问题和改进空间。同时，大数据技术还可以帮助金融机构建立智能化的客户关系管理系统，实现客户信息的自动化更新和维护、客户需求的智能识别和响应等功能。这将大大提升客户关系管理的效率和准确性，并赢得更多的客户。

二、大数据在医疗健康行业的应用

（一）患者数据分析与疾病预测

1. 患者医疗数据的深度挖掘与应用

在医疗健康行业，大数据技术为患者医疗数据的深度挖掘提供了新的可能性。通过收集患者的病历、生理监测数据、影像学资料等，医疗机构可以构建一个庞大的数据库。利用大数据分析技术，医疗机构可以对这些数据进行综合处理，从而发现隐藏在数据背后的规律和趋势。

例如，对糖尿病患者的长期血糖监测数据进行分析，可以帮助医生更准确地评估患者的血糖控制情况，调整治疗方案，并预测可能的并发症风险。这种深度挖掘不仅可以提高诊断的准确性，还可以为个体化治疗提供有力支持。

2. 疾病预测模型的构建与优化

大数据技术的应用还体现在疾病预测模型的构建上。基于大量的患者数据，医疗机构可以利用机器学习、深度学习等算法，构建出能够预测疾病发生风险的模型。这些模型可以综合考虑多种因素，如年龄、性别、遗传病、生活习惯等，以评估个体患病的风险。

通过对模型的不断优化和验证，医疗机构可以提高预测的准确性，并在疾病发生前采取干预措施，从而降低疾病的发生率。这种预测模型的应用，对于慢性病管理和预防性医疗具有重要意义。

3. 患者健康管理与远程医疗的实现

大数据技术还推动了患者健康管理和远程医疗的发展。通过可穿戴设备、移动医疗应用等工具，医疗机构可以实时收集患者的健康数据，并利用大数据技术进行分析。由此，医生能够远程监控患者的健康状况，及时发现潜在的健康问题，并提供个性化的健康建议。

此外，大数据技术还可以帮助医疗机构建立患者健康档案，实现患者信息的全面管理和共享。这不仅可以提高医疗服务的连续性，还可以为患者提供更加便捷的医疗体验。

（二）药物研发与临床试验数据分析

1. 药物研发过程中的数据挖掘与模拟

大数据技术在药物研发过程中的数据挖掘与模拟方面也发挥着关键作用。通过对已知药物的数据进行分析，研究人员可以了解药物的作用机制、疗效，以及潜在的副作用，从而为新药的研发提供重要参考。

同时，利用大数据技术进行模拟试验，可以预测新药在生物体内的代谢过程、与靶点的相互作用等，从而加速新药的筛选和优化过程。这不仅可以缩短药物研发周期，还可以降低研发成本，提高研发效率。

2. 临床试验数据的实时监控与分析

在临床试验阶段，利用大数据技术可以实现试验数据的实时监控与分析。通过收集和分析受试者的生理数据、药物反应数据等，研究人员可以及时了解试验的进展情况，评估药物的安全性和有效性。

这种实时监控有助于及时发现潜在的问题和风险，确保试验的顺利进行。同时，通过对试验数据进行深入挖掘和分析，还可以为后续的临床治疗提供有力的数据支持。

3. 药物研发与临床试验的决策支持系统

利用大数据技术还可以构建药物研发与临床试验的决策支持系统。这类系统能够整合各种数据源的信息，为研究人员提供全面的数据视图和决策支持。

通过利用这些系统，研究人员可以更加科学地制定药物研发策略、选择合适的受试者、优化试验设计等。这将有助于提高药物研发的成功率，降低研发风险，并为患者带来更安全、更有效的治疗药物。

（三）医疗资源优化配置

1. 医疗资源分布与使用情况的数据分析

大数据技术的应用使医疗机构能够更全面、深入地了解医疗资源的分布和使用情况。通过对各地区、各医疗机构的资源进行统计分析，可以发现资源分配的不均衡性和使用效率等问题。

基于这些数据，医疗机构可以更加合理地规划资源的配置，确保资源的充分利用和均衡分布。这不仅可以缓解部分地区医疗资源紧张的状况，还可以提高医疗服务的可及性和质量。

2. 患者需求预测与资源调配策略的制定

通过大数据技术，医疗机构可以预测未来一段时间内患者需求的变化趋势。这有助于医疗机构提前做好资源调配的准备工作，以满足患者的实际需求。

例如，在流感高发季节到来之前，通过预测患者就诊量的发展趋势，医院可以提前增加相关科室的医护人员数量、调整床位配置等，以确保所有患者都能得到及时、有效的治疗。这种基于大数据的预测和调配策略可以显著提高医疗资源的利用效率和医疗机构的服务质量。

3. 医疗服务流程的优化与效率提升

大数据技术的应用还可以帮助医疗机构优化医疗服务流程、提高服务效率。通过对患者的就诊数据、医生的诊疗数据等进行分析，可以发现服务流程中的瓶颈和问题所在。

针对这些问题，医疗机构可以采取相应的改进措施，如优化挂号流程、缩短等待时间、提高检查检验的效率等。这将有助于提升患者的就医体验，提高医疗服务的整体效率和质量。同时，通过大数据技术还可以对医疗机构的运营情况进行实时监控和评估，为管理决策提供有力支持。

三、大数据在零售行业的应用

（一）消费者行为分析与市场趋势预测

1. 深入洞察消费者购买偏好

在零售行业，对消费者行为进行深入分析至关重要。通过收集和分析消费者的购物记录，可以揭示消费者的购买偏好。例如，哪些商品经常一起被购买，哪些商品在特定季节或节日期间购量激增，以及消费者对价格的敏感度如何等。分析这些数据不仅有助于零售商了解消费者的需求，还可以用来指导商品摆放、促销策略的制定及新品开发的方向。

此外，通过对比不同消费者群体的购买行为，零售商还可以发现不同群体之间的消费差异，从而更加精准地满足各类消费者的需求。

2. 识别并预测市场趋势

大数据技术使零售商能够实时追踪市场动态，识别并预测市场趋势。通过对大量市场数据进行挖掘和分析，零售商可以提前发现潜在的消费热点和新兴需求，从而调整商品结构和库存策略，以适应市场变化。这种预测能力对于快速变化的零售行业来说尤为重要，因为它可以帮助零售商抓住市场机遇，提升销售额。

同时，对市场趋势的精准预测有助于零售商制定合理的营销策略。例如，如果预测到某类商品将在未来成为热销产品，那么零售商可以提前进行广告投放和市场推广，以吸引更多消费者关注并购买。

3. 精准制定营销策略

基于大数据的消费者行为分析和市场趋势预测为营销策略的制定提供了有力支持。零售商可以根据消费者的不同特征和需求，制定更加精准的营销策略。例如，对于价格敏感度较高的消费者群体，可以采取促销或发放优惠券等策略来吸引他们购买；对于品牌忠诚度较高的消费者群体，则可以通过提供会员专属优惠或积分兑换等方式来增强他们的忠诚度。

此外，大数据技术还可以帮助零售商评估营销策略的有效性。通过对比实施营销策略前后销售数据的变化，零售商可以及时调整策略以增强营销效果。

（二）库存精准管理与供应链优化

1. 库存精准管理

大数据技术为库存精准管理带来了革命性的变化。传统的库存精准管理往往依赖于人的经验和直觉，而大数据技术的应用则使库存管理更加精准和科学。通过对历史销售数据进行挖掘和分析，零售商可以预测未来一段时间内的销售趋势和需求量变化，从而制订合理的采购计划和库存策略。这不仅可以避免库存积压和缺货现象的发生，还可以降低库存成本，提高资金周转率。

同时，大数据技术还可以帮助零售商实时监控库存状态并及时调整库存策略。例如，当某种商品销量激增时，大数据系统可以自动触发补货指令以确保库存充足；当库存量过高时，大数据系统则可以通过促销活动或调整价格等方式来加速库存周转。

2. 供应链优化配置

大数据技术对于供应链的优化配置具有重要意义。通过对销售数据、库存数据和物流数据等进行综合分析，零售商可以发现供应链中的瓶颈和风险点，并能够及时采取相应的优化措施。例如，如果发现某个环节的物流效率较低或成本过高，零售商就可以与供应商协商改进方案或寻找更高效的物流渠道。

此外，大数据技术还可以帮助零售商实现供应链的可视化管理和实时监控。通过构建供应链管理系统并集成各种数据源的信息，零售商可以实时了解供应链的运行状态和货物流动情况。这有助于零售商及时发现并解决问题，以确保供应链的稳定性和高效性。

（三）个性化营销与推荐系统

1. 精准用户画像的构建

大数据技术使零售商能够收集并分析消费者的各种数据，包括购物历史、浏览行为、搜索意图等。这些数据为构建精准的用户画像提供了丰富的信息。用户画像是根据用户的特征、兴趣和行为等因素描绘的一个虚拟代表，可以帮助零售商更好地了解消费者的需求和偏好。

通过构建精准的用户画像，零售商可以为消费者提供更加个性化的服务和推荐。例如，对于喜欢户外运动的消费者群体，零售商可以推荐相关的户外装备和用品；对于注重健康的消费者群体，零售商则可以推荐健康食品和保健品。这种个性化的推荐不仅可以提高消费者的购物体验和满意度，还可以促进销售额的增长。

2. 个性化推荐系统的设计与实施

基于大数据技术的个性化推荐系统已经成为零售行业的一大创新点。该系统通过分析消费者的历史购物数据和浏览行为等来为消费者推荐相关产品或优惠活动。推荐算法可以根据消费者的兴趣和需求进行智能匹配并生成个性化的推荐列表。

个性化推荐系统的实施需要考虑多个方面，包括数据源的选择与整合、推荐算法的设计与优化，以及用户界面的友好性等。同时，零售商还需要不断收集消费者的反馈并根据反馈调整推荐策略，以提高推荐的准确性和有效性。

3. 社交媒体与大数据营销的融合

社交媒体已经成为消费者获取信息和交流的重要平台之一。大数据技术可以帮助零售商收集并分析社交媒体上的用户评论、分享和点赞等数据，以了解消费者的真实想法和需求。这些信息对于调整营销策略和优化产品设计都具有重要意义。

另外，社交媒体也为个性化营销提供了广阔的舞台。零售商可以通过社交媒体平台发布个性化的广告和推广活动，以吸引更多潜在消费者的关注并引导他们做出购买决策。这种与消费者直接互动的营销方式不仅可以提高品牌知名度和美誉度，还可以促进销售额的增长，培养消费者的忠诚度。

四、大数据在智慧城市与交通中的应用

（一）城市交通流量分析与优化

1. 实时监测交通流量，精准掌握城市交通脉搏

在智慧城市的建设过程中，大数据技术可以为城市交通流量的实时监测提供强大的支持。通过安装在道路、桥梁、隧道等关键交通节点的传感器和摄像头，交通管理部门能够实时收集到车流量、车速、车型等相关数据。这些数据经过大数据技术的分析和处理，可以迅速转化为有价值的交通流量信息，帮助交通管理部门精准掌握城市的交通脉搏。

实时监测交通流量不仅有助于公众了解当前的交通状况，还可以预测未来的交通趋势。基于大数据的预测模型可以根据历史数据和实时数据，预测未来一段时间内的交通流量变化，从而为交通管理部门的决策提供科学依据。

2. 优化交通信号灯控制，缓解交通拥堵

交通信号灯是城市交通的重要组成部分，其控制策略直接影响交通的流畅度。传统的信号灯控制方式往往基于固定的时间和配时方案，难以适应不断变化的交通流量。而大数据技术可以通过对实时交通数据的分析，动态调整信号灯的控制策略，以更好地适应当前的交通状况。

例如，在交通高峰期，利用大数据技术可以实时监测车流量，并据此调整信号灯的配

时方案,延长绿灯时间以加快车辆通行速度。这样不仅可以有效缓解交通拥堵现象,还可以提高道路的通行效率。

3. 提供准确的出行建议和导航服务

基于大数据技术的出行建议和导航服务已经成为现代城市生活的重要组成部分。通过对交通流量数据进行实时监测和分析,可以为公众提供更加准确的出行建议和导航路线。这不仅可以帮助驾驶者避开拥堵路段,缩短出行时间,还可以提高出行的安全性和舒适性。

此外,大数据技术还可以根据用户的个性化需求,提供定制化的出行建议。例如,对于需要接送孩子的家长,大数据技术可以根据学校的上下学时间和交通状况,规划最佳的接送路线和时间。

(二) 智能安防与应急响应系统

1. 实时安防监控与异常识别

在智慧城市中,大数据技术与智能安防系统的结合可以使城市的安全防线更加坚固。遍布城市的监控摄像头和传感器可以实时捕捉城市的每个角落,获得的海量视频和图像数据经过大数据技术的处理和分析后,能够迅速识别出异常事件和可疑行为。

例如,通过大数据分析,系统可以自动检测出人群中的异常聚集、急速奔跑等可能预示突发事件的行为模式。一旦发现异常情况,系统能够立即发出警报,通知相关部门及时处置,从而有效预防安全事件的发生。

2. 提供破案线索和证据支持

大数据技术在智能安防领域的另一个重要应用是为警方提供破案线索和证据支持。在传统的侦查模式中,警方往往需要耗费大量的人力和物力来搜集与分析线索。而大数据技术可以通过对海量的安防数据进行挖掘和分析,迅速找到与案件相关的关键信息。

这些信息不仅可以为警方提供明确的侦查方向,还可以作为法庭上的有力证据。通过大数据技术,警方可以更加高效地打击犯罪,维护社会的安全和稳定。

3. 应急响应与灾害防控

在应急响应方面,大数据技术同样发挥着重要作用。通过对各种传感器和监控设备的数据进行实时监测与分析,可以帮助相关部门及时掌握自然灾害、事故灾难等突发事件的发展态势。这不仅可以为应急指挥决策提供有力支持,还可以最大限度地减少灾害损失和保护人民的生命财产安全。

例如,在地震、洪水等自然灾害发生时,利用大数据技术可以迅速分析出受灾区域的范围和受灾程度,为救援物资的分配和救援路线的规划提供科学依据。同时,通过实时监测和分析社交媒体等渠道的信息,还可以及时发现并应对不利于灾害防控的信息传播。

(三) 提供环境监测与治理建议

1. 进行实时环境监测与数据分析

大数据技术为城市环境监测带来了前所未有的便利。通过在城市中部署各种环境监测站，如空气质量监测站、水质监测站等，可以实时收集大量的环境数据。这些数据经过大数据技术的处理和分析后，可以为我们提供更加准确的环境质量信息。

例如，空气质量监测站可以实时监测空气中污染物的浓度变化，并通过大数据技术进行分析和预测。这不仅可以帮助城市管理部门及时了解环境质量状况及其变化趋势，还可以为公众提供健康出行和生活建议。

2. 为环保政策制定提供科学依据

大数据技术的应用还可以为政府制定环保政策和规划提供科学依据。通过对历史环境监测数据进行挖掘和分析，政府可以更加准确地了解城市环境问题的根源和影响因素。这不仅可以为政府制定有针对性的环保政策提供有力支持，还可以提高政策的科学性和有效性。

例如，政府可以根据大数据分析结果调整产业结构、优化能源结构等来减少污染物的排放。同时，通过实时监测和评估环保政策的实施效果，政府还可以及时调整政策方向，以更好地保护环境和公众健康。

3. 优化垃圾分类处理和资源回收利用

在城市环保工作中，垃圾分类处理和资源回收利用是两个重要环节。利用大数据技术可以帮助城市管理部门更加精准地了解各类垃圾的产生量、成分等，从而为垃圾分类处理提供科学依据。同时，通过对资源回收利用数据进行实时监测和分析，可以帮助城市管理部门优化资源回收利用策略，提高资源利用效率，减少环境污染现象的发生。

第二章 计算机网络安全基础

第一节 计算机网络安全概述

一、计算机网络安全的基本概念

(一) 网络安全的含义

1. 网络安全的定义

网络安全，顾名思义，是指网络系统的各个组成部分（包括硬件、软件，以及系统中的数据）得到充分的保护，不会因为偶然的失误或恶意的攻击而遭到破坏、篡改或泄露。这种安全状态是指系统能够连续、可靠且正常地运行，网络服务在任何情况下都不应中断。网络安全不仅关乎技术层面，更是一个涵盖信息完整性、保密性和可用性的广泛概念。

网络安全之所以重要，是因为现代社会的许多关键功能都需要依赖计算机网络。从金融服务到交通管理，从医疗保健到教育服务，无处不在的网络连接意味着任何安全漏洞都可能导致严重的后果。因此，稳固的网络安全体系对于保护个人隐私、企业资产和国家安全至关重要。

2. 网络安全的跨学科性质

网络安全是一个融合了多门学科的领域，不仅包括计算机科学和网络技术，还涉及通信技术、密码学、信息安全技术、应用数学和信息论等。每门学科都为网络安全提供了独特的视角和解决方案，因此该领域既有深厚的理论基础，也有丰富的实践应用。

例如，密码学提供了数据加密和身份认证的方法，以确保信息的机密性和完整性；计算机科学则通过设计安全的软件和硬件系统来抵御各种网络攻击。这些学科的交叉融合使网络安全成为既复杂又充满挑战的领域。

3. 网络安全的社会管理层面

除了技术问题，网络安全还涉及一系列的社会管理问题。法律法规、道德规范和行业标准的制定与执行，在网络安全中起着至关重要的作用。没有强有力的法律保障和规范，再先进的技术也难以充分发挥其保护作用。

因此，各国政府和国际组织都在努力制定及完善与网络安全相关的法律法规，以应对日益严峻的网络安全挑战。同时，企业和个人也需要提高自身的网络安全意识，共同维护安全、稳定的网络环境。

（二）网络安全的重要性

1. 信息时代网络已渗透到人们生活的方方面面

在信息时代，网络已渗透到人们生活的方方面面。无论是购物、社交还是工作，网络都扮演着不可或缺的角色。然而，这种普及和便利也带来了前所未有的安全风险。网络攻击事件频发，这不仅会对个人隐私造成威胁，还可能影响整个社会的稳定和经济的发展。

网络安全的重要性在于它能够确保网络系统的正常运行和网络服务的不中断。安全的网络环境不仅能够保护个人信息不被泄露或滥用，还能够保障企业的商业机密不被破坏和客户的信任不受影响。对于国家而言，网络安全更是维护主权和国家安全的关键所在。

2. 网络安全对经济的影响日益显著

随着电子商务和在线支付的普及，网络安全对经济的影响日益显著。一旦网络系统遭受攻击或出现故障，就可能导致重要数据丢失和服务中断，进而对商业活动造成严重影响。此外，网络犯罪（如网络诈骗、身份盗窃等）也会给个人和企业带来巨大的经济损失。

因此，加强网络安全建设不仅有助于保护个人隐私和企业资产，还能促进经济的稳定和持续发展。通过提高网络系统的安全防护能力，可以降低网络攻击的风险，从而增强消费者和企业的信心，推动电子商务和在线服务的繁荣发展。

3. 网络安全与社会稳定息息相关

网络安全问题不仅关乎经济利益，更与社会稳定息息相关。网络谣言等现象的蔓延，可能会引发社会恐慌和不满情绪，进而对社会秩序造成冲击。此外，网络犯罪活动的增加也会给社会治安带来新的挑战。

加强网络安全教育和管理，不仅可以提高公众的网络安全意识和素养，还可以减少网络欺诈和犯罪行为的发生。同时，政府和相关机构也需要加大对网络违法行为的打击力度，以维护网络空间的清朗和稳定。

（三）网络安全与网络可靠性的关系

1. 网络可靠性的定义

网络可靠性是指在规定的条件和时间内，网络系统能够完成规定功能的能力。它强调的是网络系统在面对各种故障和干扰时的稳定性与可用性。一个具有高可靠性的网络系统能够在极端情况下保持正常运行，确保关键服务和应用的连续性。

网络可靠性对于许多行业来说至关重要，尤其是金融、医疗、交通等关键领域。这些行业对网络的依赖程度极高，任何网络故障都可能导致严重的后果。因此，提高网络可靠性是确保这些行业正常运行的关键。

2. 网络安全与网络可靠性相互关联

网络安全与网络可靠性是两个紧密相关的概念。一方面，提高网络安全水平有助于增强网络系统的可靠性。通过加强安全防护措施和应对策略的制定与执行，可以减少网络攻击对系统造成的破坏和风险，从而提高系统的稳定性和可用性。例如，采用先进的防火墙技术、入侵检测系统（Intrusion Detection System，IDE），以及定期的安全审计等可以有效提升网络安全水平并增强网络可靠性。另一方面，稳定可靠的网络系统能够更好地抵御外部攻击和降低安全风险。当网络系统具备高可靠性时，即使面临恶意攻击或设备故障等突发情况也能迅速恢复正常运行状态，减少损失并保障服务的连续性。这种稳定性和恢复能力使网络系统更加安全可信。

3. 协调发展网络安全与网络可靠性

在设计和实施网络系统时，应充分考虑网络安全与网络可靠性的需求并确保两者之间的协调发展，要在保障基本功能能够实现的前提下尽可能提高安全防护能力和系统稳定性，以实现最佳的综合性能表现。这需要通过制定合理的架构、采用先进的技术手段、建立完善的管理体系来实现。同时，还需要不断关注新技术和新威胁的发展动态，并及时调整相应的策略，以应对不断变化的网络环境。

二、网络安全的目标

网络安全的目标主要包括保密性（confidentiality）、完整性（integrity）、可用性（availability）和可追溯性（accountability）。这些目标既是网络安全工作的核心，也是评价网络系统安全性能的重要指标。

（一）保密性

1. 保密性的定义

保密性是网络安全中的一项基本目标，指的是确保信息只能被授权的人员访问，防止未被授权的个体获取敏感信息。在数字化时代，信息已成为一种宝贵的资产，信息的泄露往往会给个人、组织甚至国家带来无法估量的损失。因此，保密性工作至关重要。它不仅是个人隐私的保护伞，还是企业竞争力和国家安全的保障。

2. 实现保密性的技术手段

为了实现保密性，网络安全领域采用了多种技术手段。其中，加密技术是加强信息保密性的基石。如果对信息进行加密，那么即使其在传输过程中被截获，攻击者也难以解读原始内容。此外，访问控制也是一种重要的保密手段，通过身份认证和权限管理，可以确保只有授权用户才能访问敏感信息。

3. 保密性面临的挑战与采取的对策

随着技术的发展，网络攻击手段也日益多样化，保密性工作面临着前所未有的挑战。

例如，钓鱼攻击、恶意软件、社交工程等都可能成为泄露信息的途径。为了应对这些挑战，除了加强技术手段之外，还需要提高用户的安全意识，定期进行安全培训，以及建立完善的安全管理制度。

（二）完整性

1. 完整性的定义

完整性是网络安全中的一个关键目标，用来确保信息在传输、存储和处理过程中始终保持原始状态，不被未授权个体修改或破坏。信息的完整性是评估其真实性和可信度的重要依据。在商业、法律和科学等领域，信息的完整性至关重要，因为任何微小的改动都可能导致重大的误解或损失。

2. 保护信息完整性的方法

为了保护信息的完整性，网络安全领域采用了多种方法。数字签名技术是其中的一种重要手段。它可以验证信息的来源和完整性，确保信息在传输过程中没有被篡改。此外，校验和也是一种常用的完整性检测方法。通过对比原始数据和接收数据的校验和，可以判断数据是否在传输过程中发生了变化。

3. 完整性面临的威胁与防御策略

信息的完整性同样面临来自网络攻击的威胁。例如，中间人攻击、重放攻击等都可能破坏信息的完整性。为了防御这些威胁，除了采用上述技术手段之外，还需要建立完善的安全审计机制，定期对系统进行安全检查和评估，以及时发现并修复潜在的安全漏洞。

（三）可用性

1. 可用性的定义

可用性是网络安全中的一个重要目标，用来确保网络系统能够在需要时提供服务，并且被授权用户能够无障碍地访问和使用受保护的信息资源。在高度信息化的社会，网络服务的可用性直接影响个人生活、企业运营和国家安全。因此，保障网络系统的可用性具有重要的意义。

2. 提高网络可用性的措施

为了提高网络的可用性，需要采取一系列措施。首先，加强网络的容错能力是关键，通过设计冗余设备和备份系统，可以确保主设备发生故障时能够迅速切换到备用设备；其次，建立完善的备份恢复机制也是必不可少的，可以定期对重要数据进行备份，并确保在发生灾难性事件时能够迅速恢复数据和服务；最后，需要加强安全监测和应急响应措施，及时发现并处理各种安全威胁和故障事件。

3. 可用性面临的挑战与解决方案

网络的可用性同样面临着诸多挑战，如网络攻击、系统故障等。为了应对这些挑战，除了上述措施之外，还需要加强网络安全意识教育和技术培训，以提高用户的认知和技能水平。同时，建立完善的网络安全管理制度和应急响应机制也是必不可少的。

（四）可追溯性

1. 可追溯性的定义

可追溯性是网络安全中的一个关键目标，它要求网络系统能够追踪和记录用户的操作行为，以便在发生安全问题时能够追究责任并采取相应的补救措施。可追溯性不仅有助于及时发现和防范潜在的安全威胁，还能为事后分析和处理提供有力的证据支持。在商业环境下，可追溯性对于维护消费者权益、打击欺诈行为和保护知识产权等具有重要意义。

2. 实现可追溯性的方法与技术

为了实现可追溯性目标，需要采用一系列方法和技术手段。首先，建立完善的日志记录系统是基础工作之一，可以通过记录用户的操作行为、系统事件和安全警报等信息，为后续的安全分析和责任追究提供依据；其次，审计跟踪技术也是实现可追溯性的重要手段之一，可以对网络系统中的关键操作进行实时监控和记录，从而确保在发生安全问题时能够迅速定位并采取措施。

3. 可追溯性面临的挑战与采取的对策

尽管可追溯性在网络安全中具有重要作用，但也面临着一些挑战，如海量的日志数据给存储和管理带来了巨大压力，确保日志数据的真实性和完整性也是一个难题。为了应对这些挑战，需要采取一系列对策，如建立高效的日志管理系统来存储、查询和分析日志数据，采用加密和签名技术来确保日志数据的真实性与完整性，以及加强用户身份认证和权限管理等。

三、网络安全的层次

网络安全可以从多个层次进行保障，包括物理层安全、链路层安全、网络层安全、传输层安全和应用层安全。每个层次都有其特定的安全需求和防护措施。

（一）物理层安全

1. 物理层安全的重要性

物理层安全是网络安全的基础，涉及网络设备和通信线路的实际保护。如果没有强大的物理层安全，那么任何上层的安全措施都可能因为物理设备被盗、被破坏或受到干扰而失效。因此，确保网络设备等物理资产的安全至关重要。

2. 物理层安全的防护措施

为了保护物理层的安全，需要采取一系列措施。首先，要确保网络设备放置在安全的地方，如有门禁系统、监控摄像头和安全警卫的机房；其次，要对设备进行锁定，防止未经授权的访问或移动;最后,应建立严格的访问控制制度,只允许授权人员进入机房,并记录每个人的访问情况。

3. 物理层安全的挑战与应对策略

随着物联网技术的发展,物理层安全也面临着新的挑战。例如,无人值守的设备可能更容易受到攻击,而物联网设备的普及也增大了物理层的安全风险。为了应对这些挑战,需要不断更新物理层的安全措施,如采用更先进的监控技术、增加物理隔离措施等。

(二) 链路层安全

1. 链路层安全的关键点

链路层是网络通信的第二层,负责将数据封装成帧进行传输。链路层安全的关键在于保护数据帧在传输过程中的完整性和机密性,防止数据被窃取或篡改。

2. 加强链路层安全的措施

为了加强链路层的安全,可以采取多种措施。首先,使用 MAC(Media Access Control,媒体访问控制)地址进行过滤,防止未经授权的设备接入网络;其次,通过 VLAN(Virtual Local Area Network)划分,将网络隔离成不同的逻辑子网,增加攻击者的攻击难度;最后,采用加密技术对传输的数据帧进行加密,确保数据的机密性。

3. 链路层安全面临的威胁与防御

链路层面临着诸如 MAC 地址欺骗、ARP(Address Resolution Protocol)欺骗等威胁。为了防御这些威胁,除了上述的 MAC 地址过滤和 VLAN 划分之外,还需要定期监控网络流量,及时发现并处理异常行为。

(三) 网络层安全

1. 网络层安全的核心问题

网络层主要负责数据包的路由和转发。网络层安全的核心问题是保护数据包在网络中的安全传输,防止数据包被截获、篡改或伪造。

2. 提升网络层安全的策略

为了提升网络层的安全,可以采用互联网安全(Internet Protocol Security,IPSec)等协议对数据包进行加密和认证。IPSec 能提供一种端到端的安全性,可以确保数据包的机密性、完整性和认证性。此外,防火墙和入侵检测系统也是提升网络层安全的重要手段。防火墙可以过滤掉非法的网络流量,而入侵检测系统可以实时监控网络行为,及时发现并处理潜在的攻击。

3. 网络层安全面临的挑战与应对策略

随着网络技术的不断发展,网络层安全也面临着新的挑战。例如,IPv6 的普及带来了新的安全隐患,而分布式拒绝服务(Distributed Denial of Service,DDoS)攻击等也威胁着网络层的安全。为了应对这些挑战，需要不断更新和完善网络层的安全策略，如采用更先进的加密算法、增强防火墙的防护能力等。

（四）传输层安全

1. 传输层安全的重要性

传输层负责端到端的数据传输。在传输层实现安全可以保证数据在传输过程中的机密性、完整性和认证性，防止数据被窃取、篡改或伪造。这对于保护用户隐私和防止数据泄露至关重要。

2. 实现传输层安全的协议与技术

为了实现传输层的安全，可以采用 SSL/TLS 等协议对通信双方进行身份认证和数据加密。这些协议通过在传输层建立安全通道来保护数据的安全传输。此外，还可以使用虚拟专用网络等建立安全的远程连接，确保数据在公共网络上的安全传输。

3. 传输层安全面临的挑战与应对策略

随着云计算和大数据技术的发展，传输层安全也面临着新的挑战。例如，如何在保证数据传输效率的同时确保安全性是一个亟待解决的问题。为了应对这些挑战，需要研究并应用更高效的加密算法和协议，来增强网络安全设备的性能和功能。

（五）应用层安全

1. 应用层安全的关键要素

应用层是网络通信的最高层，负责处理用户的应用程序和数据。应用层安全的关键在于防止应用程序被恶意利用或遭受攻击，确保应用程序的健壮性和安全性。

2. 加强应用层安全的实践方法

为了加强应用层的安全，需要采取一系列的实践方法。首先，实施严格的输入验证可以防止 SQL 注入等攻击手段；其次，使用应用层防火墙（Application Firewall，AF）可以过滤掉非法的网络请求和恶意代码；最后，需要对敏感数据进行加密存储和传输，以确保数据的机密性。定期更新和修补应用程序中的已知漏洞也是非常重要的措施。

3. 应用层安全的挑战与防护措施

随着 Web 技术的不断发展，应用层安全也面临着新的挑战，如跨站脚本攻击、跨站请求伪造（Cross-site Request Forgery，CSRF）等新型攻击手段不断涌现。为了应对这些挑战，需要不断更新和完善应用层的安全防护措施，如采用更先进的防火墙、实施 HTTP（Hypertext Transfer Protocol，超文本传输协议）严格传输安全等来增强应用层的安全性。

第二节　网络安全威胁与网络攻击类型

一、网络安全威胁概述

（一）网络安全威胁的来源与分类

网络安全威胁是指任何可能导致网络系统或数据受到损害的因素。这些威胁的来源广泛，可以分为多个类别：

1. 外部威胁

网络安全面临的外部威胁，犹如悬在网络系统上的一把利剑，时刻威胁着网络的安全与稳定。外部威胁主要来自网络外部的攻击者，他们利用各种手段，试图突破网络的安全防线，达到窃取数据、破坏系统或进行敲诈勒索等目的。

攻击者通常会利用系统漏洞或配置错误来实施攻击。他们通过精心构造的恶意代码，尝试获取非法访问权限，进而控制目标系统。一旦攻击成功，他们便能够在系统中肆意妄为，如窃取敏感信息、篡改数据或破坏系统正常运行。

为了防范外部威胁，需要采取一系列的安全措施。首先，要定期更新系统和应用程序，及时修复已知漏洞，减少攻击者可利用的弱点；其次，要配置强密码策略和多因素身份认证，提高系统的访问控制安全性能；最后，要部署防火墙、入侵检测系统和安全事件管理系统等安全系统。

然而，仅仅依靠技术手段是远远不够的，还需要加强员工的安全意识培训，让他们了解网络安全的重要性，学会识别和防范网络威胁。同时，建立完善的网络安全管理制度和应急响应机制，可以确保在发生安全事件时能够及时响应和处置。

2. 内部威胁

在网络安全领域，内部威胁是一个经常被忽视但非常重要的问题。内部威胁可能来自组织内部的员工、承包商或合作伙伴，他们可能会出于各种原因，如不满、误操作或受利益驱使等，对网络进行破坏或窃取数据。

与外部威胁相比，内部威胁通常更难防范。因为攻击者已经具有对网络的合法访问权限，可以轻易地绕过安全防线，对网络造成更大的破坏。此外，内部人员可能更加了解组织的网络架构和数据存储方式，因此他们的攻击更具针对性和隐蔽性。

为了应对内部威胁，组织需要采取一系列措施。首先，应建立完善的访问控制机制，确保只有经过授权的人员才能访问敏感数据和关键系统；其次，应加强员工的安全教育培训，让他们了解网络安全的重要性，并学会识别和报告可疑行为；最后，应定期审计和监控网络活动，及时发现并处置异常行为。

3. 自然灾害和环境因素对网络安全的威胁

自然灾害和环境因素对网络安全的威胁不容忽视。洪水、地震等自然灾害，以及电力故障、设备故障等环境因素，都可能对网络安全造成严重影响，甚至可能导致数据丢失和系统瘫痪。

为了降低这些威胁对网络的影响，需要建立完善的灾难恢复计划和备份机制。灾难恢复计划应包括应急响应流程、数据备份和恢复策略，以及业务连续性规划等内容。同时，还需要定期测试灾难恢复计划的可行性和有效性，以确保其能够在关键时刻发挥作用。

除了灾难恢复计划之外，还需要关注网络设备的物理安全。将网络设备放置在安全的环境下，以避免自然灾害和人为破坏的影响。此外，定期检查和维护网络设备，确保其正常运行也至关重要。

4. 技术漏洞和缺陷对网络安全的威胁

技术漏洞和缺陷是网络安全领域中的一个重要问题。软件和硬件中的漏洞、配置错误或不合适的权限设置等都可能成为攻击者的突破口，为网络带来严重的安全风险。

为了防范技术漏洞和缺陷带来的威胁，需要采取一系列的安全措施，所以及时修复已知漏洞和更新补丁至关重要。软件开发商通常会发布安全更新来修复已知漏洞，因此用户需要定期关注并应用这些更新来确保系统的安全性。

合理配置系统权限是防范技术漏洞和缺陷的关键。我们应该遵循最小权限原则，即只授予用户完成其工作任务所需的最小权限，以降低潜在的安全风险。

此外，加强网络监控和入侵检测也是必不可少的。通过实时监控网络流量和异常行为，可以及时发现并应对潜在的安全威胁。

5. 供应链风险对网络安全的威胁

在经济全球化背景下，供应链的复杂性不断增强。供应链中的任何一个环节出现问题，都可能对整个网络造成威胁。例如，供应商如果在网络设备中植入恶意代码，或者在软件更新时夹带恶意程序，就可能为整个网络系统带来安全隐患。

为了应对供应链风险对网络安全的威胁，需要采取一系列措施来加强供应链的安全管理。例如，对供应商进行严格的审查和评估，确保供应商具备足够的安全意识和技术能力，来保障其提供的产品或服务的安全性。

建立完善的供应链安全监测机制必不可少。我们需要对供应链中的关键节点进行实时监测和风险评估，及时发现并处置潜在的安全威胁。

此外，与供应商建立长期稳定的合作关系并加强沟通协作也是降低供应链风险的重要手段。通过与供应商保持密切合作和信息共享，可以更好地了解供应链中的安全风险并采取相应的防范措施。

（二）网络安全威胁对网络的影响

网络安全威胁对网络的影响是多方面的，不仅可能导致数据泄露、系统损坏，还可能影响业务的正常运行。

1. 数据泄露的影响与防范措施

数据泄露是网络安全威胁中最常见且危害巨大的一种情况。当攻击者成功侵入网络系统后,他们可能会窃取大量的敏感数据,这些数据包括但不限于个人信息、财务信息、商业机密等。一旦这些数据被泄露,个人隐私将受到严重侵犯,企业的商业机密可能被竞争对手获取,从而带来巨大的经济损失。

数据泄露的危害远不止于此,还可能引发一系列的法律问题。如今,各国都加强了对个人数据的保护,并制定了相应的数据保护法规。如果企业因为网络安全措施不到位导致数据泄露,很可能会违反这些法规,进而面临巨额的罚款和重大的法律责任。

为了防范数据泄露,企业需要采取一系列的安全措施。首先,加强网络系统的安全防护,确保没有安全漏洞可让攻击者利用;其次,定期对员工进行网络安全培训,提高他们的安全意识,防止内部泄露;最后,建立完善的数据备份和恢复机制,以防数据被篡改或删除。

2. 系统损坏的危害与应对策略

系统损坏是网络安全威胁带来的一种严重后果。恶意软件(如勒索软件)可能会破坏网络系统中的重要文件,导致系统无法正常运行。此外,DoS/DDoS 也是常见的网络攻击手段。它们会通过大量的无效请求拥塞目标系统,使正常的服务请求无法得到处理,从而导致系统崩溃或服务中断。

系统损坏不仅会影响企业的正常运营,还可能导致重要的业务数据丢失,给企业带来巨大的经济损失。因此,企业需要采取有效的应对策略来防范系统损坏,如定期更新和升级系统以修复已知的安全漏洞、安装可靠的安全软件来检测和阻止恶意软件的运行,以及采取合理的网络安全策略来防止 DoS/DDoS 攻击等。

3. 业务中断的风险与应对措施

网络安全威胁还可能导致关键业务系统的中断,从而影响企业的正常运营和客户服务。这种中断可能是由多种原因引起的,如系统损坏、数据泄露导致的法律纠纷等。业务中断不仅会给企业带来直接的经济损失,还可能影响企业的声誉和客户满意度。

为了避免业务中断,企业需要制订完善的业务连续性计划。该计划应该包括在网络安全事件发生时如何快速恢复关键业务系统的运行、如何保障客户服务的连续性,以及如何使经济损失最小化等。此外,企业还需要定期进行业务连续性计划的演练和培训,以确保在真正发生网络安全事件时能够迅速而有效地应对。

4. 恢复声誉与预防声誉损害

网络安全事件往往会引起公众和媒体的广泛关注,从而对企业的声誉和品牌形象造成损害。这种损害可能持续很长时间,并影响企业的市场份额和客户信任度。因此,如何在网络安全事件发生后迅速恢复声誉并预防类似事件的再次发生是企业需要认真考虑的问题。

为了恢复声誉，企业需要采取积极的公关策略来与公众和媒体进行沟通，如及时发布准确的信息来澄清误解、展示企业已经采取或即将采取的安全措施来增强公众的信心，以及表达对受影响客户的关心和补偿意愿等。

为了预防声誉损害的发生，企业需要加强网络安全建设并持续提高员工的安全意识。首先，应建立完善的安全管理制度和技术防护措施，降低网络安全事件发生的概率；其次，应定期组织培训和演练，提高员工应对网络安全事件的能力和意识。

5．法律责任与合规性建设

如果企业未能妥善保护用户数据或违反相关法规，那么可能会面临法律责任和罚款。在全球数据保护法规日益严格的大背景下，企业需要加强合规性建设，以确保自身符合相关法律法规的要求。

首先，企业需要了解并遵守所在国家和地区的法律法规及行业标准；其次，企业需要建立完善的数据保护政策和流程，以确保用户数据的合法收集、使用、存储和销毁；最后，企业需要加强与监管机构的沟通和合作，以便及时了解和适应法规的变化。

二、常见的网络攻击类型

（一）拒绝服务攻击

拒绝服务（Denial of Service，DoS）攻击是一种严重的网络安全威胁。其基本原理是通过发送大量无用的网络请求，使目标服务器或网络资源过载，从而无法为合法用户提供服务。这种攻击方式会直接导致网站或网络服务不可用。

DDoS攻击是DoS攻击的一种特殊形式，通过控制多台计算机或设备同时向目标发起攻击，从而放大攻击效果。DDoS攻击更难以防范，因为它利用了分散的网络资源，使攻击流量更加庞大和难以识别。

DoS/DDoS攻击的危害不仅限于服务中断。在攻击过程中，攻击者还可能窃取或篡改数据，甚至可能利用服务中断期间的系统漏洞进行更深入的攻击。此外，长时间的服务中断可能导致企业声誉受损、客户流失和收入减少。

为了防范DoS/DDoS攻击，企业和组织需要采取一系列措施，包括配置防火墙、限制访问速度、使用内容分发网络（Content Delivery Network，CDN）分散请求压力等。同时，实时监测网络流量和异常行为也是及时发现并应对DoS/DDoS攻击的关键。

（二）缓冲区溢出攻击

缓冲区溢出攻击是一种利用软件中存在的缓冲区溢出漏洞进行的攻击。当程序不正确地处理用户输入的数据时，就可能导致缓冲区溢出，从而触发攻击。这种攻击方式会导致程序崩溃、数据损坏或执行恶意代码。

缓冲区溢出攻击的原理是向程序的缓冲区输入超出其预定长度的数据，从而覆盖相邻的内存区域。当被覆盖的内存区域包含重要的程序控制信息时，攻击者就可以控制程序的执行流程，进而执行恶意代码或触发其他安全漏洞。

缓冲区溢出攻击的危害非常大，因为它可以绕过操作系统的安全机制，直接执行攻击者指定的代码。这意味着攻击者可以获得系统的完全控制权，进而窃取数据、破坏系统或进行其他恶意活动。

为了防范缓冲区溢出攻击，程序员需要编写安全的代码，确保程序能够正确处理用户输入的数据。此外，使用安全的编程语言和工具、进行代码审查和测试也是预防缓冲区溢出攻击的重要措施。同时，操作系统和应用程序也需要及时更新与修补已知的安全漏洞，以降低被攻击的风险。

（三）跨站脚本攻击

跨站脚本（Cross-site Scripting）缩写为 CSS，但这会与层叠样式表（Cascading Style Sheets，CSS）的缩写混淆。因此，有人将跨站脚本攻击缩写为 XSS 攻击。它是一种针对 Web 应用的常见安全漏洞。攻击者在 Web 页面中插入恶意脚本代码，当用户浏览该页面时，会执行这些恶意脚本，这可能会导致用户信息泄露、会话劫持、网站钓鱼等安全问题。

XSS 攻击的原理主要是利用 Web 应用对用户输入内容的信任。当 Web 应用允许用户输入的内容被直接插入 HTML（Hyper Text Markup Language）页面中，并且没有对这些输入进行充分的验证和转义时，就存在 XSS 漏洞。攻击者可以利用这个漏洞插入恶意脚本，对访问该页面的其他用户进行攻击。

XSS 攻击的危害包括窃取用户敏感信息（如 Cookies、Session 等）、进行会话劫持、传播恶意软件、进行网络钓鱼等。这些攻击行为不仅会危害用户的个人隐私和数据安全，还可能对企业的声誉和业务造成严重影响。

为了防范 XSS 攻击，开发者需要采取一系列的安全措施。首先，要对用户的输入进行严格的验证和过滤，防止恶意脚本的插入；其次，要使用内容安全策略（Content Security Policy，CSP）来限制页面中能够执行的脚本的来源；最后，要对用户的敏感信息使用 HTTPS 等加密协议进行传输，以防止信息在传输过程中被窃取或篡改。

（四）SQL 注入攻击

SQL 注入攻击是一种常见的网络攻击手段，主要利用 Web 应用程序对用户输入数据的合法性没有严格判断或过滤的缺陷实施攻击。攻击者会在 Web 应用程序中事先定义好的查询语句的结尾处添加额外的 SQL 语句，以此来欺骗数据库服务器执行非授权的任意查询，从而获取或篡改数据库中的数据。

SQL 注入攻击的原理在于，当 Web 应用程序使用用户提供的输入来构建 SQL 查询时，如果应用程序没有正确地验证和转义这些输入，攻击者就可以通过输入恶意的 SQL 代码来篡改原始的 SQL 查询。这样，攻击者就能够绕过应用程序的安全机制，直接对数据库进行非法操作。

SQL注入攻击的危害非常大。攻击者可以利用这种攻击方式获取数据库中的敏感信息，如用户名、密码、信用卡信息等。此外，攻击者还可以篡改数据库中的数据，甚至删除整个数据库的内容。这些操作都可能导致严重的后果，如数据泄露、系统崩溃等。

为了防范SQL注入攻击，开发者需要采取一系列的安全措施。首先，要对用户输入进行严格的验证和过滤，确保输入的数据符合预期的格式和长度；其次，要使用参数化查询或预编译语句构建SQL查询，以避免用户输入被直接嵌入查询语句中；最后，要定期更新和修补Web应用程序与数据库管理系统的安全漏洞。

第三节 传统网络安全防护措施

一、防火墙技术

（一）包过滤防火墙

1. 包过滤防火墙的工作原理

包过滤防火墙是网络安全保护的首道屏障。其核心机制在于对网络层的数据包进行细致检查。当数据包通过网络接口时，防火墙会按照预先设定的安全规则进行筛选。这些规则通常基于数据包的源地址、目标地址、源端口、目标端口及协议类型等关键信息。只有符合规则的数据包才会被转发，不符合的则会被丢弃，从而实现对网络流量的初步过滤。

2. 包过滤防火墙的优点

（1）处理速度快：由于包过滤防火墙主要工作在网络层，可以直接对数据包进行高速处理，不需要进行复杂的协议分析和内容检测，因此具有较高的处理效率。

（2）透明性：对于合法用户来说，包过滤防火墙的存在几乎是透明的，不会影响正常的网络通信。

（3）易于管理：管理员可以通过配置简单的规则来管理数据包的通行，这些规则相对直观且易于理解。

3. 包过滤防火墙的缺点

（1）安全性有限：包过滤防火墙主要依赖数据包的头部信息做出决策，因此难以识别并防御基于应用层的攻击，如某些类型的注入攻击或会话劫持。

（2）无法识别用户：包过滤防火墙不能区分来自同一IP地址的不同用户，因此在某些复杂的网络环境下可能存在安全隐患。

（3）规则设置复杂：随着网络环境的日益复杂，设置和维护一套有效的过滤规则可能变得越来越困难。

4．包过滤防火墙的应用场景

（1）小型企业或家庭网络：对于网络规模较小、安全需求相对简单的环境，包过滤防火墙能够提供基本的网络保护。

（2）性能敏感场景：在需要高速数据处理且对延迟敏感的应用中，如实时音视频传输、高频交易等，包过滤防火墙因其高效性而具有优势。

（二）代理服务器防火墙

1．代理服务器防火墙的工作原理

代理服务器防火墙在应用层实施安全策略，充当内部网络和外部网络之间的中介。所有从外部网络发往内部网络的请求都必须先经过代理服务器的验证和转发。同样，内部网络的响应也需要通过代理服务器防火墙才能传达到外部网络。这种机制可以有效地隐藏内部网络的真实结构和细节。

2．代理服务器防火墙的优点

（1）高安全性：代理服务器防火墙能够深入检查应用层的数据，从而更有效地识别和拦截潜在的安全威胁。

（2）匿名性：代理服务器防火墙可以隐藏内部网络的 IP 地址和拓扑结构，这能增加攻击者的攻击难度。

（3）内容过滤：代理服务器防火墙可以实施更细致的内容过滤策略，如屏蔽特定网站、限制文件下载等。

3．代理服务器防火墙的缺点

（1）性能开销：由于所有的网络通信都需要通过代理服务器防火墙进行中转，因此可能会降低网络吞吐量。

（2）配置复杂：设置和维护有效的代理服务器防火墙可能需要专业的知识和技能。

（3）可能存在单点故障：如果代理服务器防火墙出现故障或被攻击，那么整个网络的通信可能会受到影响。

4．代理服务器防火墙的应用场景

（1）中大型企业网络：对于需要更高安全级别的网络环境，代理服务器防火墙能够提供更全面的保护。

（2）需要内容过滤的场景：如学校、图书馆等公共场所的网络，需要对访问内容进行严格控制。

（三）状态监测防火墙

1．状态监测防火墙的特点

状态监测防火墙结合了包过滤防火墙和代理服务器防火墙的优点，在网络层和应用层

之间引入了一个状态监测引擎。该引擎能够跟踪每个网络会话的状态，并根据这些状态信息来动态地决定是否允许特定的数据包通过。

2. 状态监测防火墙的优点

（1）安全性与性能的平衡：状态监测防火墙能够在保持较高处理速度的同时提供深入的安全检查。

（2）会话跟踪：通过跟踪会话状态，状态监测防火墙能够更准确地识别并拦截恶意连接尝试。

（3）配置灵活性：状态监测防火墙通常会提供丰富的配置选项，以适应不同网络环境的安全需求。

3. 状态监测防火墙的缺点

（1）复杂性增加：引入状态监测机制可能会提升防火墙的复杂性，增加管理难度。

（2）资源消耗：跟踪和维护大量会话状态可能会对系统资源造成一定的消耗。

（3）潜在的单点故障：与代理服务器防火墙类似，如果状态监测引擎出现故障，则可能会影响整个网络的稳定性。

4. 状态监测防火墙的应用场景

（1）大型复杂网络：对于需要处理大量网络会话并保持高安全性的大型企业网络来说，状态监测防火墙是一个理想的选择。

（2）高安全需求的场景：如金融、医疗等行业，对数据的完整性和保密性有严格要求，状态监测防火墙能够提供额外的安全保障。

二、入侵检测系统

（一）基于签名的入侵检测系统

1. 基于签名的入侵检测系统的工作原理

基于签名的入侵检测系统是网络安全领域中的一项重要技术，主要通过预先定义的签名来识别已知的攻击模式。这些签名也可以理解为特征码，是根据已知的攻击行为或恶意软件的特征精心创建的。系统会将流经的网络数据与这些签名进行比对，一旦匹配，就意味着检测到了潜在的安全威胁。

在实际应用中，基于签名的入侵检测系统通常会部署在网络的关键节点，实时监控网络流量。当入侵检测系统检测到与预定义签名匹配的网络流量或系统行为时，会迅速触发警报，并通知管理员或自动采取相应的防御措施，如阻断连接、记录日志等。

2. 基于签名的入侵检测系统的优点

（1）准确性高：基于签名的入侵检测系统能够准确识别出已知的攻击模式。因为签名是针对特定的攻击行为或恶意软件特征定制的，所以一旦匹配成功，就意味着有高度可能性是恶意行为，从而降低误报率。

（2）更新及时：随着新的安全威胁不断涌现，入侵检测系统的签名库也应及时更新，以应对最新的攻击手段。因此，基于签名的入侵检测系统具有一定的灵活性和时效性。

（3）易于管理：签名通常是由专业的安全团队或机构根据最新的安全情报和威胁趋势创建的，因此企业只需要定期更新签名库，而无须深入了解每种攻击的细节。

3. 基于签名的入侵检测系统的缺点

（1）对未知攻击无能为力：基于签名的入侵检测系统最大的缺点是无法检测到未知的攻击或变种的攻击。因为签名是基于已知的攻击模式创建的，所以对于全新的攻击手段或经过变种的攻击，基于签名的入侵检测系统可能无法识别。

（2）签名更新压力大：为了保持基于签名的入侵检测系统的有效性，需要定期更新签名库以应对新的威胁。然而，频繁地更新签名库可能会增大管理负担，并且可能导致系统的不稳定。

（3）性能开销大：虽然基于签名的入侵检测系统在准确性上表现出色，但每次检测都需要与大量的签名进行比对，这可能会带来一定的性能开销，尤其是在网络流量巨大的情况下。

（二）基于异常的入侵检测系统

1. 基于异常的入侵检测系统的工作原理

基于异常的入侵检测系统是一种主动的安全防护技术，通过分析网络流量或系统行为的统计特征来识别那些与正常行为模式显著偏离的异常行为。具体来说，这种检测系统首先会建立一个正常的行为模型，该模型通常基于历史数据、用户行为、网络流量等方面的信息构建而成。当入侵检测系统检测到某个行为或流量数据与正常模型存在显著差异时，就会将其视为潜在的攻击行为，并立即触发警报。

2. 基于异常的入侵检测系统的优点

（1）能够检测未知攻击：与基于签名的入侵检测系统不同，基于异常的入侵检测系统不需要依赖预定义的签名或特征码，因此能够有效地检测出未知的攻击行为或新型威胁。

（2）具有一定的自适应能力：由于正常行为模型是根据实际网络环境和用户行为动态建立的，因此基于异常的入侵检测系统具有一定的自适应能力，能够随着网络环境和用户行为的变化而调整模型。

（3）能够全面地进行安全防护：除了能够检测网络攻击之外，基于异常的入侵检测系统还可以用于监控和识别系统内部的不正常行为，如未经授权的访问、数据泄露等，从而提供更全面的安全防护。

3. 基于异常的入侵检测系统的缺点

（1）误报率较高：由于正常行为模型的建立受到多种因素的影响，如网络环境、用户行为等，因此在实际应用中可能会出现误报的情况，即将一些正常但稍显异常的行为误判为攻击行为。

（2）模型建立难度大：构建一个准确且有效的正常行为模型并非易事，不仅需要大量的历史数据和专业知识作为支撑，还需要考虑如何平衡模型的敏感度和特异性，以避免过多的误报和漏报。

（3）需要依赖持续监控：为了保持模型的准确性和有效性，基于异常的入侵检测系统需要持续监控网络环境和用户行为的变化，并及时更新模型以适应这些变化。这无疑会提升系统的复杂性和增加其管理成本。

三、加密技术

（一）对称加密

1. 对称加密的概念

对称加密，也称为单密钥加密，就是在加密和解密过程中使用相同的密钥。这种加密方式简洁高效，特别适用于对大量数据进行加密处理。加密算法的安全性主要依赖于密钥的复杂性和保密性。只要密钥不被泄露，加密数据的安全性就能得到保证。

2. 加密和解密的过程

在对称加密中，发送方使用密钥对数据进行加密，接收方使用相同的密钥对数据进行解密。这个过程要求发送方和接收方在加密通信之前必须安全地交换密钥。一旦确定了密钥，双方就可以安全地进行通信。

3. 常见的对称加密算法

常见的对称加密算法包括高级加密标准、数据加密标准和三重数据加密标准等。这些算法具有不同的密钥长度和加密轮数，可以提供不同程度的安全性。

4. 对称加密的优点和缺点

对称加密的主要优点是加密和解密速度快，算法公开，计算开销小，加密效率高，适合大量数据的加密处理。它的缺点也很明显，即密钥的分发和管理比较困难。通信双方必须事先以安全方式交换密钥，并确保在通信过程中密钥不被泄露。对称加密在网络环境下可能会面临挑战，因为攻击者可能会截取密钥交换过程，从而获得解密数据的能力。

（二）非对称加密

1. 非对称加密的概念

非对称加密，又称为公钥加密，使用一对不同的密钥，即公钥和私钥。公钥用于加密数据，私钥用于解密数据。这种加密方式可以提供更高的安全性，因为即使公钥被公开，没有私钥也无法解密数据。

2. 加密和解密的过程

在非对称加密中,发送方使用接收方的公钥对数据进行加密,接收方则使用其私钥对数据进行解密。这种机制可以确保只有私钥持有者才能解密由其公钥加密的数据。

3. 常见的非对称加密算法

常见的非对称加密算法包括 RSA、ElGamal、椭圆曲线密码学等。这些算法基于复杂的数学原理,如大数分解和离散对数问题,使得在没有私钥的情况下解密数据变得极其困难。

4. 非对称加密的优点和缺点

非对称加密的主要优点是安全性高,因为公钥可以公开分发而无须担心数据泄露。此外,非对称加密还支持数字签名功能,可以验证数据的完整性和来源。它的缺点在于加密和解密速度相对较慢,特别是在处理大量数据时可能会面临性能瓶颈。

(三)混合加密

1. 混合加密的概念

混合加密首先使用对称加密算法加密数据,以利用对称加密的高效性;然后使用非对称加密算法加密对称密钥,以确保密钥的安全性。

2. 加密和解密的过程

在混合加密中,发送方首先生成一个随机的对称密钥,并使用该密钥对数据进行对称加密。然后发送方使用接收方的公钥对这个对称密钥进行非对称加密。接收方在收到加密数据后,先使用其私钥解密对称密钥,再使用对称密钥解密数据。

3. 混合加密的优点

混合加密结合了对称加密和非对称加密的优点,既可以保证数据的安全性,又可以提高加密和解密的速度。这种方法在实际应用中得到了广泛的应用,特别是在需要传输大量敏感数据的场景中。

4. 混合加密的应用场景

混合加密广泛应用于网络通信、文件传输、电子邮件等领域。例如,SSL/TLS 协议就使用混合加密来保护网络通信的安全性。

(四)数字签名与数字证书

1. 数字签名的概念

数字签名是一种用于验证数据完整性和来源的技术。它使用私钥对数据或数据的哈希值进行加密并生成数字签名,接收方可以使用公钥来验证数字签名的有效性,从而确认数据的完整性和发送方的身份。

2. 数字签名的生成与验证过程

在数字签名的生成过程中，发送方首先对数据或其哈希值进行摘要处理（如SHA256算法），然后使用私钥对摘要进行加密并生成数字签名。接收方在收到数据和数字签名后，使用发送方的公钥对数字签名进行解密得到摘要值，同时对接收到的数据进行相同的摘要处理。通过比较两个摘要值是否一致来验证数据的完整性和来源。

3. 数字证书的概念

数字证书是由可信任的第三方机构（如证书颁发机构）颁发的电子文档，用于证明公钥的归属和有效性。数字证书通常包含证书持有者的身份信息、公钥信息、证书有效期信息等，并由证书颁发机构的私钥进行签名以确保其真实性和合法性。

4. 数字签名与数字证书在网络安全中的作用

数字签名与数字证书在网络安全中起着重要的作用。它们可以保证数据的完整性、真实性和不可否认性，防止数据在传输过程中被篡改或伪造。同时，数字证书还可以帮助用户识别和验证对方的身份，建立安全的通信连接。

四、虚拟专用网络

（一）虚拟专用网络的工作原理

1. 虚拟专用网络的概念

虚拟专用网络（Virtual Private Network，VPN）是一种能够在公共网络上构建加密通道的技术。采用这种技术，可以使远程用户在访问公司内部网络资源时，实现数据的加密传输和身份认证，从而确保数据的安全性和隐私性。简单来说，虚拟专用网络在公共网络上为用户数据提供了一个安全的"隧道"，以保证信息在传输过程中的机密性、完整性和真实性。

2. 加密隧道的建立

虚拟专用网络通过在公共网络上创建加密隧道来工作。这个隧道实际上是一个虚拟的点对点连接，通过复杂的加密算法和协议来确保通过隧道的数据的安全性。当用户的数据通过加密隧道传输时会被封装在一个安全的加密包中，这样就可以防止未经授权的访问和数据泄露。

3. 数据的安全性和隐私性保护

虚拟专用网络服务通过使用各种加密协议来确保数据的安全性和隐私性。这些协议包括但不限于PPTP（Point-to-Point Tunneling Protocol，点对点隧道协议）、L2TP（Layer 2 Tunneling Protocol，第二层隧道协议）、IPSec和OpenVPN等。加密协议的作用是将传输的数据进行混淆并编码，这样即使在公共网络上第三方也无法轻易识别和截取数据。同时，虚拟专用网络还可以通过改变用户的IP地址，进一步加强对用户的隐私保护。

（二）虚拟专用网络的类型

1. IPSec VPN

IPSec VPN 是一种基于网络层的安全连接解决方案。它通过使用 IPSec 协议套件，为数据包提供强加密、数据源认证、数据完整性检查及抗重播保护等安全服务。IPSec VPN 通常用于在企业网络之间或企业与分支机构之间建立安全的通信连接。

IPSec VPN 通过在 IP 层面对数据包进行加密和认证，确保数据在传输过程中的安全性。IPSec 协议包括封装安全负载协议和身份认证头协议，这两种协议分别提供数据加密和认证服务。在实际应用中，IPSec VPN 通常与互联网密钥交换协议结合使用，以实现密钥的自动协商和管理。

IPSec VPN 的优点是提供端到端的安全性保证，支持多种加密和认证算法，具有较高的安全性和可扩展性。然而，IPSec VPN 的配置和管理相对复杂，需要专业的技术人员进行部署和维护。此外，IPSec VPN 对于某些应用，如 VoIP（Voice over Internet Protocol，基于 IP 的语音传输）、视频会议等，可能会引入较大的延迟和开销。

2. SSL VPN

SSL VPN 是一种基于应用层的安全连接解决方案。它利用 SSL/TLS 协议在公共网络上建立安全的加密隧道，使用户可以通过标准的 Web 浏览器安全地访问企业内部网络资源。与 IPSec VPN 相比，SSL VPN 更加轻便和灵活，适用于远程用户和移动办公场景。

SSL VPN 通过 SSL/TLS 协议在客户端和服务器之间建立安全的加密连接。当用户通过 Web 浏览器访问 SSL VPN 网关时，会进行双向的身份认证和密钥协商过程。一旦连接建立成功，用户就可以通过安全的加密隧道访问企业内部的网络资源。由于 SSL VPN 是基于应用层的解决方案，因此可以轻松地穿越防火墙等网络设备。

SSL VPN 的优点在于易于部署和管理、支持多种设备和操作系统、用户体验良好，以及成本较低等。此外，由于 SSL VPN 是基于应用层的解决方案，因此可以对特定的应用流量进行精细化的控制和优化。然而，与 IPSec VPN 相比，SSL VPN 在安全性方面可能略逊一筹。这是因为 SSL VPN 主要关注应用层的安全性，无法像 IPSec VPN 那样提供端到端的安全性保证。在实际应用中需要综合考虑具体需求和场景来选择合适的虚拟专用网络来保障网络安全。例如，对于需要高安全性和可扩展性的企业级应用来说，可以选择 IPSec VPN；而对于远程用户和移动办公场景来说，可以考虑使用更加轻便和灵活的 SSL VPN。

第三章 大数据对计算机网络安全的影响

第一节 大数据带来的新安全挑战

一、数据规模的挑战

（一）海量数据存储与管理的难度大

1. 海量数据存储的挑战

随着大数据时代的到来，数据规模正在以前所未有的速度增长，这给数据存储带来了巨大的压力。传统的存储设备和系统往往难以应对如此庞大的数据量，因此需要不断寻求新的存储解决方案，如增加存储容量、提升存储性能及优化存储结构等。为了满足这些需求，现代的存储系统必须具备高度的可扩展性和灵活性，以便能够根据需要快速增加存储资源。同时，为了保证数据的可靠性和可用性，存储系统还需要具备高度的稳定性和较强的容错能力。

此外，海量数据的存储还涉及多个管理环节，如数据的分类、索引、备份和恢复等。这些环节都需要高效的管理策略和技术手段来支持，以确保数据能够被快速、准确地访问和使用。例如，建立合理的索引机制可以提高数据检索的效率；定期备份数据可以防止数据丢失；恢复机制可以使数据在出现问题时及时恢复，减少损失。

2. 数据管理更加复杂

数据规模的扩大不仅会增加存储的难度，还会使数据管理变得更加复杂。在大数据环境下，数据来源具有多样化特点，既有企业内部的生产数据、销售数据等，也有来自外部的社交媒体数据、市场调研数据等。这些数据不仅数量庞大，而且格式各异，既有结构化数据，也有非结构化数据。如何有效地整合和利用这些数据成为一项艰巨的任务。

为了应对这项挑战，企业需要建立完善的数据管理体系，包括数据采集、数据清洗、数据整合、数据分析和数据利用等环节的管理体系。另外，还需要关注数据的质量和一致性，以确保数据的准确性和可靠性。可以通过建立数据质量评估机制、制定数据清洗和整合规范，以及采用先进的数据分析技术等手段来实现这些数据的有效整合和利用。

（二）数据泄露的风险增加

1. 数据泄露的严重性

在大数据时代，数据的集聚效应虽然使数据价值倍增，但同时数据泄露的风险也增加了。由于数据量庞大且其价值高，一旦发生泄露，其影响范围和危害程度都将远超以往。所以数据一旦泄露，就可能曝光个人隐私、泄露商业机密，或者对国家安全构成威胁。因此，在大数据环境下，确保数据的安全性和保密性成为亟待解决的问题。

为了防止数据泄露，企业需要采取多层次的安全防护措施。首先，要加强网络安全防护，建立完善的防火墙、入侵检测系统等，防止黑客入侵和恶意攻击；其次，要建立数据访问控制和加密机制，确保只有授权人员才能访问和使用数据；最后，要定期进行安全审计和风险评估，及时发现和修复潜在的安全漏洞。

2. 数据安全防护措施

为了保护大数据的安全，需要从多个层面进行防护：一是物理安全层面，要确保数据存储设备的安全性，防止物理损坏或被盗；二是网络安全层面，要建立强大的防火墙和入侵检测系统来抵御外部攻击；三是操作系统和应用层面，要进行安全加固以防范潜在威胁。

除了上述基础防护措施之外，还需要采取更加深入的数据保护措施：第一，使用数据加密技术对敏感数据进行加密存储和传输；第二，实施基于角色的访问控制，限制用户对数据的访问权限；第三，建立数据备份和恢复机制，以防止数据丢失或损坏等。

同时，为了应对内部威胁（如员工泄露数据），企业应定期开展员工安全意识培训并制定严格的内部管理制度。此外，与专业的信息安全机构展开合作，进行定期的安全评估和渗透测试也是非常有必要的。

二、数据处理的挑战

（一）数据处理速度与安全性的平衡

1. 追求数据处理速度带来的挑战

在大数据时代，数据处理速度的提升至关重要。企业和组织需要快速地分析、解读和利用数据，以便更好地进行决策，响应市场变化。然而，对处理速度的过度追求往往会带来安全性的隐患。例如，为了提高处理速度，可能会采用一些简化的安全措施，或者减少对数据的加密和验证步骤，这些都会增加数据泄露或被篡改的风险。

为了平衡数据处理速度和安全性的关系，需要综合考虑业务需求和安全要求。一方面，可以通过优化数据处理流程、提升硬件性能等方式来提高处理速度；另一方面，需要加强数据的安全防护，如采用先进的加密技术、建立完善的访问控制机制等。

2. 保障数据安全性的策略与技术

在追求数据处理速度的同时，必须重视数据的安全性。数据的安全性包括数据的机密性、完整性和可用性。为了满足安全性要求，需要采取一系列的策略和技术手段。例如，可以利用数据加密技术来保护数据的机密性，防止数据在传输和存储过程中被窃取；利用数据校验和签名技术来确保数据的完整性，防止数据被篡改或损坏；建立完善的备份和恢复机制，以保障数据的可用性。

在实施这些安全措施时，还需要考虑其对处理速度的影响。为了平衡数据处理速度与安全性，可以采用一些高效的加密和验证算法，以减少对处理速度的负面影响。此外，还可以利用分布式计算、并行处理等技术手段来提高数据处理的总体效率。

3. 平衡数据处理速度与安全性的实践方法

在实践中，平衡数据处理速度与安全性的方法有很多种。例如，对数据进行分类管理，根据数据的重要性和敏感性采取不同的安全措施。对于关键数据和敏感数据，可以采用较高级别的加密和保护措施；对于一般数据，可以适当降低安全级别，以提高处理速度。

利用实时监测和预警系统可以及时发现并应对潜在的安全威胁。通过实时监测数据的访问和使用情况，可以及时发现异常行为并采取相应的应对措施。同时，预警系统可以在潜在威胁发生时及时发出警报，以便相关人员及时做出响应和处理。

定期对数据处理环境进行安全评估和渗透测试。通过模拟攻击来测试系统的安全性，可以发现潜在的安全漏洞并及时进行修复。同时，进行安全评估还可以帮助组织了解当前的安全状况并制定相应的改进措施。

（二）实时数据分析与监控的难度

1. 实时数据采集与传输的挑战

实时数据分析与监控的首要任务是确保数据的实时性。然而，在实际操作中，实时数据的采集与传输面临着诸多挑战。首先，数据源可能分布在不同的地理位置和网络环境中，这增加了数据采集的难度和复杂性；其次，数据传输过程中可能会受到网络延迟、丢包等因素的影响，因此无法及时到达分析平台。

为了应对这些挑战，可以采取如下措施：一是采用分布式数据采集系统来收集来自不同数据源的数据；二是利用高效的数据传输协议和技术来确保数据的实时性和完整性；三是建立数据缓存机制，以解决网络延迟和丢包等问题。

2. 实时数据分析的难点与对策

实时数据分析的难点在于如何在短时间内对大量数据进行有效的处理和分析。首先，需要选择合适的数据分析模型和算法来提高分析的精准度与效率；其次，针对实时数据的动态变化和不确定性因素，需要建立灵活的分析流程和自适应的模型调整机制。

为了实现有效的实时数据分析，可以采取如下措施：一是利用内存计算、流计算等技术手段来提高数据处理速度；二是结合机器学习和人工智能等来优化分析模型与算法，提高分析的准确性和智能化水平；三是关注数据的异常检测和预警机制，以便及时发现并处理异常情况。

3. 监控与优化的重要性及实施策略

实时数据分析与监控的一项重要任务是确保系统的稳定性和可靠性。为了实现这个目标，需要对整个数据处理流程进行实时监控与优化。建立完善的监控系统可以实时监测数据的处理速度、质量等指标。当发现异常情况时，应及时发出警报并通知相关人员进行处理。

定期对数据处理流程进行优化可以提高效率和性能，如优化数据采集、数据传输、数据存储和数据分析等环节，确保整个流程的顺畅和高效。同时，还需要关注系统的可扩展性和容错能力，以便应对未来数据量的增长和潜在的故障风险。

三、数据隐私的挑战

（一）用户隐私泄露的风险

1. 滥用用户数据的隐患

在大数据时代，数据的价值已被广泛认可，但也正因如此，用户数据面临着被滥用的风险。一些企业或机构可能出于商业目的，未经用户同意就擅自收集、使用甚至出售用户数据。这种行为不仅会侵犯用户的隐私权，还可能导致用户受到垃圾邮件、骚扰电话等带来的困扰，甚至可能引发诈骗等严重问题。为了防止用户数据被滥用，应建立完善的数据保护机制，明确数据的使用目的和范围，并加强对企业或机构数据使用的监管。

2. 黑客攻击与内部泄露的威胁

除了企业或机构可能滥用数据之外，黑客攻击和内部泄露也是造成用户隐私泄露的重要原因。黑客可能会利用各种手段入侵企业或机构的数据库，窃取用户数据并进行非法交易或利用。内部泄露则可能是员工不当操作、恶意泄露或系统漏洞等因素导致的。为了防止黑客攻击与内部泄露，企业或机构应加强网络安全防护，定期更新系统补丁，提高员工的安全意识，并建立严格的数据访问和控制制度。

3. 用户隐私保护意识较弱

尽管企业或机构在保护用户隐私方面承担主要责任，但用户自身也需要加强隐私保护意识。许多用户在日常生活中可能会无意识地泄露自己的个人信息，如在社交媒体上过度分享生活细节、使用不安全的公共 Wi-Fi 等。因此，用户应了解隐私泄露的风险，学会保护自己的个人信息，避免不必要的风险。同时，政府和社会各界也应加大隐私保护宣传与教育力度，加强全社会的隐私保护意识。

（二）合规性与法律问题

1. 跨境数据管理的复杂性

在经济全球化背景下，大数据的应用往往涉及数据跨境传输和处理。然而，不同国家与地区的数据保护法律和规定存在差异，这给跨国企业的数据管理和合规性带来了挑战。企业需要了解和遵守各个国家与地区的法律法规，以确保数据的合法性和合规性。为了实现这个目标，企业需要建立完善的数据合规管理体系，包括明确数据跨境传输的规则、增强数据安全和隐私保护意识等。同时，企业还应与各个国家与地区的法律机构和隐私保护机构保持密切沟通，以及时了解并适应法律环境的变化。

2. 知识产权与商业秘密的保护

大数据的应用和发展不仅涉及个人隐私的保护，还与知识产权和商业秘密的保护密切相关。在大数据处理过程中，可能会涉及知识产权或商业秘密，如专利、商标、著作权等。因此，企业需要建立完善的知识产权和商业秘密保护机制，以避免可能的法律纠纷和损失。例如，企业需要对数据进行合理的分类和管理、明确数据使用的范围和目的、采取加密和访问控制等技术手段来保护敏感数据。同时，企业还应加强员工的知识产权和商业秘密保护意识培训，以提高整个组织对知识产权和商业秘密的重视程度。

3. 加强法律法规的制定与执行

为了应对大数据带来的合规性和法律问题，政府和监管机构需要加大法律法规的制定与执行力度。第一，应完善数据保护和隐私权的法律体系，明确数据的收集、使用、共享和删除等环节的规则与责任主体；第二，应加大对违法行为的处罚力度，提高法律的威慑力；第三，应加强监管机构的执法能力和效率，确保法律法规得到有效执行；第四，应积极推动国际合作与交流，共同应对跨境数据管理和法律问题带来的挑战。

第二节　大数据环境下网络安全的特点

一、防御的复杂性

（一）多层次的安全防护需求

1. 多层次的安全防护策略

在大数据环境下，为了全面保障数据的安全，必须从多个层面构建安全防护体系，其中包括网络层、系统层、应用层等。

（1）网络层安全防护：网络层是大数据系统的第一道防线，主要通过防火墙、入侵检测系统等技术手段对外部访问进行控制和监视，防止恶意攻击和未经授权的访问。防火墙可以过滤掉不安全的网络数据包,而入侵检测系统能够实时监测网络流量,发现异常行为并及时发出警报。

(2) 系统层安全防护:系统层主要关注操作系统和数据库的安全性。其中包括操作系统的安全加固,如关闭不必要的服务、限制用户权限、定期更新补丁等;数据库的安全则涉及数据加密、访问控制、审计日志等方面,以确保数据的完整性和保密性。

(3) 应用层安全防护:应用层是大数据系统与用户直接交互的界面,因此是安全防护的重点。应用层的安全措施包括安全编程实践、输入验证、权限管理等。此外,还需要定期对应用程序进行安全漏洞扫描和修补,以防止潜在的安全风险。

2. 技术人员的安全知识要求

为了满足多层次的安全防护需求,技术人员需要具备全面的安全知识,包括网络安全协议、加密算法、身份认证技术、安全漏洞分析等多个方面。只有掌握了这些安全知识,技术人员才能够根据具体的业务需求和系统环境,制定切实可行的安全防护策略。同时,技术人员还需要不断学习新的安全技术,以应对不断变化的网络威胁。

3. 跨层次的协同与整合

多层次的安全防护还意味着需要在各个层次之间进行协同和整合。这就要求各个层次的安全组件能够相互通信和协作,共同应对网络威胁。例如,当网络层的防火墙检测到异常流量时,需要及时通知系统层和应用层进行相应的应对。这种跨层次的协同与整合需要借助统一的安全管理平台来实现,以确保整个系统的安全。

(二) 分布式系统的安全配置与管理

1. 分布式系统的安全配置更加复杂

大数据系统通常采用分布式架构,以提高数据处理和存储的效率。然而,这种架构使安全配置变得更为复杂。这是因为系统中存在多个节点和组件,而每个节点和组件都需要进行独立的安全配置,如设置访问控制列表、配置加密算法和密钥、定义安全策略等。为了确保配置的正确性和一致性,需要采用自动化的配置管理工具,并定期进行安全配置审计和检查。

2. 分布式系统的安全管理面临诸多挑战

除了安全配置复杂之外,分布式系统的安全管理也面临诸多挑战。首先,由于系统分布在不同的物理位置上,管理人员可能无法对所有节点进行实时监控和管理,因此一些节点出现安全漏洞时可能难以被及时发现和处理。其次,分布式系统中的节点可能由不同的团队或组织负责管理,这增加了沟通和协调的难度。为了确保整个系统的安全,需要建立一个统一的安全管理平台,以实现集中式的监控和管理。

3. 解决方案与技术手段

为了解决分布式系统的安全问题,大数据环境下的网络安全需要采用一系列解决方案和技术手段。首先，可以采用集中式的安全管理平台对分布式系统中的所有节点和组件进行统一的安全配置与管理。这样的平台能够提供实时的监控和报警功能，可以帮助管理人员及时发现和处理安全问题。其次，可以利用自动化的安全工具和技术来提高安全管理的效率与准确性。例如，可以使用自动化的漏洞扫描工具定期检测系统中的安全漏洞，并及时进行修补。最后，可以采用基于人工智能的安全分析技术来识别和预防潜在的网络威胁。

二、攻击的隐蔽性

（一）高级持久性威胁的增加

1. APT攻击的特点与危害

高级持久性威胁（Advanced Persistent Threat，APT）是一种复杂且隐蔽的网络攻击方式，结合了先进的黑客技术、长期的潜伏与持续的信息收集，最终目标通常是高价值的数据或系统。APT攻击的特点包括以下几点：一是针对性强，攻击者会针对特定的目标制订详细的攻击计划；二是持续时间长，攻击者可能会在目标系统中潜伏数月甚至数年，不断收集信息并寻找破坏或窃取数据的机会；三是隐蔽性高，APT攻击通常会绕过常规的安全检测机制，因此在系统中难以被发现。这些特点使APT攻击对大数据环境下的网络安全构成了严重威胁，一旦攻击成功，就可能导致重要数据的泄露、系统的瘫痪或业务的停滞，给组织带来巨大的经济损失。

2. 应对APT攻击的策略与技术手段

为了有效应对APT攻击，需要采取一系列策略与技术手段。首先，建立完善的安全防护体系是关键，包括部署多层次的安全防护措施，如防火墙、入侵检测系统和入侵防御系统（Intrusion Prevention System，IPS）等，以阻止外部攻击者的入侵。同时，还需要定期对系统进行安全评估和漏洞扫描，以及时发现并修复潜在的安全隐患。其次，利用大数据分析技术实时监测和分析系统中的异常行为也是重要手段。通过对网络流量、用户行为、系统日志等数据进行分析，可以及时发现APT攻击的迹象并采取相应的应对措施。最后，加强员工的安全意识和技能培训也至关重要。通过定期的安全培训和演练，可以提高员工对APT攻击的认识和防范能力，从而减少人为因素引起的安全风险。

3. 加强对系统漏洞和弱点的排查与修补

要减少APT攻击的入口，必须加强对系统漏洞和弱点的排查与修补工作：一是定期对系统进行全面的安全评估，发现并及时修复已知的安全漏洞；二是关注新出现的安全威胁和漏洞信息，及时更新系统的安全补丁和防御措施；三是采用安全加固技术，增强系统的安全性，如实施最小权限原则、禁用不必要的服务和端口、运用强化密码策略等。采取这些措施可以有效降低APT攻击利用系统漏洞和弱点进行入侵的风险。

（二）攻击溯源与取证

在网络安全领域，攻击溯源与取证是至关重要的一环。攻击溯源与取证不仅能帮助组织了解攻击的来源和目的，为防范未来攻击提供有价值的信息，还能在发生安全事件后提供法律证据，支持对攻击者的追责和打击。然而，在大数据环境下，攻击溯源与取证面临着诸多挑战。首先，数据的海量性和复杂性使得提取有用信息变得异常困难；其次，攻击者通常会采用各种手段隐藏自己的行踪和目的，这进一步增加了溯源与取证的难度；最后，不同系统和应用之间的日志格式与数据结构可能存在差异，因此数据整合和分析存在诸多困难。

1. 建立完善的日志管理和数据分析系统

为了解决攻击溯源与取证的困难，需要建立完善的日志管理和数据分析系统。该系统应能够实现对系统中各类日志和数据的集中存储、管理与分析功能。具体来说，可以通过以下步骤来实施：第一，明确需要收集的日志类型和数据源，并确保数据的完整性和准确性；第二，建立中央化的日志存储和管理平台，以便于数据的统一处理和分析；第三，利用先进的数据分析技术对日志进行深度挖掘和关联分析，从而发现攻击的痕迹和线索；第四，结合可视化技术将数据以直观的方式展示出来，帮助技术人员更快地定位问题并采取相应的应对措施。

2. 加强对攻击手法和工具的研究与分析

除了建立完善的日志管理和数据分析系统之外，还需要加强对攻击手法和工具的研究与分析。通过深入了解攻击者的行为模式和使用的工具技术，技术人员能够提高对攻击的识别和应对能力。通过关注最新的网络安全动态和威胁情报信息、参加相关的技术交流和培训活动，以及开展实际的攻防演练等措施，可以不断提升组织在网络安全方面的整体水平，并有效应对各种复杂隐蔽的网络攻击威胁。

三、数据的关联性

（一）数据之间的内在联系与影响

1. 数据关联性的定义

在大数据环境下，数据关联性指的是不同数据之间存在的直接或间接的联系。这种联系可以表现为数据之间的依赖、影响或互补关系。例如，在电商领域，用户的购买记录、浏览历史和搜索行为等数据之间存在密切的关联性。当用户在搜索某个商品后，其购买该商品的可能性就会增大，这就是数据关联性的具体表现。数据关联性不仅体现在单一系统内部，还可能跨越多个系统和平台，形成复杂的数据网络。

2. 数据关联性对网络安全的影响

数据关联性对网络安全产生了深远的影响。首先，数据关联性增加了数据处理的复杂性。在处理大量相关联的数据时，系统需要较多的计算资源和存储资源，这可能会导致系统性能下降，甚至可能引发系统故障。其次，数据关联性给攻击者提供了更多的攻击机会。攻击者可能利用数据之间的关联性，通过篡改或删除某些关键数据来影响其他数据的准确性和完整性，进而达到破坏系统或窃取敏感信息的目的。

3. 解决数据关联性带来的安全问题

为了解决数据关联性带来的安全问题，需要采取一系列措施来加强数据安全。首先，应建立完善的数据备份和恢复机制。通过定期备份数据，可以在数据被篡改或删除后迅速恢复，减少损失。其次，应实施精细化的数据管理和访问控制机制。对关键数据采取加密、签名等保护措施，可以确保数据的完整性和真实性。严格限制对关键数据的访问权限，可以防止未经授权的访问和操作。最后，应加强系统的安全监控和日志记录功能。实时监测系统的运行状态和数据流动情况，以及时发现并处理异常行为。

（二）跨系统、跨平台的数据安全

1. 跨系统、跨平台数据交互的风险

在大数据环境下，数据通常需要在不同的系统和平台之间进行传输与共享。这种跨系统、跨平台的数据交互带来了诸多安全风险。首先，数据传输过程中可能遭到截获、篡改或伪造等攻击。由于不同系统和平台之间的安全策略与机制存在差异，因此攻击者可能会利用这些差异来实施攻击。其次，数据交互过程中可能存在权限管理不当的问题。如果某个系统或平台的访问控制机制不够严格，那么未经授权的用户可能会获取敏感数据。

2. 确保跨系统、跨平台数据安全的策略

为了确保跨系统、跨平台的数据安全，需要采取以下策略：首先，制定统一的安全标准和协议。通过统一数据格式、加密方式等来确保数据在不同系统和平台之间进行安全传输与共享。其次，建立完善的数据访问控制和审计机制。对不同系统和平台之间的数据访问进行严格控制，并记录所有的数据访问行为以便于审计和追踪。最后，加强不同系统和平台之间的安全策略及机制的协调与整合工作。确保各个系统和平台能够协同工作，共同抵御外部攻击和内部泄露等安全风险。

3. 技术手段与实践案例

在实际应用中，可以采用多种技术手段来确保跨系统、跨平台的数据安全。例如，可以利用数据加密技术对传输中的数据进行加密处理，以确保数据的机密性；使用数字签名技术对数据的完整性和真实性进行验证；通过安全套接层（Secure Socket Layer，SSL）或传输层安全（Transport Layer Security，TLS）协议来建立安全的通信通道；等等。此外，还可以结合具体的应用场景和业务需求来制订有针对性的解决方案。例如，在云计算环境下，可以采用云访问安全代理（Cloud Access Security Broker，CASB）等技术手段来加强对云端数据的访问控制和安全防护；在物联网场景中，可以利用边缘计算等技术手段来降低数据传输的延迟和风险。

第三节　大数据与网络安全的关系

一、大数据对网络安全有促进作用

（一）提供更丰富的安全情报来源

1. 扩充安全情报的广度

在大数据时代，网络安全领域的数据量和数据来源都大幅增加。通过大数据技术，我们能够收集到网络中的各类日志、事件、告警等信息，这些信息构成了丰富的安全情报来源。与传统的安全数据收集方式相比，运用大数据技术能够获取更加全面、详细的安全数据，从而更好地了解整个网络的安全状况。

例如，通过监控网络流量，我们可以实时捕获并分析网络中的数据包，识别出异常流量和潜在威胁；通过收集系统日志，我们可以追踪到用户的登录、操作等行为，发现可疑活动；通过安全设备和系统的告警信息，我们可以及时获取各类安全事件和威胁情报。

2. 加深安全情报的深度

除了广度之外，大数据还可以为我们提供更深入的安全情报。传统的安全检测手段往往只能对表面现象进行监测，而运用大数据技术则能够深入数据的内在规律和模式中，挖掘出更深层次的安全信息。

例如，利用大数据技术进行用户行为分析，可以识别出用户的正常行为模式和异常行为模式，从而及时发现潜在的安全威胁；利用网络流量进行深度分析，可以发现隐藏在正常流量中的恶意行为，如僵尸网络、DDoS攻击等；利用大数据技术还可以对安全事件进行关联分析，揭示事件之间的内在联系和规律，帮助我们更好地理解整个网络的安全态势。

3. 助力安全情报的实时性与预测性

利用大数据技术的实时处理能力能够及时获取并分析最新的安全数据，从而确保安全情报的实时性。这对于快速响应和处置安全事件至关重要。同时，基于大数据的预测模型还可以对未来的安全趋势进行预测和分析，这有助于提前做好安全防范和准备工作。

（二）增强安全事件的预警与响应能力

1. 实时安全监控与预警

利用大数据技术能够实时监控网络的安全状况，及时发现并处理潜在的安全威胁。通过对网络流量、系统日志等数据进行实时分析，可以在第一时间发现异常行为并发出预警。这种实时的监控和预警能力可以极大地提高人们对安全事件的反应速度和处理效率。

2. 快速响应与处置

当发生安全事件时，利用大数据技术可以迅速定位问题并采取相应的处置措施。通过对安全数据进行深入分析，可以准确判断攻击的来源、类型和目的，从而有针对性地制定防御策略。同时，利用大数据技术还可以自动化地处理一些简单的安全事件，减轻人工干预的负担。

3. 事后分析与改进

利用大数据技术不仅可以有效地应对当前的安全事件，还可以提供宝贵的事后分析资料。通过对历史安全数据进行挖掘和分析，可以发现之前可能忽视的安全隐患和漏洞，以便及时进行调整和改进。同时，历史数据还可以作为优化安全策略和提高防御能力的重要依据。

二、大数据在网络安全中的应用

（一）用户行为分析与异常检测

1. 用户行为数据的收集与处理

在大数据技术的支持下，可以全面收集用户在网络中的行为数据，这些数据包括但不限于用户的访问记录、搜索历史、下载行为、交易记录等。通过对这些数据进行清洗、整合和标准化处理，可以得到结构化的用户行为数据，从而为后续的用户行为分析和异常检测做铺垫。

2. 用户行为模型的建立

基于处理后的用户行为数据，可以利用机器学习、深度学习等算法建立用户行为模型。这种模型可以用来捕捉用户的行为习惯、偏好，以及时间序列上的规律性。例如，某个用户通常在每天的固定时间段访问特定网站或使用特定应用，这样的行为模式就可以被模型学习和记忆。

3. 异常行为的检测与响应

如果将用户行为数据输入模型中，模型就会将其与已学习的正常模式进行对比。如果用户的实际行为与正常模式出现较大偏差，如突然访问从未访问过的网站或大量下载未知文件，系统就会将其识别为异常行为。一旦检测到异常行为，系统就会自动触发警报，通知管理员进行进一步检查，或者自动采取一些防御措施，如隔离异常用户、限制其网络访问等。

（二）安全风险评估与预测

1. 历史安全事件数据的挖掘与分析

利用大数据技术可以对大量的历史安全事件数据进行深度挖掘和分析。通过对攻击类型、攻击时间、攻击目标、攻击手段等数据进行统计和分析，可以发现安全事件之间的关联性、周期性及攻击趋势等有价值的信息。

2. 安全风险评估模型的构建

基于历史安全事件数据的分析结果，可以构建安全风险评估模型。通过该模型可以综合考虑多种因素，如系统的漏洞情况、网络环境的复杂性、用户的安全意识等，从而对系统的安全风险进行全面评估。评估结果不仅可以反映系统当前的安全状况，还有助于个人或组织及时发现潜在的安全隐患。

3. 安全风险的预测与防范

利用大数据技术和相关算法，可以对安全风险进行预测。例如，根据网络流量的异常模式预测 DDoS 攻击的可能性，或者根据特定漏洞的利用情况预测未来可能受到的攻击类型。这些预测结果可以为安全策略的制定提供重要参考，帮助个人或组织提前做好准备，以防范潜在的安全威胁。

（三）威胁情报的收集与分析

1. 威胁情报的来源与收集方法

威胁情报是关于网络攻击、恶意软件、黑客组织等安全威胁的详细信息。在大数据时代，威胁情报的来源越来越广泛和多样，主要包括黑客论坛、社交媒体、安全公告等。利用大数据技术的爬取功能，可以自动收集这些来源中的相关信息，为后续的威胁情报分析提供基础数据。

2. 威胁情报的处理与分析

首先，需要对收集到的威胁情报进行清洗、去重、分类等，以提取有价值的信息。然后，利用大数据技术中的文本挖掘、关联分析等算法，对威胁情报进行深入分析。例如，通过文本挖掘算法提取黑客论坛中的攻击手段、工具、目标等关键信息，通过关联分析算法发现不同情报之间的内在联系和规律。

3. 威胁情报的应用与价值

经过处理的威胁情报可以为个人或组织提供关于最新攻击手段和趋势的有价值的信息。这些信息可以帮助个人或组织及时了解和应对潜在的安全威胁，提高网络安全的防御能力。另外，威胁情报还可以用于指导安全策略的制定和调整，从而使安全防护更加有针对性和实效性。例如，根据威胁情报中提到的特定漏洞的利用情况，可以及时修复相关漏洞或加强相关系统的安全防护措施。

三、网络安全对大数据的保障作用

（一）保护大数据的机密性、完整性和可用性

1. 机密性保护：确保信息不被泄露

大数据中的信息往往涉及企业机密、个人隐私等，这些信息一旦泄露就可能使个人、组织甚至国家遭受重大损失。采用加密技术、建立严格的访问控制机制等手段，可以确保只有经过授权的人员才能访问和使用这些数据。同时，网络安全还涉及数据传输过程中的保密，而使用安全的通信协议和加密技术可以防止数据在传输过程中被截获或监听。

此外，网络安全还包括对存储数据的加密保护，即使数据存储设备丢失或被盗，攻击者也难以获取其中的敏感信息。采取这些措施可以保障大数据的机密性，有效防止信息泄露。

2. 完整性保护：防止数据被篡改，保持原始真实

在大数据环境下，数据的完整性至关重要。如果数据在传输或存储过程中被篡改，那么基于这些数据做出的决策和分析结果将失去意义。采用数字签名、哈希算法等技术手段，可以确保数据的完整性和真实性。利用这些技术可以对数据进行验证，检测数据是否在传输或存储过程中被修改。

此外，网络安全还包括对数据生成、处理、传输等各个环节的监控和审计，从而确保数据的操作流程符合规范，防止数据被非法篡改。采取这些措施可以保障大数据的完整性，使数据能够真实、准确地反映实际情况。

3. 可用性保护：确保数据可靠访问，避免服务中断

大数据的可用性是其价值得以体现的前提。如果数据无法被及时、可靠地访问和使用，那么数据的价值将大打折扣。采用负载均衡、容错技术、数据备份恢复等手段，可以确保大数据在高并发、大流量等场景下依然保持稳定、高效的访问性能。

此外，网络安全还包括对大数据系统的持续监控和故障排查，及时发现并解决潜在的问题和故障点，防止因安全问题而出现服务中断或数据丢失。采取这些措施可以保障大数据的可用性，使数据能够在需要时被及时、准确地访问和使用。

（二）防止大数据被非法获取、篡改或破坏

1. 加强网络防御，抵御外部攻击

为了防止大数据被非法获取，可以采取多种措施来加强网络防御：首先，建立完善的防火墙系统，通过过滤网络流量和监控异常行为，可以有效阻挡外部攻击和未经授权的访问。其次，部署入侵检测系统和入侵防御系统，能够实时监控网络活动，及时发现并应对潜在的入侵行为。最后，对大数据系统的漏洞及时进行修补和管理，以降低被攻击者利用

的风险。采取这些措施可以构建一道坚实的防线，保护大数据免受外部威胁的侵害。

2. 应用数据加密与强密码学算法

数据加密是保护大数据不被非法获取和篡改的重要手段。使用强密码学算法（如AES、RSA等）对大数据进行加密存储和传输，可以确保数据即使被窃取，攻击者也难以解密和使用。同时，在数据传输过程中采用SSL/TLS等安全协议，可以进一步确保数据的机密性和完整性。

除了加密措施之外，网络安全还强调对敏感数据的脱敏处理，以降低数据被泄露的风险。采取这些措施可以为大数据提供坚实的保护壳，防止数据被非法获取和篡改。

3. 安全审计与漏洞扫描的重要性

定期对大数据系统进行安全审计和漏洞扫描是确保数据安全的重要环节。进行安全审计不仅可以全面评估大数据系统的安全状况，还可以发现潜在的安全隐患和漏洞。进行漏洞扫描则可以及时发现并报告系统中存在的安全漏洞，以便及时修复和防范潜在的攻击。

采取这些措施不仅可以增强大数据系统的整体安全，还可以提高组织对安全风险的感知和应对能力。采取持续改进和完善安全防护的措施，可以更好地保障大数据的安全性和可靠性。

四、大数据与网络安全的协同发展

（一）大数据技术与安全技术的融合创新

1. 大数据技术助力安全技术的提升

大数据技术为安全技术的发展提供了新的可能。传统的安全检测手段在面对海量数据时，往往会出现效率低下、误报率高等问题。而大数据技术能够通过高效的数据处理和分析能力，对网络流量、系统日志、用户行为等各类数据进行深度挖掘，从而更准确地识别潜在的安全威胁。例如，利用大数据技术对网络安全日志进行分析，可以发现异常的网络访问模式，进而提前预警以阻止潜在的网络攻击。

此外，大数据技术还可以用于对已知的安全威胁进行溯源分析，帮助安全人员了解攻击的来源和路径，为后续的防御工作提供有力支持。这种数据驱动的安全防护模式，不仅可以提高安全防护的精准度和效率，还可以使制定的安全策略更加具有科学性和针对性。

2. 安全技术为大数据提供坚实保障

随着大数据技术的广泛应用，数据的安全性和隐私性逐渐成为人们关注的焦点。安全技术在这个过程中发挥了重要作用，为大数据的存储、处理和传输提供了坚实的保障。首先，采用先进的加密技术，可以确保大数据在传输和存储过程中的机密性，防止数据被非法获取或泄露；其次，利用身份认证和访问控制机制，可以严格限制对大数据的访问权限，防止未经授权的访问和操作；最后，定期进行安全审计和漏洞扫描，可以及时发现并处理大数据系统中的安全隐患，确保其稳定性和可信度。

这些安全技术的应用不仅可以为大数据技术的进一步发展提供有力支持，还可以为数据的合规使用和隐私保护奠定坚实的基础。在大数据技术与安全技术的融合创新中，二者可以相互促进和共同发展。

3. 大数据技术与安全技术的融合实践

在实际应用中，大数据技术与安全技术的融合已经取得了显著的成果。例如，在网络安全领域，基于大数据的入侵检测系统可以通过分析网络流量和用户行为数据等来识别潜在的攻击行为。这种系统可利用大数据技术的高效处理能力来分析海量的网络数据，从而提高检测的准确性和效率。同时，结合机器学习等算法还可以实现对新型攻击模式的自动识别和预警。

此外，在数据安全领域，大数据技术也被广泛应用于数据的加密、备份和恢复等方面。利用大数据技术的分布式存储和计算能力，可以实现更高效的数据加密和备份，确保数据的安全性和可用性。这些实践案例充分展示了大数据技术与安全技术融合创新的潜力和价值。

（二）构建基于大数据的网络安全防护体系

1. 数据采集与存储环节的安全防护

在构建基于大数据的网络安全防护体系时，数据采集与存储环节的安全至关重要。为了确保数据的安全性和完整性，需要采取一系列的安全措施：第一，在数据采集过程中，需要确保数据来源的可靠性和合法性，避免恶意数据的注入。第二，在数据存储过程中，需要采用先进的加密技术对数据进行加密处理，以防止数据被非法访问和篡改。第三，需要建立完善的备份和恢复机制，以确保在发生意外情况时能够及时恢复数据。第四，需要对数据存储环境实施严格的访问控制机制，只允许经过授权的人员访问敏感数据。

采取这些措施有助于保护数据采集与存储环节的安全性，为后续的数据分析和挖掘提供可靠的基础。

2. 数据分析与挖掘环节的安全策略

在数据分析与挖掘环节，需要确保分析过程的准确性和安全性。为了防止数据被篡改或误用，需要对数据进行严格的验证和审核。同时，还需要采用先进的数据分析技术来发现隐藏在数据中的异常模式和潜在威胁。利用这些技术可以更准确地识别攻击行为、恶意软件等安全威胁，从而提高安全防护的精准度和效率。

除了技术层面的保障之外，还需要建立完善的管理制度来规范数据分析与挖掘过程。例如，可以制定严格的数据使用规范和操作流程，以确保只有经过授权的人员才能进行数据分析和挖掘工作。采取这些措施有助于保护数据分析与挖掘环节的安全性，提高大数据系统的整体安全防护水平。

3. 安全事件检测与响应机制的建立

在构建基于大数据的网络安全防护体系时，建立安全事件检测与响应机制至关重要。为了及时发现并应对安全威胁，需要建立完善的检测与响应机制。首先，可以利用大数据技术对网络流量、系统日志等数据进行实时监测和分析，以便及时发现异常行为和潜在的攻击模式。其次，在发现安全事件后，需要迅速启动应急响应流程（包括隔离攻击源、修复漏洞、恢复数据等），对事件进行调查和处理。

为了提高检测与响应的效率和准确性，还可以采用自动化工具和人工智能来辅助检测与响应过程。利用这些技术可以更快速地识别安全威胁并采取相应的措施进行防范和打击。同时，还需要建立完善的安全事件报告和处置制度，从而确保在发生安全事件时能够迅速、有效地进行应对和处理。采取这些措施不仅有助于提高大数据系统的整体安全防护能力，还可以保障数据的完整性和可用性。

第四章 大数据环境下的计算机网络威胁

第一节 高级持久性威胁攻击

一、APT攻击概述

（一）APT攻击的特点

1. APT攻击的高级性

APT攻击的高级性主要体现在攻击者的技术水平和策略复杂性上。这种攻击通常由具备高度技术能力的黑客或团队发起，由于他们精通各种编程语言和工具，因此能够巧妙地规避或绕过传统的安全防护措施。攻击者通常不会采用简单粗暴的方式实施破坏，而是通过深入研究目标系统的漏洞和弱点而定制专门的攻击代码，以实现精准打击。这种高级性使APT攻击能够轻易穿透常规的安全防线，对目标系统造成深层次的威胁。

此外，APT攻击的高级性还体现在其精准的目标选择上。攻击者通常会选择具有高价值的目标进行攻击，如政府机构、大型企业或关键基础设施等，并对攻击目标进行深入的情报收集和分析，以确保攻击的有效性和针对性。

2. APT攻击的持久性

APT攻击的持久性是其显著特点。与一般的网络攻击不同，APT攻击不是一次性的攻击行为，而是长期、持续地对目标进行渗透和监控。攻击者会在目标系统中植入恶意软件或后门程序，以便长期控制并窃取信息。这种持久性的攻击方式使攻击者能够在不被发现的情况下，持续地对目标进行监控和攻击。

为了实现持久性攻击，攻击者通常会采用各种技术手段来隐藏自己的行踪，如利用加密技术、混淆技术，或者合法的网络服务和协议进行通信等方式来规避检测。此外，攻击者还会定期更新和变换恶意软件或后门程序的特征码与通信方式，以应对安全人员的检测和防范。

3. APT攻击的威胁性

APT攻击的威胁性主要体现在其针对特定、高价值的目标，以及潜在的巨大破坏力上。由于APT攻击通常针对政府机构、大型企业或关键基础设施等高价值目标，因此其潜在的破坏力极大。一旦攻击成功，攻击者就可以窃取到大量的敏感信息和重要数据，甚至可能对目标系统进行破坏或勒索。

此外，APT 攻击的威胁性还体现在其难以被及时发现和防范。由于 APT 攻击具有高度的隐蔽性和持久性，因此很难被传统的安全防护措施检测和防范。

（二）APT 攻击的发展

1. APT 攻击的早期阶段

APT 攻击可以追溯到 21 世纪初，当时的网络环境相对简单，安全防护措施也较为基础。APT 攻击在这个阶段主要针对政府机构和军事组织进行攻击，目的是窃取敏感信息和破坏关键基础设施。这些攻击行为通常是由国家支持的黑客团队或间谍机构发起的。

在这个阶段，APT 攻击的特点主要表现为针对性强、持续时间长、破坏力大等。攻击者会利用各种手段对目标进行长期的渗透和监控，以确保能够窃取有价值的信息或达到其他目的。同时，攻击者还会采用各种技术手段来隐藏自己的行踪，以规避检测和防范。

2. APT 攻击的商业化演变

随着网络技术的飞速发展和全球信息化的加速推进，APT 攻击逐渐演变成一种高度复杂、精心策划的网络犯罪活动。与早期阶段相比，这个阶段 APT 攻击的目标不再局限于政府机构和军事组织，而是扩大到了商业领域，特别是大型企业。

在这个阶段，APT 攻击的技术手段也在不断更新和演变。攻击者不仅开始利用更加复杂的恶意软件、零日漏洞、钓鱼攻击等方式入侵和进行渗透，还会结合社交工程学技巧来诱导受害者点击恶意链接或下载恶意附件，从而进一步控制受害者的系统并窃取敏感信息。这些技术手段的运用使 APT 攻击更加难以被及时发现和防范。

3. APT 攻击的趋势与挑战

随着网络技术的不断进步和信息安全意识的提高，APT 攻击呈现出新的趋势。一方面，攻击者的技术手段不断翻新，如开始利用更加先进的加密技术、混淆技术，以及合法的网络服务和协议进行通信等方式来规避检测；另一方面，攻击者还会结合社交工程学、心理学等学科的知识进行攻击策划和实施攻击，以提高攻击的针对性和有效性。

为了应对这些挑战，需要采取更加全面、有效的安全防护措施来应对 APT 攻击，如加强网络安全意识教育、建立完善的网络安全管理制度、采用先进的安全技术和工具进行防护等。同时，还需要加强国际合作和信息共享，以共同应对 APT 攻击带来的威胁和挑战。

（三）APT 攻击与其他网络攻击的区别

与其他类型的网络攻击相比，APT 攻击具有以下几个显著的特点：

1. 目标明确

APT 攻击通常针对特定的目标进行精心策划和长期渗透，而其他网络攻击可能更加广泛和随机地选择目标。

2. 持久性强

APT 攻击一旦成功入侵目标系统，就会长期潜伏并持续监控和窃取信息；而其他网络攻击可能更加注重短期内的破坏效果。

3. 技术复杂

APT 攻击者通常具备较高的技术能力和复杂的攻击策略，能够巧妙地规避传统的安全防护措施；而其他网络攻击可能更加简单直接。

4. 隐蔽性高

APT 攻击在入侵过程中会利用各种手段隐藏自己的行踪，以免被发现和追踪；而其他网络攻击可能会更加明目张胆地进行破坏活动。

二、APT 攻击的流程

（一）情报收集与目标选择

1. 情报收集的重要性

情报收集是 APT 攻击的第一步，也是至关重要的环节。通过收集目标的相关信息，攻击者能够更好地了解目标的组织结构、系统架构、安全防护措施等，从而为后续的攻击制定更加精准的策略。情报收集是否充分，直接影响攻击的成功率和效果。

2. 情报收集的途径

APT 攻击者通常会通过多种途径来收集情报，包括但不限于公开信息查询、社交媒体挖掘、渗透测试等。攻击者可能会利用搜索引擎、企业信息公开网站等渠道获取目标的基本信息和组织架构，或者通过社交媒体等平台了解员工的个人信息和工作动态，甚至可能通过渗透测试来探测目标系统的漏洞和弱点。

3. 目标选择的原则

在收集到足够的情报后，攻击者会根据目标的价值、防护水平、潜在收益等因素来选择具体的攻击目标。例如，攻击者可能会优先选择那些拥有大量敏感数据或知识产权的企业作为攻击目标，以获取更大的利益。

（二）渗透与入侵

1. 漏洞利用与攻击

APT 攻击者会积极寻找并利用目标系统中存在的漏洞进行攻击。这些漏洞可能存在于操作系统、应用程序或网络设备等各个层面。攻击者会利用这些漏洞来绕过安全防护措施，获取对目标系统的初步控制权。为了避免被发现，攻击者可能会使用复杂的漏洞利用链，结合多个漏洞来实现更加隐蔽的攻击。

2. 钓鱼攻击与恶意附件

除了利用漏洞进行攻击之外，APT攻击者还经常使用钓鱼攻击和恶意附件等手段来诱导受害者执行恶意代码。例如，攻击者可能会发送伪造的电子邮件或假消息，诱骗受害者点击恶意链接或下载恶意附件。一旦受害者执行了这些恶意代码，攻击者就能够获得对受害者系统的控制权。

3. 社交媒体与恶意软件传播

随着社交媒体的普及，APT攻击者也开始利用这些平台来传播恶意软件。例如，攻击者可能会在社交媒体上发布伪装成合法内容的恶意链接或文件，诱导用户点击并下载执行。此外，攻击者还可能通过社交媒体上的私信功能向特定用户发送恶意信息，以实现更加精准的攻击。

（三）恶意软件的植入与执行

1. 恶意软件的类型与功能

APT攻击者在成功渗透目标系统后，会植入各种类型的恶意软件（包括后门程序、木马病毒、间谍软件等），以进一步控制受害者的计算机或网络。后门程序允许攻击者绕过正常的身份认证机制，远程访问和控制受害者的系统；木马病毒则隐藏在正常程序中，等待时机执行恶意操作；间谍软件则用于窃取用户的敏感信息并发送给攻击者。

2. 恶意软件的隐藏与自我保护

为了避免被发现和清除，APT攻击者不仅会采取各种手段来隐藏恶意软件的行踪，还会定期更新和变换恶意软件的特征码与通信方式，以应对安全人员的检测。这些隐藏和自我保护机制使恶意软件更加难以被发现及清除。

3. 恶意软件的执行与破坏

一旦恶意软件被成功植入目标系统并执行，APT攻击者就可以利用其执行各种恶意操作，如窃取敏感信息、破坏系统正常运行等。这些操作不仅会对受害者的数据和系统造成损失，还可能严重影响整个组织的运营和安全。因此，及时发现并清除恶意软件对于保护系统的安全至关重要。

（四）数据窃取与回传

1. 数据窃取的目标与手段

APT攻击的最终目的往往是窃取目标系统中的敏感信息，如个人隐私数据、企业机密文件、知识产权等。攻击者不仅会利用各种手段来窃取这些信息，如使用恶意软件监控用户的键盘输入、截取网络通信数据等，还会针对特定的应用程序或数据库进行攻击，以获取更加敏感和重要的数据。

2. 数据加密与隐藏

为了避免数据在传输过程中被截获或篡改，APT 攻击者通常会对窃取到的数据进行加密处理，如使用复杂的加密算法和密钥来确保数据的安全。此外，他们还会将数据隐藏在正常的网络通信中，以避免其被发现和追踪。这些加密与隐藏手段使数据的窃取和传输更加隐蔽及安全。

3. 数据回传与利用

窃取到的数据会通过加密通道回传到 APT 攻击者控制的服务器上，以供后续分析和利用。攻击者可能会对这些数据进行解密、整理和分析，以获取有价值的情报或进行进一步的攻击活动。因此，及时发现并阻断数据的窃取和回传对于保护敏感信息的安全至关重要。

（五）清除攻击痕迹与持续潜伏

1. 清除攻击痕迹

在完成数据窃取等操作后，APT 攻击者会清除留下的痕迹，如删除或修改日志文件、清除恶意软件的安装痕迹等，以免被发现。这些操作旨在掩盖他们的攻击行为，使被攻击者难以察觉到系统的异常和入侵。

2. 持续潜伏与监控

APT 攻击者通常会选择持续潜伏在目标系统中，以便寻找新的攻击机会。他们会定期更新恶意软件以逃避安全检测，并继续监控目标系统的动态。这种持久性的潜伏使 APT 攻击更加难以防范和清除。为了保持对目标系统的持续控制，APT 攻击者可能还会利用合法的网络服务和协议进行通信，以免被防火墙等安全设备拦截。

三、APT 攻击的防御策略

（一）加强网络安全意识培训

1. 培训的重要性

网络安全意识培训是防御 APT 攻击的第一道防线。通过参加培训，企业员工可以更好地理解网络安全的重要性，学会如何识别和应对潜在的网络威胁，以及培养在日常工作中主动防范网络攻击的意识。

2. 培训的内容与方法

网络安全意识培训的内容应涵盖网络钓鱼、恶意软件识别、密码安全、数据保护等方面。可以通过线上或线下开展培训，如可以采用专家讲座、模拟演练、网络安全视频教程等方式进行。同时,为了确保培训效果,还可以定期进行网络安全知识测试,以检验员工的学习成果。

3. 培养良好的上网习惯和保密意识

除了传授网络安全知识之外,培训还应着重培养员工的上网习惯和保密意识。例如,教育员工不要随意点击来源不明的链接或下载未知附件,不要在不安全的网络环境下执行敏感操作,以及时刻注意保护个人隐私和敏感信息。

(二)及时更新操作系统和应用软件,定期修补系统漏洞

1. 及时更新操作系统和应用软件

操作系统和应用软件的更新通常包含对已知漏洞的修复,因此及时更新系统和软件是防御APT攻击的重要措施。企业应建立定期检查与更新系统和软件的机制,确保所有系统组件都保持在最新状态。

2. 定期修补系统漏洞

除了更新操作系统和应用软件之外,还需要定期修补系统漏洞,包括使用安全补丁修复已知的安全漏洞,以及运用安全设置减少潜在的攻击面。企业应定期评估系统的安全性,并根据评估结果采取相应的补救措施。

(三)使用强密码策略与多因素认证

1. 实施强密码策略

强密码策略是防御APT攻击的重要手段之一。企业应要求员工使用复杂且难以猜测的密码,并定期更换密码,以避免被破解。此外,还可以使用密码管理工具来帮助员工更好地管理和记忆密码。

2. 应用多因素认证

多因素认证通过结合两种或多种身份认证方法来提高系统的安全性。例如,可以将指纹识别、动态令牌或手机短信验证等方式作为额外的身份认证手段。这种认证方式可以大大降低APT攻击的风险,因为即使攻击者获取了用户的用户名和密码,也需要通过额外的身份认证才能访问系统。

(四)部署网络监控与入侵检测系统

1. 网络监控的重要性

网络监控可以帮助企业实时了解网络流量和异常行为模式,从而及时发现潜在的APT攻击。通过监控网络的关键节点和流量数据,可以迅速识别异常流量和可疑活动,进而采取相应的防御措施。

2. 入侵检测系统的应用

入侵检测系统可以实时监控网络中的数据包，检测并报告可疑的活动。一旦检测到 APT 攻击的迹象，入侵检测系统就会立即发出警报并通知管理员进行处理。这种系统对于及时发现并应对 APT 攻击具有重要意义。

3. 安全信息和事件管理系统的应用

安全信息和事件管理（Security Information and Event Management，SIEM）系统可以集中收集、分析和响应各种安全事件。通过整合来自不同安全设备和系统的日志信息，SIEM 系统可以提供全面的安全视图，并帮助管理员快速定位和响应 APT 攻击。此外，SIEM 系统还可以提供自动化的响应机制，从而减轻管理员的负担并提高响应速度。

（五）建立应急响应机制并制订恢复计划

1. 建立应急响应机制

建立完善的应急响应机制是应对 APT 攻击的重要保障措施之一。企业不仅要制定详细的应急响应流程，包括发现攻击、报告事件、分析原因、采取措施等，还要定期组织演练，以确保在发生安全事件时能够迅速做出响应并能够有效处置。

2. 制订恢复计划

除了应急响应机制之外，企业还需要制订恢复计划，以应对可能的数据泄露或系统损坏情况。恢复计划应包括数据备份与恢复策略、系统重建流程，以及相关人员和资源的调配方案等。制订详细的恢复计划可以最大限度地减少 APT 攻击对企业造成的损失。

3. 定期评估和改进防御策略

由于 APT 攻击手段会不断更新和演变，因此企业需要定期评估和改进防御策略，包括审查现有的安全防护措施是否足够强大、是否存在新的安全漏洞，以及是否需要引入新的技术或工具来增强安全性等。通过持续改进和优化防御策略，企业可以更好地应对 APT 攻击带来的威胁和挑战。

第二节 勒索软件与加密货币挖矿

一、勒索软件概述

（一）勒索软件的定义与分类

1. 勒索软件的定义

勒索软件，也被广泛称为勒索病毒或敲诈软件，属于恶意软件的一种。其核心行为模式是通过技术手段对受害者的计算机系统或重要文件进行加密,并以此作为要挟,向受害者索取赎金。简言之,勒索软件就是利用加密技术实施网络敲诈行为的一种软件。

勒索软件的出现,不仅对个人用户构成了严重威胁,还对企业和组织的数据安全造成了巨大冲击。由于勒索软件往往采用高强度的加密算法,被加密的文件或系统在没有解密密钥的情况下极难恢复,因此受害者会面临数据丢失和巨额经济损失的风险。

2. 勒索软件的分类

根据加密方式和支付赎金的方式,可以将勒索软件分为多种类型。其中,最常见的两种类型是屏幕锁定型和文件加密型。

(1) 屏幕锁定型勒索软件:这类软件会在用户不知情的情况下锁定其计算机屏幕,并显示一条勒索信息,要求用户支付一定数额的赎金解锁。屏幕锁定型勒索软件通常通过阻止用户访问计算机系统和文件来达到敲诈的目的。

(2) 文件加密型勒索软件:这类软件会在用户毫无察觉的情况下,对用户计算机中的重要文件(包括文档、图片、视频等)进行加密。一旦文件被加密,用户将无法打开或使用。随后,软件会弹出一条勒索信息,要求用户支付赎金以获取解密密钥。

除了以上两种主要类型,还有一些其他变种和混合型的勒索软件,这些软件结合了屏幕锁定和文件加密的功能,或者采用了其他独特的敲诈手段。由于勒索软件在不断演变和升级,因此防御和应对勒索软件的难度越来越大。

(二) 勒索软件的传播途径与感染方式

1. 勒索软件的传播途径

勒索软件的传播途径具有多样性和隐蔽性的特点,因此用户很难防范其产生的危害。以下是几种常见的勒索软件的传播途径:

(1) 垃圾邮件附件:攻击者会伪造各种看似合法的邮件,如发票、订单确认等,并在邮件中添加带有勒索软件的恶意附件。当用户打开这些附件时,勒索软件就会被激活并感染计算机系统。

(2) 恶意网站:攻击者会创建一些看似合法的网站,并在其中嵌入勒索软件的下载链接或恶意脚本。当用户访问这些网站时,就会自动下载勒索软件并执行。

(3) 下载的文件:攻击者会将勒索软件捆绑在一些流行的软件或游戏中,并通过各种渠道进行分发。当用户下载并安装这些被捆绑的软件时,勒索软件就会随之进入计算机系统。

(4) 被感染的广告:一些恶意广告会利用漏洞或欺骗手段诱导用户点击恶意链接,从而触发勒索软件的下载和执行。

(5) 漏洞:攻击者会寻找并利用操作系统或应用软件的漏洞来传播勒索软件,这些漏洞可能是已知的但未及时修复的,也可能是新发现的零日漏洞。

2. 勒索软件的感染方式

勒索软件的感染方式同样具有多样性和隐蔽性。以下是几种常见的感染方式:

（1）利用漏洞攻击：勒索软件会尝试利用操作系统或应用软件中的已知漏洞进行攻击，从而绕过安全机制并感染计算机系统。这就要求用户及时更新和修补系统漏洞，以降低被攻击的风险。

（2）利用社交工程手段攻击：攻击者会利用社交工程手段诱导用户执行恶意代码。例如，攻击者可能会发送伪造的电子邮件或消息，声称用户需要更新软件或处理某些紧急事务，并诱导用户点击恶意链接或下载恶意附件。一旦用户按照指示操作，勒索软件就会感染其计算机系统。

（3）网络共享和移动设备传播：勒索软件还可能通过网络共享功能在局域网传播，或者通过移动设备（如 USB 闪存盘）进行传播。这就要求用户在使用网络共享或移动设备时保持警惕，并避免随意插入未知的 USB 设备或打开未知的共享文件夹。

（三）勒索软件对大数据环境的影响

在大数据环境下，勒索软件的威胁变得越来越严重和复杂。企业和组织通常存储着海量的敏感信息和重要数据，这些数据往往具有极高的价值。然而，这也使大数据环境成为攻击者眼中的"肥肉"，勒索软件就是攻击者常用的手段之一。

一旦勒索软件成功感染大数据系统，就会对存储在其中的数据进行加密，并弹出勒索信息要求支付赎金以解密数据。由于大数据环境下存储的数据量巨大且价值较高，因此企业往往面临巨大的经济损失和声誉损害风险。此外，由于大数据系统具有复杂性和关联性，勒索软件的感染还可能导致整个系统瘫痪和业务中断，从而给企业和组织带来无法估量的损失。

为了有效应对勒索软件对大数据环境的威胁，企业和组织需要采取一系列防御和应对策略：

（1）加强安全意识培训：定期对员工进行网络安全意识培训，提高他们的防范意识和应对能力。让员工了解勒索软件的危害和传播途径，并学会识别可疑邮件、链接和文件等。

（2）定期更新和修补系统漏洞：及时更新操作系统和应用软件以修补已知漏洞，降低被勒索软件利用的风险；定期进行全面且系统的安全检查和评估，以发现并解决潜在的安全隐患。

（3）强化数据备份和恢复机制：建立完善的数据备份和恢复机制可以确保系统在遭受勒索软件攻击时能够迅速恢复数据并减少损失。定期对备份数据进行测试可以确保其可用性和完整性。

（4）部署安全防护措施：使用防火墙、入侵检测系统和入侵防御系统等检测并阻断勒索软件的传播与感染路径。同时，采用终端安全管理解决方案来加强对终端设备的保护和控制能力。

二、加密货币挖矿概述

（一）加密货币挖矿的原理与流程

1. 加密货币挖矿的原理

加密货币挖矿主要基于去中心化的区块链。它通过解决复杂的数学问题，利用计算机算力进行哈希运算来验证和记录交易，并将这些交易添加到区块链上。这个过程不仅可以确保交易的安全性和不可篡改性，还可以通过去中心化的方式实现无须信任的交易验证。

具体来说，挖矿是通过工作量证明（Proof of Work，PoW）等共识算法来实现的。工作量证明要求挖矿者通过计算找到一个符合特定条件的哈希值，这个过程需要大量的计算资源和时间。在找到符合条件的哈希值后，挖矿者就有权将新的区块添加到区块链上，并获得一定数量的加密货币作为奖励。这种机制可以确保区块链网络的安全性和稳定性，因为任何试图篡改或伪造交易的行为都需要付出巨大的计算成本。

2. 加密货币挖矿的流程

（1）配置挖矿设备：挖矿者需要准备专业的挖矿设备，如高性能的计算机或专用的矿机。这些设备需要具有强大的竞争算力，能够高效地解决数学问题，并争夺区块链上的权利。

（2）安装并配置挖矿软件：在准备好挖矿设备后，挖矿者需要安装并配置相应的挖矿软件。这些软件通常与特定的加密货币网络兼容，并且能够连接到该网络的节点上执行挖矿操作。

（3）开始挖矿：在挖矿软件配置完成后，挖矿者就可以开始挖矿了。挖矿者可以通过运行挖矿软件，让自己的设备不断尝试解决数学问题，以争夺区块链上的权利。这个过程需要持续投入计算资源和时间。

（4）获得挖矿奖励：如果挖矿者的设备成功解决了数学问题并争夺了区块链上的权利，那么他们就有权将新的区块添加到区块链上。作为回报，他们会获得一定数量的加密货币。这种奖励机制可以激励挖矿者持续贡献算力并维护区块链网络的安全和稳定。

（二）挖矿软件对计算资源的占用与影响

1. 挖矿软件会占用计算资源

挖矿软件在运行过程中会占用大量的计算资源，包括 CPU、GPU 及内存等关键计算组件。由于挖矿过程涉及复杂的数学运算和大量的数据处理，因此需要高性能的硬件设备来支持。然而，这种高强度的计算活动会显著占用并消耗计算机的资源。

具体来说，挖矿软件会充分利用 CPU 或 GPU 的并行处理能力来进行哈希运算，寻找符合特定条件的哈希值。这会导致处理器长时间处于高负荷状态，从而占用大量的计算资源。同时，挖矿过程中还需要大量的内存空间来存储和处理数据，这也会占用一部分系统资源。

2. 挖矿软件对计算机性能的影响

由于挖矿软件占用了大量的计算资源，因此会对计算机的性能产生显著影响。处理器的高负荷运行会导致计算机运行速度变慢，响应时间延长。用户可能会感受到计算机卡顿，甚至在执行其他任务时出现延迟或中断的情况。

长时间的高强度计算会产生大量的热量，如果散热系统不佳，就可能导致计算机硬件过热，进而影响硬件的使用寿命和稳定性。此外，挖矿过程中产生的噪声也会对用户造成一定的干扰。

在极端情况下，如果挖矿软件的资源占用过多，甚至可能导致计算机死机或崩溃，从而给用户带来数据丢失等风险。

3. 挖矿软件对大数据环境的影响

在大数据环境下，如果挖矿软件被恶意植入并大量运行，将对整个系统造成严重影响。大量的挖矿活动会占用系统资源，降低大数据处理的效率和稳定性。此外，挖矿活动还可能导致数据泄露等，从而对大数据环境的安全构成威胁。

（三）挖矿活动与大数据环境的关联

1. 大数据环境对挖矿活动的支持

大数据环境为挖矿活动提供了丰富的数据来源和强大的计算能力。在大数据环境下，海量的数据资源和高效的计算平台使挖矿更加高效与便捷。挖矿者可以利用大数据技术进行数据分析和挖掘，以更精确地预测和计算挖矿的收益与风险。

同时，大数据环境还可以提供实时的市场动态和行情分析等信息服务，以帮助挖矿者做出更明智的决策。这些优势使大数据环境下的挖矿活动具有更高的效率和盈利能力。

2. 挖矿活动对大数据环境的影响

挖矿活动也可能对大数据环境造成负面影响。如果大量的挖矿活动同时进行，可能会导致系统资源紧张甚至崩溃。

挖矿活动可能引发数据泄露等安全风险。由于挖矿者需要访问和处理大量的数据以进行哈希运算和验证交易等操作，因此如果挖矿软件存在安全漏洞或被恶意攻击者利用，则可能导致敏感数据的泄露和滥用。

挖矿活动可能会影响大数据环境的能源消耗和散热。高强度的计算活动不仅会消耗大量的能源，还会产生大量的热量，因此需要采取有效的散热措施和节能技术来降低对环境的影响。

3. 在大数据环境下进行挖矿活动的安全措施

为了保证数据安全和系统稳定，在大数据环境下进行挖矿活动需要采取一系列的安全措施：一是确保挖矿软件的来源可靠并经过严格的安全检测；二是避免使用来路不明或存在安全漏洞的挖矿软件,以防止恶意攻击和数据泄露等;三是对大数据环境进行严格的访问控制和加密保护,以防止未经授权的访问和数据泄露等;四是建立完善的监控和报警机制,以便及时发现并应对潜在的安全威胁和异常行为,从而确保大数据环境的稳定和安全。

三、防御与应对策略

(一) 定期备份重要数据

1. 备份数据的重要性

在数字化时代,数据已经成为企业和个人的重要资产。然而,随着网络攻击的日益频发,数据安全问题也越来越严峻。勒索软件攻击是近年来备受关注的一种网络威胁,主要通过加密受害者的文件并要求其支付赎金来解密,给企业和个人带来了巨大的经济损失和数据安全风险。因此,定期备份重要数据成为防范勒索软件攻击的关键措施。

2. 备份策略的制定

为了有效防范勒索软件攻击,用户需要制定完善的数据备份策略。首先,要明确需要备份的数据类型和范围,确保关键文件、数据库和应用程序等都能得到妥善保护;其次,要选择合适的备份介质和存储位置,以确保备份数据的可靠性和安全性;最后,要设定合理的备份频率,以保证数据的实时性和完整性。

3. 备份过程的执行与验证

在执行备份策略时,用户需要选择合适的备份工具和方法,以确保数据的完整性和一致性。在备份过程中,要密切关注备份的进度和状态,及时发现并处理可能出现的问题。同时,为了验证备份数据的可用性,用户应定期进行恢复测试,确保在遭受勒索软件攻击时能够迅速恢复数据并减少损失。

4. 备份数据的保护与管理

除了定期备份之外,用户还需要加强对备份数据的保护和管理。第一,采取加密措施,防止数据泄露;第二,设定访问权限,以避免未经授权的访问和修改;第三,制订灾难恢复计划,以应对可能的数据丢失风险。通过采取这些措施,用户可以确保备份数据的安全性和可用性,从而有效防范勒索软件攻击。

(二) 使用可靠的杀毒软件与防火墙

1. 杀毒软件的选择与安装

为了有效防范勒索软件和挖矿软件的入侵,用户应选择可靠的杀毒软件进行安装。在选择杀毒软件时,不仅需要考虑其防护能力、系统资源占用情况、更新频率等因素,还需要确保杀毒软件具备实时监控、恶意程序检测和清除等功能。在安装杀毒软件后,需要对其定期进行全盘扫描和自定义扫描,以及时发现并清除潜在的威胁。

2. 防火墙的配置与使用

防火墙是保护系统安全的一道重要防线。用户应配置和使用防火墙来阻止未经授权的访问。在配置防火墙时,要合理设置访问规则,允许必要的网络通信,同时阻止可疑的外部连接。此外,用户还应定期查看防火墙日志,以便及时发现和处理异常访问行为。

3. 杀毒软件和防火墙的更新与升级

为了保持杀毒软件和防火墙的有效性,用户应定期更新和升级安全工具,如病毒库、规则库和引擎等关键组件,以提高对新型威胁的防护能力。同时,用户还要关注官方发布的安全公告和漏洞修复信息,及时修补可能存在的安全漏洞。

(三) 限制对大数据环境的非授权访问与操作权限

1. 身份认证与授权管理的重要性

在大数据环境下,身份认证和授权管理是确保数据安全的关键环节。对用户进行身份认证和授权管理,可以确保只有经过授权的用户才能访问敏感数据和执行关键操作。这样有助于防止恶意用户或程序对大数据环境进行非授权访问和操作。

2. 访问权限的设定与管理

为了限制对大数据环境的非授权访问与操作权限,用户需要设定合理的访问权限,如为用户分配不同的角色和权限级别,以确保他们只能访问和操作自己权限范围内的数据。同时,要定期审查和更新权限设置,以确保其有效性。此外,对于敏感数据和关键操作,还可以采用双因素认证等更高级别的安全措施。

3. 监控与审计机制的建立和实施

为了确保访问权限的合规性和安全性,用户需要建立和实施监控与审计机制,如对访问行为进行实时监控和分析,以及定期对权限设置进行审计和评估。通过监控和审计机制,用户可以及时发现和处理非授权访问与操作行为,从而确保大数据环境的安全性。

(四) 监控网络流量与异常行为

1. 网络流量的实时监控与分析

为了及时发现和处理挖矿活动,用户需要对网络流量进行实时监控与分析,如对网络出口流量、内部网络流量等关键指标进行实时监测与分析。通过对网络流量进行监控与分析,用户可以及时发现异常流量模式和行为特征,从而判断是否存在挖矿活动或其他网络威胁。

2. 异常行为的识别与应对

除了监控网络流量之外,用户还需要关注系统的异常行为,如 CPU 和 GPU 使用率异常、进程异常、系统资源占用异常等。一旦发现异常行为,用户应立即进行调查和处理,以防止挖矿软件对系统资源的占用和损害。同时，要加强对系统日志的分析和审计，以便及时发现和处理潜在的安全威胁。

3. 挖矿活动的检测与处置机制

为了有效应对挖矿活动，用户需要建立完善的检测与处置机制，如利用专业的安全工具进行挖矿活动的检测和识别，以及制定有针对性的处置措施。一旦发现挖矿活动，用户应立即隔离和清除相关恶意程序，并加强系统安全防护措施，以防止类似事件的再次发生。

（五）加强员工的安全意识培训和教育

1. 加强安全意识培训的重要性

人为因素往往是导致安全风险的重要原因之一。为了提高安全意识并避免人为失误导致的安全问题，用户需要加强安全意识培训和教育。通过培训和教育，员工可以更好地了解网络安全知识和威胁形势，提高自我保护意识和能力，从而减少因人为操作不当而产生的安全问题。

2. 培训内容和方法的选择与设计

为了确保安全意识培训的效果和质量，用户需要选择与设计培训内容和方法，包括针对员工岗位和职责的不同需求制订个性化的培训计划，以及采用多种培训形式（如讲座、案例分析、模拟演练等）来提高员工的参与度和学习效果。同时，要注重培训内容的实用性和可操作性，以便员工能够将所学知识应用到实际工作中。

3. 评估培训效果并进行改进

为了评估安全意识培训的效果并进行改进，用户需要建立有效的评估机制，包括对员工的培训成果进行考核和反馈，以及收集员工的意见和建议，以便改进培训计划和方法。同时，要定期对培训进行复盘和总结，及时调整和优化培训策略，以提高培训质量和效果。通过不断加强员工的安全意识培训和教育，用户可以有效降低人为因素导致的安全风险并提升企业的整体安全防护水平。

第三节　数据泄露与内部威胁

一、数据泄露概述

（一）数据泄露的定义与原因分析

1. 数据泄露的定义

数据泄露，顾名思义，指的是敏感数据或保密数据（包括个人信息、财务信息、商业秘密、技术资料等）在未经授权的情况下被外界获取、访问、披露或使用。这些数据通常具有高度的敏感性和价值性，一旦泄露，可能会使个人、企业或国家的安全和利益受到损害。

在信息化、数字化的今天，数据已经成为一种新的资源和财富，而数据泄露也因此成为一个日益严重的问题。无论是个人、企业还是政府机构，都需要对数据泄露保持高度的警惕。

2. 数据泄露的原因分析

数据泄露的原因多种多样。下面从多个角度对数据泄露进行分析：

（1）外部攻击：黑客利用病毒、木马、钓鱼等手段，对企业的网络系统进行攻击，以窃取敏感数据。这是数据泄露常见的原因之一。例如，黑客可能会利用系统漏洞或弱密码入侵，或者通过发送伪造的电子邮件或链接来诱骗用户泄露个人信息。

（2）系统漏洞：由于技术更新迅速，系统可能存在未被发现的漏洞，这些漏洞可能会被黑客利用，进而泄露数据。此外，如果系统没有及时更新或打补丁，也会增大被攻击的风险。

（3）内部人员疏忽：企业员工在处理敏感数据时，可能会由于疏忽大意或操作不当而泄露数据。例如，将敏感数据发错收件人，或者在公共场合讨论机密信息等。

（4）内部人员的恶意行为：部分员工可能出于某种目的，故意泄露敏感数据。这种行为可能是为了谋取个人利益，或者是出于对企业的不满和报复。

（5）第三方服务提供商的不当操作：企业在与第三方服务提供商合作时，如果服务商的安全措施不到位或存在管理漏洞，也可能导致数据泄露。例如，云服务提供商如果未能妥善保护客户数据，就可能导致大规模的数据泄露事件。

（二）数据泄露对大数据环境的影响与后果评估

1. 数据泄露对大数据环境的影响

在大数据环境下，数据泄露的影响尤为严重。大数据的集中存储和处理使数据的安全性和隐私性面临更大的挑战。一旦数据泄露，不仅会影响个人隐私，还可能对组织的声誉、客户信任和业务运营造成深远影响。

（1）声誉受损和客户信任下降：数据泄露会导致组织的声誉严重受损，客户对组织的信任度也会大幅下降。这种信任危机可能会持续很长时间，甚至可能导致客户流失和市场份额下降。

（2）业务运营受阻：数据泄露可能会导致组织的业务运营受到严重影响。例如，泄露的客户数据可能会被竞争对手利用，导致客户流失；泄露的财务信息可能导致投资者信心下降，进而引发股价波动；泄露的技术资料可能会被用于不正当竞争或产生知识产权纠纷等。

2. 数据泄露的后果评估

数据泄露的后果评估需要从多个维度进行，包括泄露数据的类型、数量、敏感度和可能的影响范围等。不同类型数据的泄露会带来不同的后果和风险。

（1）个人身份信息泄露：如果泄露的是个人身份信息，如姓名、地址、电话号码等，那么受害者可能会被垃圾邮件、诈骗电话等频繁骚扰。更严重的是，这些信息可能会被用于进行身份盗窃等犯罪活动，给受害者带来经济损失和法律责任。

（2）财务信息泄露：如果泄露的是财务信息，如银行账户等，可能导致受害者遭受金融诈骗或资金被盗用。同时，这种信息泄露也可能影响组织的财务状况和信誉度。

（3）商业机密泄露：如果泄露的是商业机密，如产品配方、市场策略等，可能会对组织的竞争力和市场地位造成严重影响，因为竞争对手可能利用这些信息来抢占市场份额或进行不正当竞争。

（三）常见的数据泄露途径与手段剖析

在大数据环境下，数据泄露的途径与手段日益多样化。以下是对常见数据泄露途径与手段的剖析：

1. 外部攻击导致的数据泄露

外部攻击是数据泄露的主要原因之一。黑客通常利用系统漏洞、恶意软件或社交工程手段等来窃取数据。例如，钓鱼攻击是一种常见的社交工程手段，黑客会伪造合法的电子邮件或网站来诱骗用户输入敏感信息，从而获取数据。此外，黑客利用勒索软件、木马病毒等可以悄无声息地窃取用户数据。

为了防止外部攻击导致的数据泄露，组织不仅需要加强网络安全防护，定期更新系统和软件补丁以修复已知漏洞，还需要使用强密码和多因素身份认证来提高账户的安全性。同时，用户也需要提高警惕，避免点击可疑链接或下载未知来源的附件。

2. 内部人员疏忽或恶意导致的数据泄露

内部人员的疏忽或恶意也是数据泄露的一个重要原因。内部人员可能会对敏感数据处理不当、使用弱密码或将数据存储在不安全的位置而导致数据泄露。例如，员工可能将敏感数据存储在个人云盘或公共计算机上，或者将密码设置为简单的数字或字母组合，这些都会增加数据泄露的风险。

为了防止内部人员疏忽或恶意导致的数据泄露，组织需要制定严格的数据安全政策和操作流程，并对员工进行定期的安全培训。同时，使用加密技术和网络访问控制来限制对敏感数据的访问与操作也是有效的防护措施。

3. 与第三方服务提供商合作导致的数据泄露

与第三方服务提供商的合作也可能存在数据泄露的风险。特别是，当这些服务提供商的安全措施不到位时，如未加密存储客户数据、未设置合理的访问权限等，都可能导致数据泄露事件的发生。

为了降低与第三方服务提供商合作带来的数据泄露风险，组织在选择服务提供商时需要进行严格的调查和安全评估，并确保服务提供商遵循相关的安全标准和法规要求。同时，签订明确的服务协议和保密协议也是保障数据安全的重要措施之一。

二、内部威胁概述

（一）内部威胁的定义与分类

1. 内部威胁的定义

内部威胁，顾名思义，指的是来自组织内部的潜在安全风险。这些风险源于组织内部成员，可能因各种原因会对组织的信息资产、系统或数据安全构成威胁。与外部威胁相比，内部威胁更难防范，因为内部人员通常拥有合法的系统访问权限，且更了解组织的运作方式和数据价值。

2. 内部威胁的分类

内部威胁主要分为两类：恶意员工和疏忽行为。

（1）恶意员工：这类员工可能出于个人利益、对公司的不满或报复心理，故意对组织的数据和信息系统进行泄露、篡改或破坏。他们可能利用自己的访问权限，非法获取、复制或传播敏感数据，甚至植入恶意软件或病毒来破坏系统。恶意员工的行为往往十分隐蔽且有针对性，会对组织的安全构成严重威胁。

（2）疏忽行为：与恶意员工不同，疏忽行为并非出于恶意，而是由于员工的安全意识不足、操作不当或对安全规定不熟悉，无意中泄露数据或损坏系统。例如，员工可能将敏感数据错误地发送给未经授权的人员，或者在公共场合讨论机密信息，这些行为都可能给组织带来安全风险。

（二）内部威胁对大数据环境安全性的影响

在大数据环境下，内部威胁对大数据环境安全性的影响尤为突出。

1. 数据泄露风险增加

在大数据环境下，组织通常会将大量数据集中存储和处理，因此数据成为更有吸引力的目标。内部人员，尤其是那些具有高级访问权限的员工，如果心怀不轨或疏忽大意，就可能导致大量敏感数据泄露。这种泄露不仅会损害组织的声誉，还可能引发法律纠纷。

2. 系统损坏风险增加

大数据环境的复杂性增加了系统损坏的风险。内部员工可能不完全了解大数据系统的运作方式，或者在操作过程中出现失误，可能导致系统损坏或数据丢失。此外，恶意员工还可能故意破坏系统，以报复组织或掩盖其非法行为。

大数据环境的复杂性使人们更加难以全面了解和遵守安全规定。员工可能难以掌握所有的安全操作流程，或者可能在处理大数据时忽视某些安全规定。这些因素都可能导致安全漏洞的出现，给内部威胁的产生提供可乘之机。

(三) 识别和预防内部威胁的方法

识别和预防内部威胁是确保组织安全的关键任务。

1. 建立完善的安全政策和程序

组织应制定明确的安全政策和程序，以规范员工的安全行为。这些政策和程序应包括数据保护、访问控制、密码管理、设备使用等方面的规定。采用明确的安全准则，可以减少员工的疏忽行为，并提高员工对恶意行为的警觉性。

2. 加强安全培训

定期为员工提供安全培训活动至关重要。这些培训活动应涵盖数据安全、网络安全、社交工程等方面的知识，以帮助员工识别和应对潜在的内部威胁。通过参加培训活动，员工可以更加了解安全规定，提高自我保护意识，并学会识别可疑行为和报告安全事件。

3. 采用技术手段进行监控和检测

技术手段在识别和预防内部威胁方面发挥着重要作用。组织可以部署数据丢失防护（Data Loss Prevention，DLP）系统来监控数据的传输和使用情况，防止敏感数据的非法外泄。同时，用户行为分析工具可以帮助组织检测员工的异常行为模式，及时发现潜在的恶意活动。

4. 制定严格的访问控制和审计机制

严格的访问控制和审计机制是防止内部威胁的关键措施。组织应根据员工的职责和需求分配适当的访问权限，并定期审查和更新这些权限。同时，组织应实施全面的审计策略，对所有访问敏感数据的行为进行记录和审查。这有助于追踪潜在的安全事件并采取相应的措施。

三、防御与应对策略

(一) 加强数据加密与访问控制

1. 数据加密的重要性

数据加密是信息安全领域的基石，能够确保敏感信息在传输和存储过程中的保密性。通过使用加密算法，如 AES、RSA 等，可以有效地保护数据不被窃取或篡改。在大数据环境下，数据加密尤为重要，因为大数据中往往包含大量的个人信息、商业秘密等敏感数据，一旦泄露，将使个人和组织遭受重大损失。

2. 访问控制策略的实施

访问控制是保护敏感信息的重要防线。实施严格的访问控制策略可以确保只有经过授权的用户才能访问特定的数据或系统资源。这不仅可以防止内部人员滥用权限，还可以避免外部攻击者利用漏洞进行非法访问。在大数据环境下，由于数据量大且复杂，因此必须采用细粒度的访问控制策略，以确保数据的精确授权和访问。

（二）定期开展员工安全意识培训和背景调查

1. 定期开展员工安全意识培训

定期开展安全意识培训不仅可以提高员工对安全问题的认识和警惕，还可以帮助他们更好地识别和应对潜在的安全威胁。培训内容应涵盖基本的网络安全知识、社交工程防范、密码安全等，以培养员工良好的安全意识。

2. 背景调查的必要性

在招聘新员工时，对其进行背景调查至关重要。通过调查员工的学历、工作经历、犯罪记录等信息，可以初步判断其是否存在潜在的安全风险。此外，对于关键岗位的员工，还应进行更深入的背景审查，以确保其忠诚度和可靠性。

（三）建立完善的数据备份和恢复机制

1. 数据备份的重要性

数据备份是防止数据丢失和灾难恢复的关键措施。在大数据环境下，数据备份尤为重要，因为大数据的复杂性和关联性使数据丢失或损坏的代价更加高昂。定期备份重要数据和系统配置信息，可以确保在发生数据泄露、系统故障或自然灾害等情况下迅速恢复业务运行。

2. 恢复机制的建立与完善

除了数据备份之外，建立完善的恢复机制也至关重要。恢复机制应包括明确的恢复流程、恢复时间目标（Recovery Time Objective，RTO）和恢复点目标（Recovery Point Object，RPO），以确保在发生数据泄露事件时能够迅速响应并最大限度地减少损失。同时，组织还应定期对恢复计划进行测试和验证，以确保其有效性和可行性。

（四）使用专业的安全工具和技术手段

1. 安全工具的选择与部署

为了有效地监控网络环境，组织应选择专业的安全工具（如入侵检测系统、入侵防御系统、网络监控工具等）进行部署。需要实时监控网络流量、系统日志和用户行为等关键信息，以及时发现并应对潜在的安全威胁。

2. 技术手段的运用

除了安全工具之外，组织还可以运用一些技术手段来加强对网络环境的监控。例如，可以采用日志分析技术来挖掘潜在的安全风险，可以利用大数据分析和机器学习算法来识别异常行为模式，可以使用网络抓包技术来捕获和分析网络流量等。运用这些技术手段可以帮助组织更全面地了解网络环境的状况并及时发现潜在的安全问题。

（五）制订应急响应计划，完善危机管理流程

1. 应急响应计划的制订

为了应对潜在威胁事件，组织应制订有效的应急响应计划。该计划应明确应急响应团队的组织结构、角色和职责分配，以及响应流程等关键信息。同时，组织还应考虑到各种可能的威胁场景并制定相应的应对措施，以确保在紧急情况下能够迅速做出反应并减少损失。

2. 危机管理流程的完善

除了应急响应计划之外，组织还应完善危机管理流程。该流程应包括危机的识别、评估、处置和总结等，并提供明确的指导和建议，以帮助组织在危机发生时能够迅速应对并恢复业务运行。通过定期演练和评估危机管理流程的有效性，可以提高组织的危机应对能力和风险管理水平。

第五章 大数据环境下计算机网络隐私保护

第一节 数据匿名化与脱敏技术

一、数据匿名化技术

(一)数据匿名化的概念与目的

1. 数据匿名化的概念

数据匿名化,是指通过特定的技术手段,将原始数据中的敏感信息或能够直接、间接识别出特定个体的信息进行移除、替换或模糊处理,使处理后的数据无法直接关联到具体的个体的过程。这个过程旨在确保个人隐私不被侵犯,同时满足数据分析、科学研究或业务运营的需要。

在大数据和信息时代,个人数据(如个人的身份信息、健康状况、消费习惯等)的收集和处理变得越来越普遍。虽然这些数据对于商业决策、政策制定及科学研究具有重要意义,但是往往包含大量的个人隐私信息,如果不进行适当的匿名化处理,一旦被泄露或被不当使用,将会对个人隐私造成极大的威胁。

2. 数据匿名化的目的

数据匿名化的主要目的是保护个人隐私。随着信息技术的不断发展,个人隐私泄露的风险也在不断增加。数据匿名化就是通过移除或替换数据中的敏感信息,降低个人隐私被泄露的风险,从而保护个人隐私权益。

此外,数据匿名化还有助于平衡数据利用和个人隐私保护之间的关系。在数据驱动的时代,数据的价值日益凸显,更不能忽视个人隐私的保护。数据匿名化可以在保护个人隐私的前提下,最大限度地保留数据的价值和可用性,为数据分析、数据挖掘等领域提供脱敏后的数据集,促进数据的合理利用和开发。

(二)数据匿名化的方法

数据匿名化是数据隐私保护的重要手段,主要采用以下两种方法:完全匿名化和部分匿名化。这两种方法在处理数据时的策略和目标有所不同,但都是为了保护个人隐私。

1. 完全匿名化

完全匿名化是一种更严格的数据匿名化方法。如果采用这种方法，那么所有能直接或间接识别出特定个体的信息都会被移除或替换。

完全匿名化的目标是确保处理后的数据与特定个体无法建立联系。这种方法虽然可以提供最高级别的隐私保护，但可能导致数据的可用性和价值大幅降低，这是因为很多有价值的信息在完全匿名化过程中可能被剔除或模糊处理。

2. 部分匿名化

与完全匿名化相比，部分匿名化是一种更为灵活的数据匿名化方法。如果采用这种方法，那么只有部分敏感信息会被移除或替换，而其他非敏感信息则能保留。这样做的目的是在保护个人隐私的同时，尽量保持数据的完整性和可用性。

如果采用部分匿名化，那么需要根据具体的应用场景和数据类型来确定哪些信息需要被匿名化，哪些信息可以保留。例如，在医疗数据中，患者的姓名、身份证号码等敏感信息可能需要被替换或移除，而患者的年龄、性别、疾病类型等非敏感信息则可以保留，以供研究和分析使用。

部分匿名化的优点在于能够在保护个人隐私的同时，最大限度地保留数据的价值和可用性。然而，这种方法需要更精细的操作和更高的技术要求，以确保在匿名化处理过程中不会泄露任何敏感信息。

（三）数据匿名化面临的挑战

数据匿名化作为保护个人隐私的重要手段，在实际应用中面临着诸多挑战，这些挑战主要来源于信息损失、匿名化程度与数据可用性的权衡等方面。

1. 信息损失

在数据匿名化过程中，为了保护隐私，通常需要删除或替换原始数据中的敏感信息。这个过程不可避免地会导致一定程度的信息损失。信息损失可能影响数据的完整性和准确性，进而降低数据的质量和分析结果的有效性。例如，在医疗数据匿名化过程中，如果患者的具体年龄被替换为年龄区间，那么患者年龄的精确信息就会丧失，这可能会影响研究结果的准确性。

为了减少信息损失，研究者要不断探索更先进的匿名化技术，力求在保护隐私的同时最大限度地保留原始数据的信息量，如使用更复杂的算法来替换敏感信息或将其模糊化，以及开发基于人工智能和机器学习的匿名化工具来优化数据处理过程。

2. 匿名化程度与数据可用性的权衡

数据匿名化的一个重要挑战是如何在保护个人隐私的同时保持数据的可用性。匿名化程度过高可能会导致大量有用信息的丢失，从而降低数据的可用性；而匿名化程度过低则可能无法有效保护个人隐私。因此，在实际应用中需要仔细权衡匿名化程度与数据可用性之间的关系。

为了解决这个问题，可以采取一些策略来优化匿名化过程。例如，可以根据具体应用场景和数据类型来定制匿名化策略，以确保在满足隐私保护要求的前提下尽量保留有用信息。此外，还可以采用差分隐私等技术来增强匿名化数据的安全性。

然而，即使采用了优化策略，仍然需要认识到数据匿名化并非万能的隐私保护手段。在某些极端情况下，攻击者可能通过结合其他数据源或利用先进的数据分析技术来重新识别匿名化数据中的个体。因此，在使用匿名化数据时需要保持谨慎态度并持续关注隐私保护技术的最新发展。

二、数据脱敏技术

（一）数据脱敏的概念与重要性

1. 数据脱敏的概念

数据脱敏，又称为数据去隐私化，是指通过一系列的技术手段对敏感数据进行处理，以达到隐藏或模糊真实数据的目的。采用这种技术可以替换、扰乱或加密原始数据中的敏感信息，从而生成一种新的、经过处理的数据集。这个新的数据集在保留原始数据某些统计特征的同时，会移除可能泄露个人隐私的具体信息。

2. 数据脱敏的重要性

在大数据和云计算的时代背景下，数据已经成为一种重要的资产。然而，随着数据的不断生成和积累，个人隐私泄露的风险也在不断增加。

（1）数据脱敏能够在满足数据分析和处理需求的同时，有效地保护个人隐私。

（2）数据脱敏有助于遵守数据保护法规。在全球范围内，关于数据保护的法规越来越多，如欧盟出台的《通用数据保护条例》等。通过数据脱敏处理，组织可以确保在合规的前提下进行数据分析和共享。

（3）数据脱敏能够降低数据泄露的风险。即使数据被非法获取，脱敏后的数据也无法直接用于识别特定个体或泄露敏感信息，从而保护个人隐私。

（4）数据脱敏可以促进数据的共享和利用。在脱敏处理之后，数据可以在不同部门、机构甚至行业之间被更安全地共享，此过程能推动数据的流通和利用，释放数据的潜在价值。

（二）数据脱敏的方法

数据脱敏是实现数据隐私保护的重要手段之一，用特定的技术方法对敏感数据进行处理，可以达到隐藏或模糊真实数据的目的。下面介绍三种常见的数据脱敏方法：替换、扰乱和加密。

1. 替换

替换方法是一种简单且常用的数据脱敏技术。这种方法就是敏感数据被无意义的数据替换。这些无意义的数据可以是随机生成的，也可以是预设的替代值。例如，在包含个人姓名的数据库中，可以将真实的姓名替换为"姓名1""姓名2"等占位符。这种方法简单易用，可以快速地对敏感数据进行脱敏处理。然而，使用替换方法可能会改变数据的分布和统计特性，因此在某些需要保持数据原始分布的应用场景中可能不适用。

2. 扰乱

扰乱方法是通过随机调整数据的部分内容，使其失去真实性，从而达到脱敏的目的。与替换方法不同，扰乱方法并不直接替换敏感数据，而是对数据进行一定程度的随机变动。例如，对于数值型数据，可以在原始数据的基础上添加一个随机扰动项；对于文本型数据，可以随机交换字符的位置或替换部分字符。使用扰乱方法可以在保留数据部分原始特征的基础上降低数据的敏感性。然而，这种方法也需要仔细设计，以避免扰乱后的数据被引入过多的噪声或偏差。

3. 加密

加密方法是一种更安全的数据脱敏技术。这种方法使用加密算法对敏感数据进行处理，生成密文数据。只有持有相应密钥的用户才能解密并访问原始数据。加密方法可提供很高的安全性保障，因为即使数据泄露，攻击者也无法直接获取原始数据。然而，采用加密方法会增加数据的处理和存储成本，并且在某些需要频繁访问和处理数据的应用场景中可能会影响性能。

（三）数据脱敏的应用场景与实例

数据脱敏技术在许多领域都有广泛的应用，尤其是在需要处理大量敏感信息的行业中。下面通过金融和医疗两个领域的实例来具体说明数据脱敏的应用场景：

1. 金融数据脱敏

金融行业是数据脱敏技术应用十分广泛的领域之一。金融机构在处理客户数据时，必须遵守严格的隐私保护法规，以确保客户信息的安全。例如，在客户信用评估、风险控制等业务流程中，金融机构需要分析客户的财务信息，包括收入、资产、负债等敏感数据。通过使用数据脱敏技术，金融机构可以将敏感数据替换为无意义的数据或进行加密处理，以确保在数据分析和处理过程中不会泄露客户的真实财务信息。

某银行在进行客户信用评分模型训练时，需要对客户的收入、储蓄等财务信息进行脱敏处理。可以采用替换方法将客户的真实收入数值替换为分档后的标签（如"低收入""中等收入""高收入"），也可以使用扰乱方法对原始收入数据进行一定程度的随机调整。这样处理后的数据既可以保留原始数据的部分特征，又可以保护客户的个人隐私。

2. 医疗数据脱敏

医疗领域是数据脱敏技术应用的重要场景。在医学研究和临床试验中，需要大量的患者数据来进行分析和建模。然而，这些数据往往涉及患者的个人隐私，如姓名、年龄、性别、疾病史等。使用数据脱敏技术就可以在保护患者隐私的同时，允许医学研究人员对脱敏后的数据进行分析和挖掘。

某医学研究机构在进行一项关于某种疾病的发病机制研究时，需要收集并分析大量患者的临床数据。为了保护患者的隐私，研究机构使用数据脱敏技术对原始数据进行处理。例如，将患者的真实姓名、年龄等敏感信息替换为占位符或进行加密处理，可以确保在数据分析和共享过程中不会泄露患者的个人隐私。同时，研究机构还可以根据需要对部分非敏感信息进行扰乱处理，以保留数据的部分原始特征供研究使用。

第二节 差分隐私保护

一、差分隐私的概念与原理

（一）差分隐私的概念

差分隐私是一种数学框架，旨在量化数据发布中的隐私泄露风险。其核心思想是，在相邻数据集（即仅相差一条记录的两个数据集）上执行相同的查询操作时，查询结果的分布应该是相似的，从而使攻击者无法通过对比查询结果来推断出特定个体的信息。这种相似性是通过添加适量的随机噪声来实现的。

随着大数据时代的来临，个人数据的收集和处理变得越来越普遍，这也给个人带来了隐私泄露的风险。差分隐私作为一种强大的隐私保护技术，能够有效地防止个人隐私信息的泄露，同时保持数据的可用性和准确性。

与其他隐私保护技术相比，如 K-匿名性、L-多样性等，差分隐私可以提供更严格的隐私保护。使用差分隐私不仅能够防止身份泄露，还能防止属性泄露，即防止攻击者通过查询结果推断出个体的敏感属性。此外，差分隐私还具有可组合性，这意味着多种差分隐私算法的输出仍然满足差分隐私的要求。

（二）差分隐私的原理

1. 随机噪声的添加

差分隐私的核心原理是通过向查询结果中添加适量的随机噪声来防止个人隐私信息的泄露。这种噪声的添加是精心设计的，以确保在相邻数据集上执行相同的查询操作时，查询结果的分布是相似的。噪声的大小取决于隐私预算（ε）。

2. 相邻数据集的概念

在差分隐私中，相邻数据集是指仅相差一条记录的两个数据集。相邻数据集是差分隐私定义的基础。在两个相邻数据集上执行相同的查询操作时，查询结果的分布应该是相似的，这种相似性可以确保即使攻击者能够获得多个查询结果，也无法准确推断出特定个体的信息。

3. 隐私预算的设定与意义

隐私预算是差分隐私中的一个重要参数，用于权衡隐私保护程度和数据准确性。较小的隐私预算值可以提供较强的隐私保护，但可能会导致数据准确性降低；较大的隐私预算值可以提高数据的准确性，但会降低隐私保护程度。因此，在实际应用中需要根据具体需求来设定隐私预算值。

二、差分隐私的实现方法与技术

差分隐私可以通过多种算法来实现，如拉普拉斯机制、指数机制等。这些算法都基于随机噪声的添加来确保查询结果的相似性。此外，还有一些优化技术可以提高差分隐私的性能和效率，如并行计算和分布式计算等。

（一）拉普拉斯机制

拉普拉斯机制是一种实现差分隐私的常用方法，通过在查询结果上添加服从拉普拉斯分布的噪声来达到保护隐私的目的。拉普拉斯分布是一种连续概率分布，其形状由位置参数和尺度参数确定。在差分隐私中，尺度参数通常与查询的敏感度（即查询结果随单个数据项变化的最大范围）成正比。

1. 拉普拉斯机制的实现步骤

（1）确定查询的敏感度：确定所执行查询的敏感度。敏感度是指当数据集中的一个数据项发生变化时，查询结果可能产生的最大差异。这是添加噪声量的关键参数。

（2）生成拉普拉斯噪声：根据查询的敏感度和预设的隐私预算，生成服从拉普拉斯分布的噪声。噪声的大小与敏感度成正比，与隐私预算成反比。

（3）将噪声添加到查询结果上：将生成的拉普拉斯噪声添加到原始的查询结果上，得到经过差分隐私保护的输出。

2. 拉普拉斯机制的优点与局限性

拉普拉斯机制的优点在于实现简单且效率较高，适用于数值型查询结果的隐私保护。然而，拉普拉斯机制也存在一定的局限性。例如，当查询结果的维度较高时，添加的噪声量可能会很大，从而影响数据的可用性。此外，拉普拉斯机制对于非数值型数据（如文本、分类数据等）的隐私保护效果可能不佳。

3. 拉普拉斯机制的应用场景

拉普拉斯机制广泛应用于统计数据发布、机器学习模型的隐私保护等场景。例如，在统计数据发布中，可以通过添加拉普拉斯噪声来保护各个统计指标的隐私；在机器学习中，可以使用拉普拉斯机制来保护训练数据或模型参数的隐私。

（二）指数机制

指数机制是一种更通用的差分隐私实现方法，适用于输出结果为离散值的情况。与拉普拉斯机制不同，指数机制不是直接在查询结果上添加噪声，而是先根据数据的敏感性和隐私预算为每个可能的输出结果分配一个概率，然后按照这些概率随机选择一个输出结果。

1. 指数机制的实现步骤

（1）确定输出的候选集：需要确定所有可能的输出结果，并构成输出的候选集。

（2）计算每个输出的选择概率：根据每个输出的效用函数值（通常与查询结果的准确性相关）和敏感度，以及预设的隐私预算，计算每个输出在指数机制中被选择的概率。效用函数值越高的输出，被选择的概率通常越大。

（3）随机选择输出：根据计算的选择概率，使用随机抽样算法从候选集中选择一个输出结果。

2. 指数机制的优点与局限性

指数机制的优点在于能够根据数据的敏感性和效用函数值灵活地调整输出的选择概率，从而在保护隐私的同时尽可能保持数据的效用。然而，指数机制的计算复杂度可能会较高，特别是在输出候选集很大的情况下。此外，如何合理设计效用函数也是指数机制应用的一个挑战。

3. 指数机制的应用场景

指数机制主要应用于需要输出离散结果的场景，如分类数据的发布、推荐系统的隐私保护等。例如，在推荐系统中，可以使用指数机制来根据用户的隐私需求和推荐结果的准确性要求，选择合适的推荐项目返回给用户。

三、差分隐私的应用与挑战

（一）差分隐私的应用

差分隐私在统计数据发布、机器学习、社交网络分析等领域具有广泛的应用前景。例如，在统计数据发布中，可以使用差分隐私对敏感数据进行脱敏处理后再发布；在机器学习中，可以使用差分隐私对训练数据进行保护，以防止过拟合等问题；社交网络分析中，可以使用差分隐私保护用户的隐私安全，防止用户信息的泄露和滥用。随着技术的不断发展，差分隐私有望在更多领域发挥重要作用。

1. 统计数据发布

统计数据发布是政府、企业和研究机构向公众提供数据的重要方式，但同时也面临着隐私泄露的风险。差分隐私为统计数据发布提供了强有力的隐私保护手段。通过在发布前为数据添加适量的噪声，可以确保发布的统计数据不会泄露个体的隐私信息。这种方法在人口普查、经济统计等领域具有广泛的应用前景，能够在保护个人隐私的同时，满足公众对数据的需求。

2. 机器学习

在机器学习领域，差分隐私被用于保护训练数据和模型参数，以防止过拟合和隐私泄露。通过向训练数据或模型参数中添加噪声，不仅可以确保机器学习模型的泛化能力，还可以防止攻击者通过模型反推训练数据。此外，差分隐私还可以用于评估机器学习模型的隐私泄露风险，为模型的安全性和可靠性提供保障。

3. 社交网络分析

社交网络分析中涉及大量的用户隐私信息，如用户关系、兴趣爱好等。差分隐私可以在社交网络分析过程中保护用户的隐私安全。通过添加适量的噪声或使用差分隐私算法，可以在保护用户隐私的同时，进行有效的社交网络分析，为广告推荐、社交影响力分析等提供有价值的信息。

（二）差分隐私的挑战

1. 噪声添加与数据准确性的权衡

差分隐私通过向数据中添加噪声来保护隐私，但添加噪声必然会影响数据的准确性。如何在保护隐私的同时保持数据的准确性是差分隐私面临的一个重要挑战。在实际应用中，需要根据具体需求和数据特点来权衡噪声添加和数据准确性之间的关系，以达到最佳的平衡点。

2. 计算效率问题

计算效率也是差分隐私算法面临的一个重要挑战。由于需要在数据中添加噪声并进行复杂的计算，因此差分隐私算法的计算成本相对较高。在大规模数据处理场景下，如何提高差分隐私算法的计算效率是一个亟待解决的问题。未来可以通过优化算法、利用并行计算等来提高差分隐私算法的计算效率。

3. 隐私预算的分配与管理

如何合理地分配和管理隐私预算是差分隐私应用中的一个重要问题。在实际应用中，需要根据具体需求和数据特点来设定合适的隐私预算，以确保在保护隐私的同时保持数据的可用性。同时，还需要考虑如何在多个查询或分析任务之间分配隐私预算，以避免隐私泄露。

4. 数据类型和查询类型的限制

差分隐私对于数据类型和查询类型也存在一定的限制。目前，差分隐私主要应用于数值型数据和简单的统计查询（如计数、求和等）中。对于非数值型数据（如文本、图像等）和复杂的查询（如聚类、分类等），差分隐私的应用还存在一定的挑战。未来需要进一步拓展差分隐私的应用范围，以适应更多类型的数据和查询需求。

5. 法律与伦理问题

除了技术问题之外，差分隐私还面临法律和伦理方面的挑战。在应用差分隐私时，需要遵守相关的法律法规和伦理规范。同时，还需要关注公众对隐私保护的期望和需求，以制定合理的隐私保护政策和数据使用协议。

第三节 隐私保护算法

一、常见的隐私保护算法

（一）K-匿名算法

K-匿名算法是一种隐私保护技术。该算法的核心思想是确保数据集中的每个记录至少与K-1个其他记录具有相同的准标识符值，从而形成一个包含至少K个记录的等价类。这样做的目的是防止准标识符链接外部数据源，进而识别出特定个体的隐私信息。

1. K-匿名算法的实现原理

K-匿名算法的实现主要依赖数据泛化和数据抑制两种技术。数据泛化是指将准标识符的某些属性值进行概括或模糊处理，以增大等价类中记录的相似性。例如，将年龄泛化为年龄段，或者将具体的地址泛化为更大的地理区域。数据抑制则是指删除或隐藏某些数据项，以减少数据集中的信息细节。

2. K-匿名算法的优点和缺点

K-匿名算法的优点在于简单易实现，且能够在一定程度上保护个人隐私。K-匿名算法的缺点包括以下几点：首先，K值的选择对隐私保护效果有很大影响，但如何选择合适的K值并没有明确的标准；其次，即使满足了K-匿名性，也可能受到背景知识攻击和同质性攻击等威胁；最后，数据泛化和抑制可能会导致信息损失及可用性下降。

3. K-匿名算法的应用场景

K-匿名算法在数据发布、医疗数据共享、社交网络分析等场景中得到了广泛应用。在这些场景中，在保护个人隐私的同时保持数据的可用性至关重要。

（二）L-多样性算法

L-多样性算法是在K-匿名算法的基础上进一步发展而来的。该算法要求每个等价类中至少有L个不同的敏感属性值，以增加攻击者推断出个体敏感信息的难度。

1. L-多样性算法的实现原理

L-多样性算法的实现主要依赖对等价类的划分和敏感属性的多样性。首先，根据准标识符对数据集进行划分，形成多个等价类；然后，检查每个等价类中敏感属性的多样性，确保每个等价类中至少有L个不同的敏感属性值。

2. L-多样性算法的优点和缺点

L-多样性算法的优点在于它能通过增加敏感属性的多样性来提高隐私保护效果。L-多样性算法的缺点如下：当数据集中的敏感属性值分布不均匀时，可能难以满足 L-多样性的要求；L 值的选择会对隐私保护效果和数据可用性产生影响。

3. L-多样性算法的应用场景

L-多样性算法适用于需要保护敏感信息多样性的场景，如医疗数据、金融数据等。在这些场景中，敏感信息的泄露可能会对个体造成严重的损害。

（三）T-近似性算法

T-近似性算法是一种基于分布的隐私保护算法。该算法要求每个等价类中敏感属性的分布与整个数据集的分布相似，从而防止攻击者通过对比等价类与整个数据集的分布来推断出个体的敏感信息。

1. T-近似性算法的实现原理

T-近似性算法的实现主要依赖对数据集分布的统计和分析。首先，计算整个数据集中敏感属性的分布；然后，根据准标识符对数据集进行划分，形成多个等价类；最后，检查每个等价类中敏感属性的分布是否与整个数据集的分布相似，确保它们之间的差异在预定的阈值 T 以内。

2. T-近似性算法的优点和缺点

T-近似性算法的优点在于它能通过保持等价类中敏感属性分布与整个数据集分布的一致性来提高隐私保护效果。T-近似性算法的缺点如下：当数据集的分布复杂或不规则时，难以满足 T-近似性的要求；阈值 T 的选择对隐私保护效果和数据可用性有重要影响，但如何选择合适的 T 值并没有明确的标准。

3. T-近似性算法的应用场景

T-近似性算法适用于需要保护敏感属性分布一致的场景，如市场调研、社会调查等。在这些场景中，在保护个体隐私的同时保持数据分布的准确性至关重要。

二、隐私保护算法的应用

（一）在医疗数据中的应用：保护患者隐私，同时允许进行医学研究

1. 保护患者隐私的重要性

在医疗领域，保护患者隐私至关重要。患者的病历、诊断结果、治疗方案等敏感信息若被泄露，不仅会损害患者的名誉和隐私权，还可能导致患者遭受歧视或诈骗。因此，在医疗数据应用中实施隐私保护算法，目的是确保患者信息的安全性和机密性。

2. 隐私保护算法在医疗数据中的应用实例

（1）K-匿名算法在医疗数据中的应用

假设某医疗机构需要发布一份关于某种疾病的统计数据，以供医学研究使用。为了确保患者隐私不被泄露，可以采用 K-匿名算法对数据进行处理。利用数据泛化技术，将患者的年龄、性别等准标识符进行模糊处理，使每个患者的记录至少与其他 $K-1$ 个患者的记录相似，从而形成一个包含至少 K 个患者的等价类。这样，即使攻击者获得了发布的数据，也难以准确识别出特定患者的信息。

（2）L-多样性算法在医疗数据中的应用

假设某医疗机构需要共享患者的用药数据以供药物研究。为了防止攻击者通过用药数据推断出患者的具体病情，可以采用 L-多样性算法对数据进行处理。该算法可以确保在每个等价类中至少有 L 种不同的药物的使用情况，从而增加攻击者准确推断患者病情的难度。

3. 隐私保护算法对医学研究的影响

隐私保护算法的应用不仅可以保护患者的隐私，还可以为医学研究提供安全的数据环境。通过对处理后的数据进行统计分析，医学研究人员可以发现疾病的发病规律、治疗效果等，从而为推动医学进步提供有力支持。

（二）在社交网络中的应用：保护用户隐私，防止个人信息泄露

1. 社交网络中的隐私泄露风险

社交网络已经成为人们日常生活中不可或缺的一部分，然而，用户在社交网络上分享的个人信息、动态等面临着被泄露的风险。这些信息一旦被恶意利用，就可能使用户遭受严重的损失。因此，在社交网络中应用隐私保护算法显得尤为重要。

2. 隐私保护算法在社交网络中的应用实例

（1）K-匿名算法在社交网络中的应用

假设某社交网络需要发布用户的行为数据供广告商进行精准投放。为了保护用户隐私，可以采用 K-匿名算法对用户数据进行处理。利用数据泛化技术，可以将用户的年龄、性别、地理位置等准标识符进行模糊处理，使每个用户的记录至少与其他 $K-1$ 个用户的记录相似。这样，广告商在获取数据后就难以准确识别出特定用户的信息，从而保护用户的隐私。

（2）T-近似性算法在社交网络中的应用

在社交网络中，用户的兴趣爱好、社交关系等敏感信息容易被攻击者利用。为了保护这些信息不被泄露，可以采用 T-近似性算法对数据进行处理。运用该算法可以确保在每个等价类中，用户的兴趣爱好、社交关系等敏感属性的分布与整个社交网络的分布相似。这样，即使攻击者获得了发布的数据，也难以准确推断出特定用户的敏感信息。

3. 隐私保护算法对社交网络的影响

应用隐私保护算法不仅可以保护用户的隐私安全，还可以为社交网络的发展提供可持续的保障。通过对处理后的数据进行挖掘和分析，可以更好地了解用户需求和行为习惯，为用户提供更加精准、个性化的服务。

（三）在金融数据中的应用：隐藏客户真实的财务信息，防止金融诈骗

1. 金融数据中的隐私泄露风险

金融数据涉及客户的财务状况、交易记录等敏感信息，这些信息一旦被泄露或被恶意利用，就可能导致客户遭受金融诈骗、身份盗用等。因此，在金融数据中应用隐私保护算法至关重要。

2. 隐私保护算法在金融数据中的应用实例

（1）L-多样性算法在金融数据中的应用

假设某金融机构需要共享客户的交易数据供风险评估和合规检查使用。为了保护客户的隐私安全，可以采用L-多样性算法对数据进行处理。该算法能够确保在每个等价类中至少有 L 种不同的交易类型或金额范围，从而增加攻击者准确推断出客户具体交易信息的难度。

（2）T-近似性算法在金融数据中的应用

在金融领域中，客户的资产分布、投资偏好等敏感信息容易被攻击者用来进行金融诈骗。T-近似性算法可确保在每个等价类中客户的资产分布、投资偏好等敏感属性的分布与整个金融数据集的分布相似。

3. 隐私保护算法对金融行业的影响

应用隐私保护算法不仅可以保护客户的隐私安全，还可以为金融行业提供更加稳健和可靠的数据环境。通过对处理后的数据进行风险评估和合规检查，金融机构可以更好地识别潜在的金融风险和违规行为，并为客户提供更加安全和合规的金融服务。

三、隐私保护算法的挑战与发展趋势

（一）隐私保护算法的挑战

1. 算法复杂性与计算效率的权衡

隐私保护算法往往需要在保护隐私的同时，对数据进行一系列复杂的处理和计算。这些算法可能涉及大量的数据泛化、抑制、扰动或加密操作，这会提升算法的复杂性。随着数据集的增大和算法复杂性的提升，计算效率成为一个重要的需要考虑的因素。如何在保证隐私保护效果的前提下，降低算法的复杂性，提高计算效率，是隐私保护算法面临的一个重要挑战。

此外，不同的隐私保护算法在计算效率上也有很大的差异。一些高级的隐私保护技术，如同态加密或安全多方计算，虽然能提供很强的隐私保护，但它们的计算成本也非常高。因此，在实际应用中，需要根据具体场景和需求来权衡隐私保护级别与计算效率。

2. 数据可用性与隐私保护的权衡

隐私保护算法在保护个人隐私的同时，往往会对数据的细节信息进行一定程度的模糊或扰动，这可能会影响数据的可用性和准确性。例如，在K-匿名算法中，数据泛化可能会导致一些有用信息的损失；在L-多样性算法中，为了满足多样性要求，可能需要对数据进行进一步的分组或抑制，这可能会影响数据的完整性。

因此，如何在保护隐私的同时，最大限度地保持数据的可用性和准确性，是隐私保护算法需要解决的一个重要问题。这就要求在算法设计和实施过程中进行精细的权衡与调整，以确保在保护隐私的同时，不损害数据的价值。

3. 隐私保护算法的可解释性和透明度

随着隐私保护算法的日益复杂，其可解释性和透明度也成为一大挑战。很多高级隐私保护技术，如差分隐私或联邦学习，虽然在理论上具有很强的隐私保护能力，但它们的内部工作机制往往非常复杂，普通用户往往难以理解。这可能导致用户对算法的信任度降低，甚至产生误解和疑虑。

因此，如何提高隐私保护算法的可解释性和透明度，让用户更好地理解和信任这些算法，也是当前面临的一个挑战。这可能需要通过开发更直观的用户界面、提供更详细的算法说明和解释，以及对用户进行更多的教育和培训等方式来实现。

（二）隐私保护算法的发展趋势

1. 结合机器学习、深度学习等提高隐私保护效果

机器学习，更重要的是深度学习的快速发展，为隐私保护提供了新的可能性。例如，差分隐私可以与深度学习相结合，通过在训练过程中添加噪声或使用其他隐私保护机制来保护用户数据不被恶意利用。此外，联邦学习等分布式学习方法也允许在多个设备上共享模型更新而不是原始数据，这能进一步增强隐私保护。

我们期待看到更多隐私保护算法与机器学习、深度学习等算法的结合，以提高隐私保护的效率。这些算法不仅可以提供较强大的数据处理和分析能力，还有助于设计和实施更复杂、更灵活的隐私保护策略。

2. 探索新的隐私保护算法和框架

随着技术的不断进步和应用场景的不断扩展，现有的隐私保护算法可能无法满足所有需求。因此，探索新的隐私保护算法和框架成为未来发展的必然趋势。新的算法和框架可能需要考虑更多的隐私保护要求、更复杂的数据处理场景，以及更高的计算效率等因素。

例如，基于区块链的隐私保护技术展示了一种全新的可能性。利用区块链的去中心化、透明化和不可篡改等特点，可以在保护用户隐私的同时确保数据的完整性和可信度。

未来可能会出现更多的创新，为隐私保护领域带来新的突破和发展。

3. 跨领域合作与标准化发展

随着隐私保护需求的不断增加和技术的快速发展，跨领域合作与标准化发展将成为重要趋势。不同领域之间的专家需要展开合作，共同研究和开发适用于各种场景的隐私保护算法和解决方案。同时，为了推动这些算法的广泛应用和持续发展，还需要制定一系列的标准和规范来确保不同系统之间的兼容性与互操作性。

第六章 大数据环境下计算机网络安全防护技术

第一节 安全信息与事件管理

一、SIEM 系统概述

（一）SIEM 系统的概念

SIEM 系统集成了安全信息管理和事件管理，通过收集、整合和分析来源不同的安全日志、事件和数据，来识别潜在的安全威胁，并提供及时的响应。SIEM 系统的核心在于集中化管理和智能化分析，用于帮助企业或组织更有效地监控和应对网络安全风险。

完整的 SIEM 系统通常由几个关键部分组成：一是数据收集层，负责从不同的安全设备和系统（如防火墙、入侵检测系统、反病毒软件等）中收集日志和事件数据；二是数据分析层，负责对收集到的数据进行实时或近实时的分析，以识别异常行为或潜在的攻击模式；三是告警与响应层，当检测到可疑活动时生成告警，并触发相应的响应机制；四是报告和可视化层，为用户提供关于安全状况的直观展示和详细报告。

在很多大型企业中，SIEM 系统是安全运营中心（Security Operations Center，SOC）的重要组成部分。SOC 是一个集中的安全监控和管理平台，而 SIEM 系统则为其提供关键的安全信息和事件数据。通过 SIEM 系统的智能化分析，SOC 能够更快地识别威胁，并做出有效的响应。

（二）SIEM 系统的功能

1. 提高安全防御能力

（1）威胁检测与预防。SIEM 系统通过收集并分析来自各个安全设备和系统的日志数据，能够实时检测网络中的异常流量、未授权访问尝试及其他可疑活动。这种实时监控能力使安全团队能够及时发现初期发生的攻击并采取措施，从而有效预防数据泄露、恶意软件感染等安全事件的发生。

（2）集中化管理。通过 SIEM 系统，企业可以将分散的安全日志和事件数据集中到一个平台上进行管理。这不仅可以简化日志的收集、存储和分析过程，还可以提高安全团队的工作效率。集中化管理使安全团队能够更全面地了解企业的安全状况,及时发现并解决潜在的安全问题。

(3)智能化分析。SIEM 系统通常配备先进的机器学习和人工智能技术,能够对海量的安全数据进行智能化分析,可以自动识别异常行为模式,从而为安全团队提供有价值的威胁情报。通过智能化分析,企业可以更快更准地定位并应对安全威胁,降低潜在的风险。

2. 提高应对能力

(1)快速响应机制。当 SIEM 系统检测到潜在的安全威胁时,可以迅速触发预设的响应机制。这些响应机制可能包括自动隔离感染的设备、阻止恶意流量的传播、通知相关人员等。采用快速响应机制有助于企业在最短的时间内控制并消除安全威胁,减少潜在的损失。

(2)事件调查和取证。在发生安全事件后,SIEM 系统可以为调查人员提供丰富的日志数据和事件信息。这些信息有助于调查人员迅速了解事件的来龙去脉,找到攻击的来源和目的。此外,SIEM 系统还可以协助调查人员进行取证工作,为后续的法律追诉提供有力的证据支持。

3. 实时监控和分析网络安全威胁

(1)持续的安全监控。SIEM 系统能够进行 24/7(全天候)的实时监控,确保企业的网络环境始终处于受保护状态。通过持续的安全监控,企业可以及时发现并解决各种潜在的安全问题,保障业务的连续性和数据的完整性。

(2)深入的安全分析。除了实时监控之外,SIEM 系统还可以提供深入的安全分析功能。通过对历史数据进行挖掘和分析,企业可以了解自身的安全弱点、攻击者的行为模式、潜在的威胁趋势等。这些信息对于制定有效的安全防护策略和提高企业的整体安全水平具有重要意义。

(3)可视化报告和仪表板。SIEM 系统可以提供直观的可视化报告和仪表板,因此安全团队能够更清晰地了解企业的实时安全状况和历史安全事件。这些报告和仪表板可以帮助企业高层管理人员更好地理解并评估企业的安全风险水平,并做出更明智的决策。

二、SIEM 系统的应用与部署

(一)构建完善的企业级网络安全基础设施

1. 基础设施的重要性

企业级网络安全基础设施是保障企业信息安全的重要基石。完善的基础设施不仅能够有效防御外部威胁,保护企业的核心数据和业务不受侵害,还能够提供稳定可靠的网络环境,支持企业日常运营和业务创新。

2. 关键组件的构建

在构建企业级网络安全基础设施时,应重点关注以下几个关键组件:

(1) 防火墙:部署高效的防火墙系统可以阻止未经授权的访问和潜在的网络攻击。

(2) 入侵检测系统/入侵防御系统:实时监测网络流量可以识别并防御潜在的入侵行为。

(3) 虚拟专用网络:为企业提供安全的远程访问通道,保护数据传输的机密性和完整性。

(4) 安全网关:对进出网络的数据进行过滤和检查,确保只有符合安全策略的数据通过。

3. 平衡安全性与可用性

在构建企业级网络安全基础设施时,需要权衡安全性和可用性之间的关系。过于严格的安全措施可能会影响网络的性能和用户体验,而过于宽松的策略则可能将企业置于潜在的安全风险之中。因此,制定合理的安全策略,既能满足业务需求,又能有效防御外部威胁。

4. 持续更新与升级

网络安全是持续变化的,所以安全威胁也会不断变化。为了应对不断演变的安全威胁,企业应定期对网络安全基础设施进行更新和升级,以确保其始终处于最佳状态。此外,还应定期对安全策略进行审查和调整,以适应新的安全需求和挑战。

(二) 配置数据采集程序

1. 数据采集的重要性

数据采集是网络安全管理的关键环节,有助于企业实时了解网络环境和系统的安全状况,及时发现并应对潜在的安全威胁。通过数据采集,企业可以获取全面的安全信息,为后续的安全分析、威胁检测和响应提供有力支持。

2. 数据采集程序的配置

为了实现对企业内外部各种源的全面且实时的监管,并获取信息,需要配置高效的数据采集程序。配置数据采集程序的具体步骤如下:

(1) 确定数据采集的目标和范围:明确需要监控的数据源类型、位置和关键信息,以确保采集的数据具有针对性和有效性。

(2) 选择合适的数据采集工具:根据数据源的类型和特点,选择适用的数据采集工具,如日志收集器、网络抓包工具等。

(3) 设置数据采集参数:合理设置采集频率、数据过滤规则等参数,以确保数据采集的准确性和效率。

(4) 实施数据采集:将配置好的数据采集程序部署到相应的位置,开始数据的采集。

3. 实时监管与信息获取

通过配置好的数据采集程序，企业可以实现对网络流量、系统日志、用户行为等各种数据源的实时监管和信息获取。这些数据可以为后续的安全分析提供重要依据，帮助企业及时发现并应对安全威胁。同时，通过对这些数据的长期监控和分析，企业还可以了解自身的安全状况和风险趋势，为制定更有效的安全策略提供参考。

(三) 制定详细的网络安全政策和技术标准

1. 网络安全政策和技术标准的重要性

网络安全政策和技术标准是保障企业网络安全的基础性文件，为企业员工提供了明确的安全指导和操作规范，可以确保企业在处理网络安全问题时能够有据可依、有章可循。同时，这些政策和标准还能够提高企业的整体安全意识和防范能力，降低网络安全风险。

2. 制定网络安全政策

在制定网络安全政策时，企业需要考虑以下几个方面：

（1）明确网络安全的目标和原则：如保护企业数据的机密性、完整性和可用性，遵守国家法律法规和行业规范等。

（2）规定员工的安全职责和行为规范：包括密码管理、设备使用、网络访问等方面的要求。

（3）确立安全事件的处理流程和责任追究机制：确保在发生安全事件时能够迅速做出响应并妥善处理。

3. 制定技术标准

除了网络安全政策之外，企业还需要制定一套完善的技术标准来规范网络安全技术的实施和管理。这些技术标准应包括以下几个方面：

（1）网络设备和系统的安全配置标准：确保设备和系统的安全性能达到最佳。

（2）数据加密和传输标准：保护数据的机密性和完整性，防止数据泄露。

（3）身份认证和访问控制标准：确保只有授权的用户才能访问敏感数据和资源。

4. 监控和控制机制的建立与实施

为了确保网络安全政策和技术标准得到有效执行，企业需要建立一套全面且严格的监控和控制机制。

（1）定期对网络环境和系统进行安全评估与风险分析，及时发现并修复潜在的安全漏洞。

（2）实施安全审计和日志管理机制，记录并分析网络活动和数据访问情况，以便及时发现异常行为。

（3）建立应急响应机制，确保在发生安全事件时能够迅速做出响应并控制事态发展。

第二节 用户行为分析

一、用户行为分析概述

(一) 用户行为分析的概念

用户行为分析(User Behavior Analytics, UBA)是指利用先进的技术手段,实时监控网络用户的行为并进行分析的过程。它旨在通过收集、处理和分析用户在数字环境下的活动数据,来洞察用户的行为模式、偏好和需求。这种分析不仅有助于企业更好地了解用户,提升用户体验,还能在网络安全领域发挥重要作用。

用户行为分析的首要步骤是收集用户在网络环境下的各种活动数据,如用户登录时间、访问的页面、停留时间、点击行为、关键词的搜索等。这些数据可以通过网站的日志文件、用户行为跟踪工具、第三方数据分析服务等方式获取。数据的全面性和准确性是进行用户行为分析的基础。

实时监控是用户行为分析中的一个关键环节。通过实时监控,企业可以及时获取用户行为的最新数据,从而快速响应用户需求和市场变化。在网络安全领域,实时监控尤为重要,因为它可以帮助企业或组织及时发现异常行为,预防潜在的安全威胁。

用户行为分析需要依赖一系列先进的技术手段,如数据挖掘、机器学习、模式识别等。数据挖掘主要用于从海量的用户行为数据中提取有价值的信息和模式;机器学习主要用于帮助分析人员建立预测模型,识别用户行为的趋势和异常;模式识别主要用于发现和识别用户行为的固定模式与特征。

尽管用户行为分析为企业提供了宝贵的用户洞察,但也面临着一些挑战。数据的隐私保护、数据处理的准确性和效率、分析结果的解读和应用等都是企业需要关注的问题。然而,随着技术的不断进步和分析工具的日益完善,用户行为分析也为企业带来了巨大的机遇。通过深入了解用户,企业可以优化产品设计、提升服务质量,从而在激烈的市场竞争中脱颖而出。

(二) 用户行为分析的作用

用户行为分析在网络安全领域具有重要作用,主要体现在及时发现和预防安全威胁,以及提高安全防护的效率和可靠性等方面。

1. 及时发现安全威胁

用户行为分析通过实时监控和分析网络用户的行为,能够迅速发现异常行为和可疑活动。例如,当某个用户的登录行为、访问模式或交易活动与正常行为模式存在显著差异时,用户行为分析系统可以立即发出警报。这种及时的警报机制有助于安全团队迅速做出响应，并对潜在的安全威胁进行调查和处置，从而有效防止数据泄露、欺诈行为等安全风险的发生。

2. 预防安全威胁

除了及时发现安全威胁之外，用户行为分析还具有预防安全威胁的作用。通过对大量用户行为数据的分析，企业或组织可以识别出潜在的攻击模式和趋势。由此，安全团队能够在攻击发生前就采取相应的防护措施，并提高网络系统的安全性。此外，在进行用户行为分析过程中，还可以发现用户行为的规律性，并对其加以利用，为企业提供个性化的安全防护策略，进一步降低安全风险。

3. 提高安全防护的效率和可靠性

传统的安全防护方法往往需要依赖静态的规则和签名来检测威胁，但这种方法在面对新型和未知威胁时可能会失效。而用户行为分析采用动态、基于行为的方法，不需要依赖特定的规则或签名，因此能够更有效地应对新型和未知的威胁。同时，用户行为分析的实时监控和警报机制可以大大提高安全防护的响应速度和准确性。

4. 优化安全策略和资源分配

通过深入的用户行为分析，企业或组织可以更好地了解其网络环境和用户行为的特点。这有助于企业或组织制定更加精准和有效的安全策略，优化安全资源的分配。例如，对于经常受到攻击的系统或应用，可以增加安全防护措施；对于用户行为异常的情况，可以加强监控和审计。这种基于数据的决策方法有助于提高安全防护的整体效率和可靠性。

二、用户行为分析的技术手段

（一）基于统计的用户行为分析

1. 基于统计的用户行为分析的原理

基于统计的用户行为分析主要依赖于对用户行为数据的数学统计分析，识别出异常行为模式。这种方法的核心思想是，大多数用户行为会遵循一定的统计规律，而异常行为则往往偏离这些规律。因此，通过统计手段，可以有效检测出偏离正常模式的行为。

在进行统计分析之前，需要收集大量的用户行为数据，如用户登录时间、访问页面、停留时间、点击行为等。收集到的原始数据需要经过清洗和预处理，以消除噪声和异常值，从而保证分析结果的准确性。

在处理完数据后，需要建立合适的统计模型（如概率分布模型、时间序列模型等）来描述用户行为。例如，可以使用正态分布、泊松分布等概率分布模型来描述用户行为的统计特性，也可以使用自回归模型、移动平均模型等时间序列模型来分析用户行为的时间序列数据。

在建立好统计模型后，就可以利用这些模型来进行异常检测。一般来说，如果某个用户行为的数据与统计模型的预测值存在显著差异，那么这个行为就可能被视为异常行为。为了量化这种差异，可以使用统计检验的方法，如 Z 检验、T 检验等。

2. 基于统计的用户行为分析的优点与局限性

基于统计的用户行为分析不仅具有直观、易理解的特点，还能够处理大量的数据，并自动检测出异常行为。然而，这种方法也存在一定的局限性，如可能无法检测出与正常行为模式略有差异但属于恶意行为的情况。此外，统计模型的选择和参数的设定也需要一定的经验和技巧。

（二）基于规则的用户行为分析

1. 基于规则的用户行为分析的原理

基于规则的用户行为分析通过设定一系列规则来识别不符合正常行为模式的活动。这些规则通常由专家根据经验而制定，用于描述正常用户行为或异常用户行为的特征。当某个用户行为触发这些规则时，系统就会发出警报或采取其他相应的措施。

制定有效的规则是基于规则的用户行为分析的关键。这些规则可能包括用户登录的频率要求、访问的页面类型选择、交易金额的限制等。例如，可以设定一个规则：如果用户在短时间内多次尝试登录失败，则触发警报。在实际应用中，需要根据具体场景和需求来制定合适的规则。

为了更好地应用基于规则的用户行为分析，需要建立一个完善的规则库。这个规则库应该包含各种可能遇到的异常行为模式及其对应的规则。同时，随着网络环境和用户行为的变化，规则库需要不断更新和维护，以保证其有效性和准确性。

2. 基于规则的用户行为分析的优点与局限性

基于规则的用户行为分析具有明确、直观的优点，可以根据具体需求灵活地制定和调整规则，因此在实际应用中具有较好的可操作性。然而，这种方法也存在一定的局限性，如可能无法覆盖所有的异常行为模式，过于复杂的规则可能会增加误报和漏报的风险，规则的制定和维护需要一定的专业知识与经验。

（三）基于机器学习的用户行为分析

1. 基于机器学习的用户行为分析的原理

基于机器学习的用户行为分析通过学习大量的正常行为样本并构建分类器或模型来识别异常行为。这种方法的核心思想是，利用机器学习算法自动从数据中提取特征并学习正常行为的模式，从而准确地检测出与正常模式不符的异常行为。

为了进行机器学习训练，首先需要准备一个包含大量正常行为样本的数据集。这些数据需要经过适当的预处理和特征提取，以便通过机器学习算法有效地学习其中的模式。同时，为了评估模型的性能，还需要准备一个验证集或测试集来测试模型的准确性。

在选择机器学习模型时，需要根据具体的应用场景和数据特点来选择合适的算法。例如，可以选择决策树、随机森林、支持向量机等分类算法来构建模型。在训练过程中，需要使用合适的优化算法来调整模型的参数以提高其性能。

在训练完成后，需要对模型进行评估以了解其性能。可以使用准确率、召回率等指标来评估模型的性能。如果发现模型的性能不佳，则需要对其进行优化。优化的方法包括调整模型的参数、改进特征提取方法等。

2. 基于机器学习的用户行为分析的优点与局限性

基于机器学习的用户行为分析具有自动化程度高、准确率高、处理复杂模式灵活的优点。它能够从数据中自动提取特征并学习正常行为模式，因此能够更准确地检测出异常行为。然而，这种方法也存在一定的局限性，如需要大量的训练数据来训练模型，而且模型的性能受数据质量和特征选择的影响较大。此外，机器学习模型的训练和优化也需要一定的专业知识和技能。

三、用户行为分析的应用场景

（一）网络安全监控中的用户行为分析

1. 实时监控网络用户行为的重要性

在网络安全领域，实时监控网络用户行为至关重要。这是因为，网络攻击和数据泄露往往发生在瞬息之间，只有实时监控才能及时发现并应对这些威胁。实时监控并分析网络用户的行为可以为企业提供一道强大的安全防护线。

2. 用户行为分析在网络安全监控中的具体应用

用户行为分析通过收集和分析用户在网络中的活动数据，如登录时间、访问的页面、操作行为等，来建立正常的用户行为基线。一旦用户行为偏离了这个基线，用户行为分析系统就会立即发出警报，提示安全团队进行进一步检查。这种基于行为的监控方式，不仅可以发现外部攻击，还可以识别出内部人员的异常行为，如数据泄露、恶意破坏等。

3. 案例分析与实践经验

许多企业在实际应用中已经体会到了用户行为分析在网络安全监控中的价值。例如，某大型金融机构引入用户行为分析技术，在一次钓鱼邮件攻击中及时发现并成功阻止了员工的异常转账行为，避免了重大经济损失。这个案例充分说明了用户行为分析技术在实时监控网络用户行为、检测潜在威胁方面的有效性。

（二）恶意软件防御中的用户行为分析

1. 恶意软件的威胁与挑战

恶意软件是当今网络安全领域的一大威胁。这些软件不仅会窃取用户的个人信息，还可能破坏系统的正常运行，甚至导致整个网络瘫痪。传统的恶意软件检测方法主要依赖病毒库和特征码匹配进行，但在面对新型和变种恶意软件时往往束手无策。

2. 用户行为分析在恶意软件防御中的具体应用

用户行为分析为恶意软件防御提供了新的思路。通过实时监控和分析用户的行为，可以迅速发现异常和可疑活动，从而及时识别和防御恶意软件。例如，用户在不经意间点击了一个包含恶意软件的链接，用户行为分析系统可以迅速检测到这个异常行为，并及时阻止恶意软件的执行。

3. 用户行为分析在恶意软件防御中的优势与实践经验

用户行为分析在恶意软件防御中的优势在于其能够实时监控用户行为并识别异常模式。因此，安全团队能够在恶意软件执行恶意行为之前及时发现并处置它们。许多企业在实际应用中已经体验到了用户行为分析在恶意软件防御中的有效性。例如，某大型互联网公司引入用户行为分析技术，在一次大规模的勒索软件攻击中成功保护了用户的数据安全。

（三）云安全中的用户行为分析

1. 云计算环境的安全挑战

随着云计算的快速发展，越来越多的企业开始将数据和应用迁移到云端。然而，云计算环境也带来了新的安全挑战。由于云计算环境具有开放性和共享性，因此很容易受到各种网络的攻击和威胁。而如何提高云计算环境下的安全性则成为企业关注的焦点。

2. 用户行为分析在云安全中的具体应用与价值

用户行为分析为云安全提供了新的解决方案。通过实时监控和分析用户在云计算环境中的行为，企业可以及时发现和预防潜在的安全威胁。例如，当用户试图访问未经授权的数据或执行异常操作时，用户行为分析系统可以立即发出警报并阻止这些行为。此外，用户行为分析系统还可以帮助企业优化云资源的使用和管理，提高云计算环境的整体安全性。

3. 实践经验与效果评估

企业在云计算环境下应用用户行为分析技术能取得显著的效果，不仅能够及时发现和预防各种已知或未知的安全威胁，还能够优化云资源的使用和管理，降低运营成本。例如，某大型电商平台引入用户行为分析技术，在一次 DDoS 攻击中成功保护了其云计算环境的稳定运行，避免了重大的经济损失。这个案例充分说明了用户行为分析在云安全中的实际应用和价值。

第三节　基于大数据的入侵检测与防御

一、基于大数据的入侵检测系统

（一）数据收集

1. 数据源的种类

在构建基于大数据的入侵检测系统时，数据收集是首要且至关重要的环节。为了确保系统的全面性和准确性，需要收集多种数据源。网络流量数据就是其中之一，它能够反映网络中的通信情况，包括数据传输量、访问频率、通信协议等，这对于发现异常的网络活动至关重要。系统日志记录了系统和应用程序的运行状态及事件，是检测潜在入侵行为的重要依据。用户行为数据则包括用户的登录、操作、访问习惯等，通过分析这些数据可以建立用户行为的正常模式，从而识别出偏离这些模式的异常行为。

2. 数据收集技术

在收集这些数据时，可以采用多种技术手段。例如，通过网络监控工具（如 Snort、Wireshark 等）可以捕获网络流量数据，利用日志收集系统（如 ELK Stack、Graylog 等）可以聚合和分析系统日志，通过用户行为跟踪技术可以记录用户的操作行为。利用这些技术可以确保数据的全面性和实时性，为后续的入侵检测奠定坚实的基础。

3. 数据预处理与存储

收集到的原始数据往往包含大量的噪声和冗余信息，因此需要进行预处理。预处理包括数据清洗、格式转换、归一化处理等，旨在提高数据的质量和可用性。处理后的数据需要存储在高性能的大数据存储系统中，以便进行后续的数据分析和挖掘。常用的存储系统包括分布式文件系统（如 HDFS）、NoSQL 数据库（如 Cassandra、MongoDB）等，这些系统能够高效地存储和查询大规模的数据集。

（二）数据分析

1. 机器学习在数据分析中的应用

在基于大数据的入侵检测系统中，数据分析是核心环节。机器学习在数据分析环节发挥着重要作用。通过训练模型来识别正常和异常行为模式，机器学习算法能够自动从数据中学习并做出预测。常用的机器学习算法包括决策树、随机森林、支持向量机等，这些算法能够处理高维度的数据并发现其中的复杂关系。

2. 数据挖掘技术的应用

除了机器学习，数据挖掘技术也是数据分析的重要手段。利用关联规则挖掘、聚类分析等方法，可以从海量数据中提取出有用的信息和模式。例如，利用关联规则挖掘可以发现网络流量或用户行为中的频繁模式，从而识别出潜在的入侵行为；利用聚类分析可以将相似的数据点分组，从而识别出异常的数据簇。

3. 实时分析与批处理分析的结合

在入侵检测系统中，实时分析与批处理分析是相辅相成的。实时分析能够及时处理最新的数据，并在发现异常时立即触发警报；而批处理分析可以对历史数据进行深入挖掘，以发现更复杂的模式和趋势。将这两种分析方法相结合，可以全面提高入侵检测的准确性和时效性。

（三）入侵预警与响应

1. 预警机制的建立

基于数据分析的结果，入侵检测系统需要建立高效的预警机制。当检测到异常行为模式时，系统应能够迅速生成预警信息，并通知相关的安全团队。预警信息应包含详细的异常描述、可能的影响及建议的应对措施，以便安全团队能够迅速做出反应。

2. 自动化响应策略的制定

为了提高响应速度并减轻人工干预的负担，可以制定自动化响应策略。这些策略可以在检测到异常行为时自动触发，并执行一系列预定义的操作，如隔离被攻击的系统、阻断恶意流量、记录详细日志等。自动化响应策略的制定需要综合考虑系统的安全性、可用性和可恢复性，以确保在有效应对攻击时，不对正常业务造成过大影响。

3. 人工干预与后续分析

尽管自动化响应策略能够快速应对某些类型的攻击，但在某些情况下仍需要人工干预。例如，当面对新型或复杂的攻击时，可能需要安全专家进行深入分析并制定有针对性的防御措施。此外，对预警信息进行后续分析可以了解攻击的来源、目的和手法，从而完善防御策略并提高系统的安全性。

二、入侵防御技术

（一）防火墙技术

1. 防火墙的概念

防火墙是网络安全的第一道防线，是位于内部网络和外部网络之间的系统，用于监控进出内部网络的数据流。防火墙能够根据配置的安全规则允许、拒绝或监视网络数据传输，从而保护内部网络资源不被未经授权的访问和潜在的网络攻击。

2. 防火墙的工作原理

防火墙主要基于包过滤和应用代理技术工作。包过滤技术检查每个数据包的源地址、目的地址、端口号和协议类型等信息,并根据预定义的安全规则决定是否允许该数据包通过。应用代理技术则是在应用层进行代理转发,可以对数据包的内容进行检查和过滤,提供更为精细的访问控制。

3. 防火墙的配置和管理

在配置防火墙时,需要设定明确的规则(通常包括允许或拒绝特定的 IP 地址、端口号、协议类型等)来阻止未经授权的访问。此外,还需要定期更新防火墙的规则库,以应对新的网络威胁。同时,防火墙的日志可以记录所有通过防火墙的数据流,从而为后续的安全审计和事件追踪提供依据。

4. 防火墙的局限性

虽然防火墙在网络安全中扮演着重要角色,但也有一定的局限性。例如,防火墙可能无法阻止内部网络的攻击,也无法防止以合法用户身份进行的恶意行为。此外,防火墙的配置和管理也需要专业的知识与技能,不恰当的配置可能会导致安全漏洞。

(二)入侵防御系统

1. 入侵防御系统的概念和功能

入侵防御系统是一部能够监视网络或网络设备的网络资料传输行为的计算机网络安全设备,能够及时地中断、调整或隔离一些不正常或是有伤害性的网络资料传输行为。与防火墙不同,入侵防御系统不仅能够根据规则进行过滤,还能够对网络流量进行深度分析,识别并阻断各种已知和未知的攻击。

2. 入侵防御系统的工作原理

入侵防御系统通常采用签名检测和异常检测两种方法。签名检测主要通过对比网络流量与已知攻击模式的签名来识别攻击行为,而异常检测则主要通过分析网络流量的统计特征来发现异常行为。一旦入侵防御系统检测到攻击行为,就会立即采取行动,如阻断攻击流量、记录日志或发送警报。

3. 入侵防御系统的部署和应用场景

入侵防御系统可以部署在网络的关键位置,如数据中心的入口处、重要服务器的前端等,以提供全面的安全防护。它适用于各种规模的网络环境,特别是那些对安全性要求较高的组织,如金融机构、政府机构等。

4. 入侵防御系统的挑战与发展趋势

尽管入侵防御系统在网络安全中发挥着重要作用,但也面临着一些挑战,如误报率和漏报率较高,以及存在性能瓶颈等。为了应对这些挑战,入侵防御系统正在不断发展,如引入机器学习算法来提高检测准确率、优化系统性能以降低延迟等。

(三)SIEM 系统的集成

SIEM 系统是一种集中式的安全管理平台,能够收集、整合和分析来自不同安全设备及系统的日志与事件信息，以提供全面的安全防护。通过集成入侵检测系统与SIEM系统，组织可以更加高效地应对网络安全威胁。

1. SIEM系统的集成方式

将入侵检测系统与SIEM系统集成的方式有多种，如通过通用事件格式（Common Event Format，CEF）或Syslog等标准协议进行日志传输、使用专用API进行数据交互等。采用这些方式可以确保SIEM系统能够实时接收并处理入侵检测系统产生的安全事件信息。

2. 集成后的功能与优势

集成后的SIEM系统有以下功能和优势：首先，能够实现统一的安全事件管理和响应，提高安全团队的效率；其次，通过关联分析不同来源的安全事件信息，可以发现更复杂的攻击模式；最后，可以提供丰富的报告和可视化工具，以帮助组织更好地了解自身的安全状况。

3. 集成过程中可能遇到的问题及解决方案

在集成过程中，可能会遇到数据格式不兼容、网络延迟、系统性能瓶颈等问题。为了解决这些问题，可以采取以下措施：首先，确保各个系统和设备之间的数据格式统一或可以转换；其次，优化网络架构以降低传输延迟；最后，对系统进行合理的资源配置和性能调优，以保证其高效运行。

三、基于大数据的防御策略优化

（一）利用大数据分析来完善防御策略

1. 数据驱动的防御策略优化

在大数据的时代背景下，企业和组织可以收集到海量的安全相关数据，如网络流量日志、用户行为记录、系统事件日志等。这些数据蕴含着丰富的信息，可以帮助企业和组织更深入地了解系统的安全状况。通过对这些数据进行深度挖掘和分析，企业和组织能够发现潜在的安全威胁，识别出异常行为模式，进而完善和优化现有的防御策略。

2. 大数据分析技术的应用

大数据分析技术，如数据挖掘、模式识别等，在完善防御方面可以发挥关键作用。例如，利用数据挖掘技术，可以对网络流量数据进行聚类分析，并识别出正常的流量模式和异常的流量模式。这样，当再次出现类似的异常流量时，系统就可以迅速做出反应，及时阻断攻击。同样，通过对用户行为数据进行分析，也可以建立用户行为的正常模型，从而更准确地识别出偏离正常行为的异常活动。

3. 防御策略的动态调整

基于大数据的分析结果，可以对现有的防御策略进行动态调整。例如，如果发现某种类型的攻击频繁发生，那么可以增加针对该类型攻击的防御措施，提高系统的安全性。同时，也可以根据大数据分析的结果，优化防御资源的配置，提高防御的效率和准确性。

（二）实时监控和分析网络流量与用户行为

1. 实时监控的重要性

网络安全是一个动态的过程，攻击者可能会随时调整攻击策略和方法。因此，实时监控网络流量和用户行为至关重要。通过实时监控，企业和组织可以及时发现异常活动，并快速做出反应，防止攻击造成更大的损失。

2. 实时监控系统的构建

为了实时监控网络流量和用户行为，需要构建高效的监控系统。这个系统应该能够实时收集和分析数据，并在发现异常时及时发出警报。同时，监控系统还需要具备良好的可扩展性和灵活性，以适应不断变化的网络环境和安全需求。

基于实时监控的数据，可以及时发现防御策略中的不足和漏洞，并进行动态调整。例如，如果发现某种类型的攻击突然增多，那么可以立即调整防火墙的规则，增加对该类型攻击的防御措施。同时，也可以根据实时监控的数据，优化防御资源的分配，提高系统的整体防御能力。

（三）通过机器学习等算法来预测未来的安全威胁，并提前制定应对措施

1. 机器学习在预测安全威胁中的应用

利用机器学习可以从大量的历史数据中学习并提取出有用的信息和模式。在网络安全领域，可以利用机器学习对历史安全事件进行分析，从而预测未来可能发生的安全威胁。这种预测可以帮助企业和组织提前制定防御措施，提高系统的安全性。

2. 预测模型的构建和优化

为了预测未来的安全威胁，需要构建一个高效的预测模型。这个模型应该能够从历史数据中学习并提取出有用的特征和信息，从而准确地预测未来可能发生的安全事件。同时，不断优化预测模型可以提高其预测的准确性。

3. 应对措施的制定和实施

基于机器学习的预测结果，可以提前制定应对措施来防范未来的安全威胁。例如，如果发现某种类型的攻击在未来可能会增加，那么可以提前更新防火墙的规则、增加安全设备的配置等，以提高系统的防御能力。同时，企业和组织也可以根据预测结果对现有的防御策略进行优化和调整，以提高其效率。

第七章 大数据环境下计算机网络身份认证与访问控制

第一节 多因素身份认证技术

一、多因素身份认证概述

(一) 多因素身份认证的概念、工作原理和重要性

1. 多因素身份认证的概念

多因素身份认证，是一种利用两种或多种不同的身份认证因素来确认用户身份的安全机制。这种机制的出现，是为了应对单一身份认证方式可能存在的安全风险。在互联网和数字化时代，单一的身份认证方式（如仅使用密码）已经无法满足对安全性的需求，因此多因素身份认证应运而生。

在多因素身份认证中，"因素"是指用于验证身份的不同类型的信息或凭证。通常，这些因素可以分为以下几类：

（1）知识因素：通常是用户知道的信息，如密码、PIN 码或个人安全问题的答案。

（2）拥有因素：用户拥有的物品，如智能卡、手机或其他物理设备。

（3）内在因素：与用户个人特征相关的因素，如生物识别信息（指纹、虹膜、面部识别等）。

（4）行为因素：基于用户的行为模式进行身份认证，如触摸屏幕的压力和节奏等。

2. 多因素身份认证的工作原理

多因素身份认证的工作原理是结合上述两种或多种因素，对用户进行更全面的身份认证。例如，一个常见的多因素认证场景是，用户除了需要输入用户名和密码（知识因素）之外，还需要通过手机接收的验证码（拥有因素）进行二次验证。只有当用户同时满足这两种或多种验证条件时，系统才会确认其身份并给予相应的访问权限。

3. 多因素身份认证的重要性

随着网络技术的飞速发展和数字化转型的加速推进，数据安全和隐私保护变得越来越重要。多因素身份认证作为一种强有力的安全机制，能够显著增加非法访问和数据泄露的

难度。通过结合多种身份认证因素，多因素身份认证提供了更高级别的安全保障，攻击者难以仅通过窃取或猜测单一验证信息来非法获取用户身份和权限。

（二）多因素身份认证的目的

1. 提高身份认证的安全性

多因素身份认证的主要目的是显著提高身份认证的安全性。通过引入多种验证因素，系统能够更全面地确认用户的身份，从而降低被冒充或欺诈的风险。这种多重验证机制使攻击者难以同时获取或伪造所有必要的验证信息，因此能够有效抵御各种网络攻击，如钓鱼、恶意软件、键盘记录等。

例如，在传统的单一密码验证系统中，如果攻击者通过某种手段获取用户的密码，他们就可以轻易地冒充该用户进行非法活动。然而，在多因素身份认证系统中，即使攻击者获取了密码，他们仍然需要其他验证因素（如手机验证码或生物识别信息）才能通过身份认证，这大大增加了攻击者的攻击难度。

2. 降低账户被盗用的风险

多因素身份认证的一个重要目的是降低账户被盗用的风险。在互联网时代，个人账户的安全性至关重要。账户被盗用不仅可能会导致个人隐私泄露或财产损失，还可能对个人的社会信誉和声誉造成严重影响。采用多因素身份认证，可以大大降低账户被盗用的风险。

这是因为多因素身份认证增加了攻击者盗用账户的难度。即使攻击者能够获取用户的部分验证信息（如密码），也很难同时获取其他验证因素（如手机、生物识别信息等）。这种多重验证机制为用户的账户安全提供了额外的保障层。

二、常用的身份认证因素

（一）知识因素

1. 用户名和密码

用户名和密码作为身份认证的基石，已经深入人们日常生活的方方面面。在网络世界中，用户名和密码就像一把钥匙，可以用来打开一个个服务的大门。在新的平台上或服务中注册时，需要创建一个独特的用户名，并设定一个与之对应的密码。这两个元素共同构成网络空间中的身份标识。

用户名的作用主要是标识和代表用户。在大多数情况下，用户名是唯一的，不允许重复，这就能确保每个用户都有一个独特的身份标识。同时，用户名也具有一定的个性化空间，用户可以根据自己的喜好来选择，这也使得用户名成为一种展示个性的方式。有些用户会选择使用自己的真实姓名或昵称，而有些用户喜欢创造一些富有创意和个性的用户名。

作为确认用户身份的秘密信息，密码的重要性不言而喻。强密码可以大大提高账户的安全性，防止被非法访问。为了创建强密码，通常建议使用大小写字母、数字和特殊字符的组合，这样可以大大增加密码的复杂度，使其更难以被猜测或破解。此外，定期更换密码也是一个良好的安全习惯，可以有效防止密码被破解。

然而，尽管用户名和密码的组合是一种常见的身份认证方式，但它并非绝对安全。弱密码是普遍存在的问题，如很多用户为了方便记忆，会选择一些简单的、容易被猜测的密码，如"123456""password"等。这些弱密码很容易被破解，从而导致账户被非法访问。另外，密码重用也是严重的安全风险。很多用户为了方便，会在多个平台或服务中使用相同的用户名和密码。一旦其中一个账户被破解，其他账户也将面临风险。

因此，在实际应用中，用户应采用多因素身份认证来提高账户的安全性。除了用户名和密码之外，还可以结合其他身份认证因素，如短信验证码、生物识别技术等。这样，即使密码被破解，攻击者也需要其他因素才能通过身份认证，从而大大提高账户的安全性。

此外，对于服务提供商来说，保护用户的密码安全也至关重要。服务提供商应该采用加密技术来存储用户的密码，以防止密码泄露。同时，定期提醒用户更换密码、提供强密码的建议等也是保护用户账户安全的有效措施。

2. 短信验证码

在数字时代，安全性问题日益凸显，各种身份认证方式也应运而生。其中，短信验证码就是一种常见的身份认证方式。它被广泛应用于各类网络服务中。它通过向用户注册时提供的手机号码发送包含验证码的短信，要求用户输入验证码进行身份认证，这为网络服务提供了一层额外的安全保障。

短信验证码的优点在于其动态性和即时性。与静态的用户名和密码不同，这种方式是每次验证时都会发送一个新的验证码到用户的手机上。这种动态验证方式大大增加了非法访问的难度，因为即使攻击者获取了用户的用户名和密码，也需要获取实时的短信验证码才能通过身份认证。这种双重验证机制为用户数据的安全提供了强有力的保障。

然而，任何一种技术都有其局限性，短信验证码也存在一些安全隐患。首先，如果用户的手机被盗或丢失，那么验证码就可能被他人获取；其次，如果用户的手机号码被恶意注册或劫持，那么攻击者就可以直接接收到验证码，从而轻松通过身份认证。这些问题都使用户的账户安全面临严重威胁。

为了应对这些安全隐患，服务提供商通常会采取一些额外的安全措施，如设置更复杂的验证码规则，增加验证码的长度和复杂度，以降低被猜测或破解的风险。同时，服务提供商也会定期提醒用户检查并确认自己的手机号码是否被盗用或劫持。

除了服务提供商的辅助之外，用户自身也需要提高安全意识。首先，用户应该妥善保管自己的手机，避免被盗或丢失；其次，用户应该定期检查自己的账户安全设置，确保没有异常登录或操作；最后，用户应该避免在公共场合暴露自己的验证码，以防止被他人窃取。

（二）拥有因素

安装了身份认证应用程序的移动设备是一种常见的拥有因素。这些应用程序通常生成一次性密码（One Time Password，OTP）或提供二维码扫描功能，用于登录或进行敏感操作时进行二次验证。

1. 一次性密码在移动设备身份认证中的应用与安全性分析

随着信息技术的飞速发展，移动设备已成为人们日常生活中不可或缺的一部分。身份认证是确保信息安全的重要手段，而安装了身份认证应用程序的移动设备，则为用户提供了一种便捷、高效的身份认证方式。其中，一次性密码因其动态性、随机性和时效性，被广泛应用于移动设备的身份认证中。

一次性密码是一种动态生成的密码。它的核心特点是每个密码只能使用一次，且在一定时间后失效，因此具有极高的安全性。每当用户需要进行身份认证时，身份认证应用程序会生成一个新的一次性密码，并通过短信、推送通知或其他方式发送给用户。用户在接收到一次性密码后，需要在规定的时间内输入该密码以完成验证。由于一次性密码具有动态性和时效性，因此即使攻击者截获了某个一次性密码，也无法长期使用或猜测其他一次性密码，从而有效降低了密码被盗用或重复使用的风险。

然而，尽管一次性密码大大提高了身份认证的安全性，但仍然存在一定的安全隐患。首先，如果用户的移动设备被盗或丢失，且未及时挂失或更改相关设置，那么攻击者就可能通过获取设备上的身份认证应用程序来非法访问用户的账户；其次，如果用户在接收到一次性密码后未能及时输入或因疏忽泄露给他人，也可能导致账户被非法访问。

为了提高一次性密码的安全性，用户可以采取以下措施：首先，设置复杂的设备锁，如指纹解锁、面部识别等，以防止他人非法访问移动设备；其次，定期更换和更新身份认证应用程序的密码与设置，以增加攻击者的破解难度；最后，用户在接收到一次性密码后应尽快输入，并避免将其泄露给他人。

此外，服务提供商也应采用更多的安全措施，如采用更先进的加密算法、定期更新服务器和客户端的安全策略、建立完善的用户数据保护机制等，以确保用户信息的安全性和隐私性。同时，服务提供商还应加强对用户的教育和引导，提高用户的安全意识和操作技能。

2. 二维码扫描在移动设备身份认证中的应用与安全隐患

随着移动互联网的普及和二维码技术的快速发展，二维码扫描已成为移动设备身份认证的一种重要方式。通过扫描身份认证应用程序生成的二维码，用户可以快速、便捷地完成登录或敏感操作。

二维码扫描在移动设备身份认证中的应用主要体现在以下几个方面：首先，用户可以通过扫描二维码快速登录应用或网站，避免了手动输入用户名和密码的烦琐过程；其次，在进行转账、支付等敏感操作时，二维码扫描可以提供一种额外的身份认证手段，以确保操作的安全性和准确性；最后，通过扫描二维码，用户还可以方便地获取商家优惠、活动信息等。

然而，二维码扫描也存在一定的安全隐患。首先，如果攻击者伪造了一个与真实二维码相似的假二维码，并诱导用户扫描，就可能导致用户信息的泄露或账户被盗用；其次，如果用户的移动设备被恶意软件感染，那么扫描二维码就可能触发恶意行为，如跳转到钓鱼网站、下载病毒等。

为了降低二维码扫描的安全隐患，用户可以采取以下措施：首先，确保从可信的来源获取二维码，并避免扫描来源不明的二维码；其次，定期检查移动设备上是否安装了未知的应用程序或插件，以防止恶意软件的入侵；最后，用户在扫描二维码后应仔细核对相关信息，确保操作的正确性和安全性。

此外，服务提供商也应加强二维码的安全管理，如采用先进的二维码生成和识别技术、建立严格的二维码审核机制、提供用户举报和反馈渠道等。同时，服务提供商还应加强对用户的教育和引导，提高用户对二维码安全的认知和防范能力。

（三）固有因素

固有因素主要是指与用户个体紧密相关的生物识别信息，如指纹、面部特征等。这些信息具有独特性和稳定性，难以伪造和模仿，因此被广泛应用于身份认证领域。

1. 指纹识别技术在身份认证中的应用与安全性分析

作为生物识别技术的一种，指纹识别技术已成为现代身份认证的重要手段。其核心理念在于利用每个人独一无二的指纹特征进行身份认证。这种方法既高效又安全，已被广泛应用于各种场景。

每个人的指纹都是独特的，这种独特性使指纹识别技术具有极高的准确性。智能手机、笔记本电脑等设备都已配备了指纹识别功能，用户只需要轻触或滑动指纹传感器，就能快速解锁设备或完成支付操作，这大大提高了操作的便捷性和安全性。

然而，尽管指纹识别技术具有诸多优点，但也不能忽视其存在的安全风险。首先，指纹信息可能被非法获取并用于不正当目的。例如，攻击者可能会通过某些手段获取用户的指纹信息，进而非法访问用户的设备或账户。其次，指纹识别系统本身也可能存在漏洞，被攻击者利用。

为了提高指纹识别的安全性，可以采取以下措施：一是加强指纹信息的保护，避免其被非法获取或滥用；二是定期更新指纹识别系统，修复可能存在的漏洞；三是结合其他身份认证手段，如密码、动态令牌等，形成多因素身份认证，进一步提高安全性。

此外，服务提供商也需要承担保护用户指纹信息的责任，如采用先进的数据加密技术、建立完善的信息安全管理制度，以及定期对员工进行信息安全培训等。

2. 面部识别技术在身份认证中的应用与安全性分析

面部识别技术是生物识别领域的一种重要技术，通过分析用户的面部特征来进行身份认证。在数字化时代，面部识别已被广泛应用于各个领域，如门禁系统、支付验证和社交媒体等，为人们的生活带来了极大的便利。然而，与此同时，面部识别技术的安全性问题也引发了广泛的讨论。

面部识别的应用带来了便捷性和个性化服务。例如，在门禁系统中，利用面部识别技术可以迅速识别出入人员，实现快速通行；在支付验证中，利用面部识别技术可以完成无接触支付，提高交易效率；在社交媒体中，面部识别技术被用于标签识别、人脸识别滤镜等，增加了用户的互动体验。

然而，面部识别技术也存在一定的安全隐患。首先，生物识别信息可能被泄露或滥用。由于面部信息是每个人独一无二的特征，一旦被泄露，可能会被用于不正当目的，如身份盗窃、诈骗等。其次，面部识别系统的准确性受到多种因素的影响，如光线、角度、表情等，因此可能出现误识或拒识的情况。最后，一些先进的伪造技术可能会对面部识别系统的安全性构成威胁。

为了保障面部识别技术的安全性，需要采取一系列措施：首先，要加强对面部信息的保护，确保只有授权人员才能访问和使用这些信息；其次，要提高面部识别系统的准确性和可靠性，采用先进的算法和技术来优化识别效果；最后，要结合其他身份认证手段，如多因素认证，以提高整体的安全性。

同时，政府和监管机构也需要加强对面部识别技术的监管与规范，如制定相关的法律法规和标准，明确数据收集、存储和使用的规范，保护用户隐私权和数据的安全。此外，还应鼓励技术创新和研发，推动面部识别技术的不断进步和完善。

（四）行为因素

在身份认证领域，行为因素已成为一种重要的验证手段。与传统的基于密码、生物识别等因素的身份认证方法不同，行为因素通过分析用户的行为模式来进行身份认证，为安全体系增加了动态的、个性化的保护。

1. 行为因素身份认证的核心原理及应用

行为因素身份认证的核心原理是，通过分析用户在使用设备或服务时产生的行为数据，如登录位置、IP 地址、登录时间等，为用户建立一个独特的行为模型。当用户再次进行身份认证时，系统会将当前行为与已建立的行为模型进行比对，从而确认用户身份。

例如，在使用设备的过程中，系统可以记录并分析用户的登录习惯，如登录时间、登录频率、登录所使用的设备等。当用户的行为与这些习惯出现较大的偏差时，系统可能会要求用户进行二次验证，以确保账户安全。

此外，行为因素身份认证还可以与其他身份认证方法相结合，形成一个多层次的身份认证体系。例如，在密码验证的基础上，增加行为因素身份认证，可以进一步提高账户的安全性。

2. 行为因素身份认证的优势

（1）动态性：行为因素验证是一种动态的验证方法，可以根据用户的行为变化来调整验证策略，从而更有效地应对各种安全威胁。

（2）个性化：每个人的行为模式都是独特的，因此行为因素验证可以为每个用户提供个性化的安全保护。

（3）难以伪造：与密码或生物识别信息相比，用户的行为模式更难被伪造或复制，因此具有更高的安全性。

3. 行为因素身份认证面临的安全挑战

尽管行为因素身份认证具有诸多优势，但在实际应用中仍然面临一些安全挑战。

（1）行为模式的稳定性：用户的行为模式可能会因为各种因素的影响而发生变化，如设备更换、网络环境改变、生活习惯调整等。这些因素都可能导致用户的行为模式发生变化，从而影响行为因素身份认证的准确性。

（2）伪造与劫持风险：虽然行为模式难以伪造，但攻击者仍可能通过劫持用户的设备或网络流量，获取并模拟用户的行为数据，以绕过身份认证机制。

（3）隐私泄露风险：为了进行行为因素身份认证，系统需要收集并分析用户的大量行为数据。如果发生数据泄露或滥用现象，就可能对用户的隐私造成威胁。

4. 提高行为因素身份认证安全性的建议

（1）数据加密与保护：确保收集到的用户行为数据已得到充分加密和保护，防止数据泄露或被非法访问。

（2）动态更新行为模型：随着用户行为的变化，系统应能够动态地更新用户的行为模型，以保持验证的准确性。

（3）多因素验证：结合其他身份认证方法，如密码、生物识别等，形成一个多层次的身份认证体系，提高整体的安全性。

（4）加强用户教育与培训：加强对用户的安全教育与培训，提高用户对行为因素身份认证的认识和理解，帮助用户形成良好的安全习惯。

三、多因素身份认证技术的应用与优势

（一）多因素身份认证技术的应用

1. 网上银行

网上银行是多因素身份认证技术广泛应用的领域之一。随着互联网金融的快速发展，越来越多的用户选择通过网上银行进行转账、查询、投资、理财等。然而，网络环境的复杂性和不确定性使网上银行面临着严峻的安全挑战。为了保护用户的资金安全和隐私，大多数银行引入了多因素身份认证技术。

在登录网上银行时，用户除了需要输入用户名和密码，通常还需要通过手机短信验证码、动态口令卡、USB Key等额外的验证方式进行身份认证。采用多重验证手段可以大大增加非法访问的难度，从而有效保护用户的账户安全。

此外，一些先进的网上银行系统还引入了生物识别技术，如指纹识别、面部识别等，作为身份认证的补充手段。这些生物识别技术具有高度的独特性和稳定性，能够进一步提高身份认证的准确性和安全性。

2. 电子商务

电子商务平台上交易频繁，涉及大量的资金流和信息流，因此安全性至关重要。多因素身份认证技术在电子商务领域的应用，为用户提供了安全的购物环境。

在用户注册、登录、支付等关键环节，电子商务平台会要求用户进行多重身份认证。例如，用户登录时需要输入用户名和密码，同时可能还需要通过手机验证码或电子邮件确认身份。在支付环节，平台可能会要求用户输入银行卡、信用卡验证码等敏感信息，并通过额外的验证手段（如动态口令、指纹识别等）确保交易的安全性。

应用多因素身份认证技术，可以有效防止电子商务平台上可能出现的欺诈行为，从而保护消费者的合法权益、维护平台的信誉。

3. 企业内部系统

企业内部系统通常存储着公司的重要数据和机密信息，因此对安全性要求极高。多因素身份认证技术为企业内部系统提供了强有力的安全保障。

企业员工在登录内部系统时，除了需要输入用户名和密码，还需要通过其他验证方式（如智能卡、动态口令等）进行身份认证。采用多重认证方式可以确保只有授权人员才能访问敏感数据和机密信息。

此外，一些先进的企业内部系统还引入了生物识别技术作为身份认证的补充手段。例如，采用指纹识别或面部识别技术，可以确保只有特定员工才能访问特定区域或执行特定操作。这种高度个性化的身份认证方式，大大提高了企业内部系统的安全性。

（二）多因素身份认证技术的优势

相比传统的单一身份认证方式（如仅使用密码），多因素身份认证技术具有以下几个方面的优势：

1. 提供更高的安全性

多因素身份认证技术通过结合两种或多种不同的身份认证因素来确认用户身份，从而提供更高的安全性。这种多重认证机制使攻击者难以同时获取或伪造所有必要的认证信息，因此能够有效抵御各种网络攻击和欺诈行为。与单一身份认证相比，多因素身份认证技术大大增加了非法访问的难度和成本，为用户的数据安全和隐私提供了更全面的保障。

2. 降低账户被盗用的风险

账户被盗用是用户面临的一大安全威胁。攻击者可能通过各种手段获取用户的登录凭证，进而非法访问用户账户并窃取敏感信息或进行恶意操作。然而，在多因素身份认证技术的保护下，即使攻击者获取了用户的部分认证信息（如密码），也很难通过其他认证因素（如手机验证码、生物识别信息等）的认证。这种多重认证机制大大降低了账户被盗用的风险，保护了用户的合法权益和隐私安全。

3. 提升用户体验和信任度

采用多因素身份认证技术不仅可以提高安全性，还可以为用户提供更好的体验和更高的信任度。通过引入多种认证手段并结合个性化的身份认证方式（如生物识别技术），用户可以更加便捷、安全地访问自己的账户和执行相关操作。同时，这种多重认证机制还可以增强用户对平台的信任度，使用户更加愿意在平台上进行交易、分享信息等。这对促进电子商务、网上银行等领域的发展具有重要意义。

第二节 基于角色的访问控制

一、RBAC 概述

（一）RBAC 的定义

基于角色的访问控制（Role-Based Access Control，RBAC）是一种有效且应用非常广泛的访问控制方法。在信息技术和信息安全领域，访问控制是保护数据不被未授权访问的关键手段，而 RBAC 正是这种手段重要的实现方式。

RBAC 的核心思想是将权限分配给用户所扮演的角色，而不是直接分配给用户个体。这种分配方式更加符合实际组织结构中的权限管理模式，因为在实际的组织架构中，权限往往是根据职位或角色来分配的。例如，在一家公司中，销售人员可能被赋予查看和编辑客户信息的权限，而财务人员则可能被赋予查看和修改财务数据的权限。通过角色来分配权限，不仅可以大大简化权限管理的复杂性，还可以提高管理的灵活性和效率。

在 RBAC 中，角色与权限之间存在明确的映射关系。每个角色都会被赋予一组特定的权限，这些权限定义了角色可以执行的操作和可以访问的资源。这种映射关系不仅使权限的管理更加集中和有序，还便于对权限进行调整和更新。当某个角色的权限需要变更时，只需要修改与该角色相关联的权限集合，而无须单独调整每个用户的权限。

在 RBAC 中，用户是通过被分配到的特定角色来获得相应的权限的。每个用户可以被分配到一个或多个角色，从而继承这些角色所拥有的权限。这种用户与角色的归属关系使权限的分配更加灵活和可扩展。当用户的职责发生变化或需要执行新的任务时，可以通过调整其所归属的角色来快速调整其权限。

RBAC 特别适用于具有复杂组织结构的系统，如大型企业、政府机构等。这些组织的用户众多，职位和职责各异，因此，需要一个灵活且高效的权限管理系统来确保数据的安全性和完整性。RBAC 通过角色不同来划分用户的权限，不同角色的用户只能访问其被授权的资源，从而有效防止未经授权的访问和数据泄露。

（二）RBAC 实施的关键步骤和原理

RBAC 主要是将权限与角色相关联，并为用户分配相应的角色，从而实现权限的灵活管理。这种方法实施的关键步骤和原理如下：

1. 将角色与权限进行绑定

在 RBAC 中，每个角色都与一组特定的权限绑定。这些权限可以是对特定资源的访问权、对特定操作的执行权，也可以是其他与业务逻辑相关的特定权限。将角色与权限进行绑定，可以确保只有被授权的角色才能执行相应的操作或访问特定的资源。这种绑定关系是通过在系统中配置角色权限来实现的，通常在系统初始化或角色创建时完成。

2. 为用户分配角色

系统管理员可以根据用户的职责、职位或其他相关因素来为用户分配角色。一个用户可以拥有一个或多个角色，这些角色共同决定了用户的总权限。用户的角色分配可以随着用户需求和组织结构的变化进行调整，从而实现对用户权限的灵活管理。

3. 权限的继承与覆盖

在 RBAC 中，权限可以通过角色的继承关系进行传递。如果一个角色继承了另一个角色的权限，那么拥有该角色的用户也将拥有被继承角色的权限。此外，如果一个用户同时拥有多个角色，并且这些角色之间存在权限冲突（即一个角色允许某项操作，而另一个角色禁止该项操作），则需要根据系统的策略来解决这些冲突。常见的策略包括权限覆盖（即高级别的角色权限覆盖低级别的角色权限）和权限合并（即取各个角色权限的并集）。

4. 最小化权限原则

RBAC 遵循最小化权限原则，即只授予用户完成其工作任务所需的最小权限。这样可以降低误操作或恶意行为导致的安全风险。通过为用户分配与其职责紧密相关的角色，并确保每个角色只拥有完成其任务所需的权限，可以最大限度地减少潜在的安全漏洞。

5. 权限的动态调整

RBAC 支持权限的动态调整，以适应组织结构和业务需求的变化。当用户的职责发生变化、新的业务功能被引入或旧的业务功能被废弃时，系统管理员可以非常方便地调整角色与权限的映射关系，以确保权限的及时性和准确性。这种权限的动态调整使 RBAC 成为一种高度灵活和可扩展的访问控制方法。

6. 审计与监控

RBAC 还提供了审计和监控功能，以确保权限的正确使用和及时发现潜在的安全问题。通过记录用户的操作日志、分析用户的访问模式、监控异常行为等方式，系统管理员可以及时发现并处理潜在的安全威胁。

二、RBAC 的核心组件

（一）用户：发起访问请求的主体

在 RBAC 中，用户是发起访问请求的主体，是系统安全策略的最终实施对象。用户的身份和属性在访问控制过程中起着至关重要的作用。

1. 用户身份认证

在 RBAC 中，用户身份认证是保障系统安全的首要环节。每个用户都拥有一个独特的身份标识，这个标识通常是通过用户名或用户 ID 来体现的。身份标识就像用户的"身份证"一样，是用户在系统中被识别和验证的依据。

身份认证是防止未经授权的用户访问系统资源的关键手段。为了实现有效的身份认证，RBAC 通常采用多种认证方式，如用户名和密码验证、生物识别技术及双因素认证等。

用户名和密码验证是最常见的身份认证方式。用户在注册时会设定一个独特的用户名和密码，登录时需要输入正确的用户名和密码通过验证。为了增强安全性，系统会要求用户设置复杂的密码，并定期更换。

生物识别技术则是一种更先进的身份认证方式，通过识别用户的生物特征（如指纹、虹膜、面部特征等）来验证身份。这种认证方式的安全性较高，因为生物特征具有唯一性和不易伪造的特点。

双因素认证则结合了两种或两种以上的认证方式，通常包括用户所知道的信息（如密码）和用户所拥有的物品（如手机验证码、智能卡等）。这种双重认证方式大大提高了身份认证的安全性。

身份认证的过程需要确保准确无误，因为一旦身份认证出错，就可能导致未经授权的用户访问系统，从而引发安全风险。因此，RBAC 需要采用可靠的身份认证技术，并确保认证过程的严密性和准确性。

2. 用户属性

在 RBAC 中，用户属性是确定访问权限的关键因素之一。除了基本的身份标识之外，用户还具备一系列其他属性，这些属性在授权决策过程中起着至关重要的作用。

角色属性是用户属性的重要组成部分。在 RBAC 中，角色是访问权限的集合，用户通过被赋予不同的角色来获得相应的访问权限。例如，一个用户如果被赋予了管理员角色，他就可能拥有对系统所有资源的访问权限；如果只被赋予了普通用户角色，他的访问权限就会受到限制。

组织单位和职位等属性会对用户的访问权限产生影响。这些属性可以帮助系统更精细地控制用户对资源的访问。例如，某个部门的员工可能只能访问该部门的相关资源，而不能访问其他部门的资源。

用户的其他属性，如工作经验、技能水平等，也可能影响其在系统中的访问权限。这些属性可以帮助系统根据用户的实际情况进行更合理的权限分配。

3. 用户行为监控

在 RBAC 中，用户行为监控是确保系统安全的重要手段。通过对用户行为的实时监控和分析，系统能够及时发现并应对潜在的安全威胁，从而保护系统的完整性和数据的机密性。

用户行为监控主要包括对用户登录时间、访问的资源、执行的操作等信息进行记录和分析。例如，系统可以监控用户的登录行为，如果发现某个用户在非常规时间或地点频繁登录，系统就会发出警报并进行进一步的核查。同样，如果用户突然尝试访问与其角色或历史行为模式不符的资源，系统也会进行相应的风险提示和拦截。

除了实时监控之外，用户行为监控还可以结合数据分析技术，对用户的历史行为进行深入挖掘和分析。这有助于发现用户行为的异常模式，预测潜在的安全风险，并为系统的安全策略调整提供有力支持。

在实施用户行为监控时，需要确保监控措施的合法性和合规性，避免侵犯用户的隐私权。同时，还需要根据系统的实际情况和用户需求，制定合理的监控策略和阈值，以提高监控的准确性和有效性。

4. 用户权限管理

RBAC 的核心在于精细而灵活地管理用户的访问权限。用户权限管理不仅涉及为用户分配适当的角色，还包括调整角色与具体权限之间的映射关系，以确保每个用户只能访问其被明确授权的资源，执行其被明确允许的操作。

在 RBAC 中，权限管理首先是基于角色的。系统定义了一系列角色，并为每个角色分配了一组特定的权限（可能包括读取、写入、删除、执行等操作）。为角色分配的权限主要取决于系统的需求和设计。

然而，基于角色的权限管理可能还不够精细。因此，RBAC 通常还提供更细粒度的权限控制，如对象级别的权限、操作级别的权限等。这意味着系统可以对特定的数据对象或操作进行单独的权限设置，以满足更复杂的安全需求。

除了直接为用户分配权限之外，RBAC 还支持权限的继承、委托和撤销等操作。这为用户权限管理提供了更高的灵活性。例如，高级角色可以继承低级角色的所有权限，或者将某些权限委托给其他用户执行。

在实施用户权限管理时，必须遵循最小化权限原则和职责分离原则。最小化权限原则要求只授予用户完成任务所需的最小权限。职责分离原则则要求将敏感操作分散到不同的角色和用户之间，以防止单一用户或角色拥有过多的权力。

5. 用户教育和培训

在 RBAC 中，用户教育和培训是提高系统安全性的重要环节。通过参加教育和培训活动，用户可以更好地理解系统的安全策略和操作规程，增强安全意识，减少误操作行为。

用户需要了解角色、权限等基本概念，以及它们之间的关系和影响。只有充分理解这些基础知识，用户才能更好地使用系统并遵守相应的安全规定。

用户需要学习如何正确使用系统，如如何登录、注销、访问资源、执行操作等，以及如何应对可能出现的错误或异常情况。通过参加培训和实践，用户可以熟练掌握系统的使用方法，提高工作效率和安全性。

用户需要接受安全意识教育，包括了解常见的网络攻击手段、识别并应对潜在的安全威胁、保护个人隐私等。通过增强安全意识，用户可以更加警惕地处理系统中的敏感信息和操作，避免成为网络攻击的目标。

用户教育和培训需要注重实践性与互动性。通过模拟实际场景、进行案例分析、开展小组讨论等方式，用户可以更深入地理解和掌握所学知识，并将其应用到实际工作中。

（二）角色：一组权限的集合

在 RBAC 中，角色是一个核心概念，代表一组权限的集合。角色被设计用来描述用户在组织中的职责和功能，从而简化权限管理并提高工作效率。

1. 角色的定义与分类

在 RBAC 中，角色被明确定义为具有相似职责和功能的用户集合。每个角色都代表组织内某类用户的共同特征和需求。通过角色的定义，我们可以对用户的访问权限进行归类和管理，从而简化复杂的权限分配问题。

角色的分类通常基于用户在组织中的不同职责。例如，可以定义"管理员""编辑""查看者"等角色，每个角色对应不同的权限集合。这种分类有助于我们更清晰地理解和管理不同用户在系统中的行为与权限。

2. 角色与权限的映射

在 RBAC 中，角色与权限之间建立了明确的映射关系。每个角色都被赋予了一组特定的权限，这些权限规定了角色可以执行的操作和可以访问的资源。例如，"管理员"角色可能拥有创建、修改和删除用户的权限，而"普通用户"则可能只有查看和修改自己信息的权限。

这种映射关系使权限管理变得更为集中和高效。当需要调整某个角色的权限时，只需要修改该角色与权限的映射关系，而无须单独修改每个用户的权限。这大大降低了权限管理的复杂性和工作量。

3. 角色的继承与层级关系

在 RBAC 中，角色之间可以建立继承关系，形成层级结构。这种继承关系允许高级角色自动继承低级角色的所有权限。例如，"部门经理"角色可以继承"员工"角色的所有权限，并额外增加管理相关权限。

角色的继承与层级关系不仅简化了权限管理，还使权限分配更加符合组织的实际结构。通过继承关系，我们可以避免在多个角色之间重复配置相同的权限，从而提高权限管理的效率和一致性。

4. 角色的动态调整与灵活性

RBAC 支持对角色进行动态的修改和扩展，以适应组织结构和业务需求的变化。当引入新的业务功能或现有业务需求发生变化时，可以灵活地调整角色的定义和权限分配。

这种灵活性使 RBAC 能够迅速响应组织的变化需求。例如，当组织需要增加新的用户角色或调整现有角色的权限时，只需要修改角色与权限的映射关系即可。

5. 角色在安全管理中的作用

在安全管理中，角色起着至关重要的作用。为用户分配相应的角色，可以确保每个用户只能访问其被授权的资源并执行相应的操作。这种机制可以有效降低安全风险并防止未经授权的访问。

同时，通过对角色的监控和审计，可以及时发现潜在的安全问题并采取相应的措施。例如，当某个角色的行为出现异常时，可以迅速定位并解决问题，以确保系统的安全性和稳定性。这种基于角色的安全管理方式不仅可以提高系统的安全性，还可以使安全管理更加集中和高效。

（三）权限：对特定资源或功能的访问权利

在 RBAC 中，权限是控制访问特定资源或执行特定功能的关键要素。权限定义了哪些用户可以访问哪些资源，以及可以执行哪些操作，是确保系统安全性和数据完整性的重要手段。

1. 权限的定义与分类

在 RBAC 中，权限是确保系统安全性和数据完整性的基石。简言之，可将权限视为一种"许可证"。权限定义了用户可以对系统中的哪些资源进行操作，以及可以执行哪些具体的操作。

权限的定义与资源的类型和所需的操作紧密相关。这里的资源可能是物理的（如硬件设备、文件、文件夹等），也可能是逻辑的（如数据库中的数据、网络服务、应用程序功能等）。根据每种资源的特性和业务需求，可以定义不同的操作，如读取、写入、修改、删除、执行等。

权限的分类主要基于其控制的操作类型。最常见的权限分类是将权限分为读取权限、写入权限和执行权限。读取权限允许用户查看或访问资源的内容，但不允许对其进行修改；写入权限则允许用户修改资源的内容；而执行权限则允许用户运行或激活某些功能或服务。

随着技术的发展和业务需求的复杂化，权限的分类也在不断细化和扩展。例如，在云计算环境下，可能还需要考虑网络访问权限、存储权限、API 调用权限等。

2. 权限与角色的关联

在 RBAC 中，权限并不是直接赋予给用户的，而是通过角色这个中间层来实现的。每个角色都被赋予了一组特定的权限,这些权限决定了该角色的成员可以访问哪些资源和执行哪些操作。用户则通过被分配到相应的角色,间接获得这些权限。

这种设计的优点主要包括以下几点:首先,简化了权限管理。系统管理员只需要为每个角色配置一次权限,并将用户分配到相应的角色,而不需要为每个用户单独配置权限。其次,提高了系统的可扩展性和灵活性。当需要添加新的用户或调整用户的权限时,只需要调整角色的分配或修改角色的权限配置即可。最后,可以实现更复杂的访问控制。例如,可以设置角色之间的继承关系,使高级角色自动继承低级角色的所有权限;或者设置角色之间的互斥关系,防止某个用户同时拥有多个可能产生冲突的角色。

3. 权限的细分与精细化管理

在复杂的业务环境下,仅仅依靠基本的读取、写入和执行权限往往无法满足需求。为了实现更精细的访问控制,需要对权限进行进一步的细分和精细化管理。

具体来说,可以从两个维度对权限进行细分:一是资源的粒度,二是操作的粒度。资源的粒度决定了可以对哪些具体的资源进行控制。例如,除了控制对整个数据库或文件系统的访问权限之外,还可以控制单个数据表、单个文件甚至单个数据记录的访问权限。操作的粒度则决定了可以对资源执行哪些具体的操作。除了基本的读取、写入和执行之外,还可以定义更复杂的操作,如修改数据的某个字段、调用某个特定的 API 等。

为了实现这种精细化的权限管理,可能需要借助更先进的访问控制技术,如基于属性的访问控制(Attribute-Based Access Control,ABAC)或基于策略的访问控制(Policy-Based Access Control,PBAC)。这些方法允许根据用户的属性(如职位、部门、地理位置等)或系统的状态(如时间、网络条件等)来动态地调整用户的权限。

4. 权限的动态调整与灵活性

在快速变化的业务环境下,权限管理的灵活性显得尤为重要。RBAC 必须能够支持权限的动态调整,以适应业务需求和安全策略的变化。

动态调整权限涉及多个方面:首先,当组织结构或业务流程发生变化时,需要快速添加、删除或修改角色和权限的映射关系。例如,当企业开设新的业务部门或推出新的产品线时,可能需要创建新的角色并为其配置相应的权限。其次,当用户的职责发生变化(如晋升、转岗等)时,需要快速调整其所拥有的角色和权限。当系统的安全策略发生变化(如加强了对敏感数据的保护)时,也需要对相关权限进行调整以确保合规性。

为了实现这种灵活性,RBAC 需要提供强大的管理工具和 API 接口,以便管理员能够方便地进行权限调整。同时,RBAC 还需要支持自动化的权限管理流程,如定期审查用户的权限、自动回收不需要的权限等。

5. 权限的审计与监控

在 RBAC 中,权限的审计和监控是确保系统安全性的重要环节。通过对用户的访问行为进行记录和分析,可以及时发现并处理潜在的安全威胁和违规行为。

利用审计功能可以记录用户的所有访问请求和操作行为,包括请求的时间、来源、目标资源、操作类型及请求的结果等。这些审计日志可以用于事后的分析和追踪，帮助我们发现可能的安全漏洞和不当行为。例如，通过分析审计日志，可能发现某个用户在非工作时间多次尝试访问敏感数据，这表明可能存在内部泄露的风险。

利用监控功能可以实时监测用户的访问行为并触发相应的警报。例如，可以设置规则来检测异常行为模式（如大量下载敏感数据、频繁更改系统设置等），并在检测到异常时自动发送警报通知管理员。利用实时监控可以及时应对潜在的安全威胁并减少损失。

为了实现有效的审计和监控，RBAC 需要集成专业的 SIEM 或其他日志分析工具来收集、存储和分析审计日志。同时，系统还需要提供灵活的警报和响应机制，以便在检测到异常行为时及时采取行动。

三、RBAC 的优势与应用场景

（一）RBAC 的优势

RBAC 作为一种安全策略，已被广泛应用于许多系统。RBAC 的优势主要体现在以下几个方面：

1. 细粒度的访问控制

RBAC 的核心理念是根据角色来分配权限，所以这种策略的首要优势就是提供了细粒度的访问控制。

在传统的访问控制系统中，权限往往是基于用户或用户组进行分配的。这种方式虽然简单，但随着系统规模的扩大和用户数量的增长，权限管理变得异常复杂，维护成本也大幅增加。相比之下，RBAC 引入了角色的概念，使权限分配更加精细和灵活了。

在 RBAC 中，角色是根据组织内的不同职责和功能来定义的。例如，"财务管理员"角色可能被赋予编辑和删除财务数据的权限，而"销售代表"角色则可能只有查看客户信息和下单的权限。

这种细粒度的访问控制不仅使权限分配更加符合组织的实际业务需求，还大大提高了系统的安全性。通过精确控制每个角色的权限，系统可以确保用户只能根据其角色执行相应的操作，从而有效防止越权访问和数据泄露等风险。

此外，RBAC 还支持对权限进行进一步的细分和精细化管理。管理员可以根据需要为角色配置精确的权限集合，包括对不同资源的访问权限、不同操作的执行权限等。这种精细化管理使 RBAC 更好地满足了复杂的业务需求和安全要求。

2. 简化权限管理过程

在大型企业或组织中，用户数量往往非常庞大，且每个用户的职责和需求各不相同。如果采用传统的基于用户的访问控制，那么系统管理员需要为每个用户单独配置权限。这不仅是一项烦琐的任务，而且容易出错，一旦配置错误就可能出现严重的安全问题。

RBAC 通过引入角色的概念大大简化了权限管理。在 RBAC 中，管理员不再需要为每个用户单独配置权限,而是根据角色来管理权限。这意味着管理员可以创建一系列角色,并为每个角色分配适当的权限。然后,用户被分配到相应的角色中,从而自动继承该角色的所有权限。

例如,大型企业可能有成百上千个员工需要访问不同的系统和资源。通过 RBAC,管理员可以创建如"行政助理""销售经理""开发人员"等角色,并为每个角色分配适当的权限。之后,系统管理员只需要将用户分配到相应的角色中,就可以轻松管理其访问权限。这种简化的权限管理方式不仅可以提高管理效率,还可以降低出错的可能性。

3. 降低网络安全风险

在数字化时代,网络安全问题日益严峻。数据泄露、黑客攻击等事件屡见不鲜,给企业和个人带来了巨大的损失。因此,采取有效的安全措施来保护数据和系统的安全至关重要。

RBAC 作为一种强大的访问控制策略,在降低网络安全风险方面发挥着重要作用。利用 RBAC 可以确保只有经过授权的用户才能访问敏感数据和执行关键操作。这意味着即使黑客成功入侵了系统,也无法轻易获取敏感数据或执行关键操作,除非他们拥有相应的角色和权限。

RBAC 还支持对用户的访问行为进行审计和监控。系统可以记录用户的访问日志、分析用户的访问模式,以及监控异常行为等。这些功能为组织提供了额外的安全保障措施,使系统管理员能够及时发现并处理潜在的安全威胁。例如,如果发现某个用户在非工作时间多次尝试访问敏感数据,系统就可以自动触发警报并通知管理员进行进一步调查。

此外,RBAC 还可以与其他安全策略和技术相结合,如多因素身份认证、数据加密等,以提供更全面的安全防护。这种多层次的安全策略可以大大降低网络安全风险并保障组织的资产和数据安全。

4. 提高系统的可扩展性和灵活性

随着组织的发展和业务需求的变化,系统需要不断地进行扩展和调整。在这个过程中,如何确保系统的安全性和稳定性是一个重要的挑战。RBAC 的灵活性使系统能够轻松地适应这些变化并满足新的业务需求。

RBAC 支持动态的角色和权限管理。系统管理员可以根据需要创建新的角色、调整角色的权限或删除不需要的角色。这种灵活性使 RBAC 能够迅速响应组织的变化需求,并确保用户只能根据其角色执行相应的操作。

RBAC 可以与其他系统和技术进行集成。例如,可以将 RBAC 与目录服务、单点登录(Single Sign On,SSO)等技术相结合,以提供更便捷的用户体验和更强大的功能支持。这种集成性使 RBAC 成为一种可持续的访问控制解决方案,能够满足组织不断变化的需求并保持系统的先进性。

RBAC 支持自定义属性和扩展字段等功能,这意味着组织可以根据自己的业务需求为角色和权限添加额外的信息或属性。这种自定义功能进一步增强了 RBAC 的灵活性,使系统能够更好地适应组织的特定需求并提供更个性化的服务支持。

5. 提高合规性

在高度信息化的今天，数据保护和隐私合规性已经成为企业运营中不可忽视的环节。许多行业，尤其是在金融、医疗和零售等领域，都面临着严格的法规和合规性要求，这些要求通常涉及数据的访问、存储和处理等方面，以确保个人信息和敏感数据得到充分保护。

RBAC 在增强合规性方面发挥着关键作用。首先，通过 RBAC 可以明确定义哪些用户可以访问哪些数据，以及他们可以执行哪些操作。这种精确的访问控制有助于组织遵守数据保护法规，并确保只有经过授权的人员才能接触敏感数据。

RBAC 的审计和监控功能有助于提高合规性。系统可以记录每个用户的访问和操作历史，以便在需要时进行审查和追溯。这种透明度不仅有助于发现潜在的安全问题，还可以作为合规性审查的有力证据。

此外，RBAC 还可以与其他合规性工具和流程相结合，如数据加密、匿名化处理和数据泄露检测等，从而形成一个全面的合规性解决方案。这种综合性的方法能使组织更好地满足日益严格的法规和合规性要求，确保企业的稳健运营和客户数据的安全。

（二）RBAC 的应用场景

RBAC 在多个领域都有广泛的应用，尤其是在需要严格控制访问权限的组织中。以下是 RBAC 的一些典型应用场景：

1. 大型企业中的 RBAC 应用

在大型企业环境中，随着企业规模的扩大和业务种类的增多，员工的数量大幅增加，且分散在各个部门和岗位上，这种复杂的组织架构使权限管理变得尤为重要。由于 RBAC 具有高度的灵活性和精细化的权限管理功能，因此其成为大型企业进行访问控制的首选方案。

大型企业通常拥有多个业务系统，如企业资源计划（Enterprise Resource Planning，ERP）、客户关系管理（Customer Relationship Management，CRM）、供应链管理（Supply Chain Management，SCM）等，这些系统涉及企业的采购、生产、销售、财务等各个环节。在这些系统中，不同部门和岗位的员工可以访问不同的数据。通过 RBAC，企业可以为每个员工或用户组分配相应的角色，进而控制他们对各个系统的访问权限。

例如，可以为财务部门设置"财务主管""会计"和"出纳"等角色。这些角色在系统中被赋予不同的权限，如"财务主管"可以查看和修改所有财务数据，"会计"只能查看和录入部分财务数据，而"出纳"则只能查看与资金流动相关的数据。这种基于角色的权限划分，不仅可以确保数据的安全性和准确性，还可以提高工作效率。

此外，大型企业还需要应对员工离职、转岗等变动情况。当员工离职或转岗时，管理员只需要调整或撤销相应的角色即可快速完成权限的变更，这大大降低了管理成本。

2. 政府机构中的 RBAC 应用

作为国家管理和社会服务的重要机构，政府机构的信息安全和数据保护至关重要。RBAC 在政府机构中的应用，旨在确保敏感信息和重要数据的安全，同时满足复杂的组织架构和管理需求。

政府机构的信息系统通常包含大量的公民个人信息、政府文件和重要决策数据等。这些数据一旦泄露或被非法访问，将对国家安全和社会稳定造成严重威胁。因此，政府机构需要制定一种高效、可靠的访问控制机制来确保数据的安全。

根据政府机构的实际需求，RBAC 可以为每个用户或用户组分配相应的角色和权限。这种基于角色的权限划分可以有效防止信息泄露和非法访问。

同时，政府机构通常具有复杂的层级结构和部门划分。RBAC 能够支持不同级别和不同部门的访问权限划分，以满足政府机构的管理需求。例如，可以为不同部门设置不同的角色和权限，从而确保各个部门之间数据的独立性和安全性。

3. 医疗保健领域中的 RBAC 应用

在医疗保健领域，随着医疗信息化的推进，电子病历、远程医疗等得到了广泛应用。然而，这些技术的普及也带来了信息安全和隐私保护的问题。RBAC 在医疗保健领域的应用，旨在解决这些问题，从而确保患者信息和医疗资源的安全。

RBAC 可以根据医疗人员的角色和职责来分配访问权限。医生、护士、药剂师等医疗人员具有不同的专业背景和职责范围，因此需要访问不同的患者信息和医疗资源。

RBAC 可以支持更细粒度的访问控制。例如，对于同一份病历，主治医生可以查看和修改所有内容，而实习医生则只能查看部分内容。这种精细化的权限管理有助于保护患者隐私和医疗数据的安全。

RBAC 可以与其他安全措施相结合，以提供更全面的信息安全保障。例如，可以对敏感数据进行加密处理，只有具有相应角色的用户才能解密和访问这些数据。这种综合性的安全措施有助于确保医疗数据在传输、存储和处理过程中的安全。

4. 金融服务中的 RBAC 应用

金融服务行业作为经济活动的核心领域之一，对数据安全和客户隐私保护有着极高的要求。RBAC 在金融服务中的应用旨在确保数据的安全性和客户隐私的保密性。

在金融服务领域，客户数据、交易记录和财务信息等都是高度敏感的信息资产。这些信息一旦泄露或被非法访问，将对金融机构和客户的利益造成严重损害。因此，金融机构需要采取一种可靠的访问控制机制来确保这些数据的安全。

RBAC 可以通过为金融机构的员工或用户组分配相应的角色和权限，实现对敏感信息的精细化管理。例如，只有经过授权的员工才能访问客户数据、交易记录和财务信息；而未经授权的员工则无法获取这些信息。这种基于角色的权限划分可以有效减小信息泄露和非法访问的风险。

此外，RBAC 还支持对敏感操作的审计和监控功能。金融机构可以通过记录和分析用户的访问行为，及时发现并处理潜在的安全风险。

5. 云服务提供商中的 RBAC 应用

随着云计算技术的快速发展，越来越多的企业和个人选择将数据存储与处理任务迁移到云端。云服务提供商作为云计算服务的主要供应者，承担着保护客户数据安全的重要责任。RBAC 在云服务提供商中的应用旨在实现多租户环境下的访问控制，确保每个客户只能访问自己的数据和资源。

在云服务环境下，多个客户共享相同的物理基础设施和资源池。因此，云服务提供商需要采取一种有效的访问控制机制来确保客户的数据的安全性和隔离性。而 RBAC 通过为每个客户分配独立的角色和权限，实现了对数据和资源的精细化管理。这种基于角色的权限划分可以确保每个客户只能访问自己的数据和资源，有效防止了数据泄露和非法访问的风险。

同时，云服务提供商还需要应对客户需求的变化和服务的升级。RBAC 支持灵活的权限调整和管理功能，因此云服务提供商可以根据客户的需求变化及时调整角色和权限设置。这种灵活性使 RBAC 成为一种可持续的访问控制解决方案，能够满足云服务提供商不断变化的需求。

第三节 属性基加密与访问控制

一、属性基加密概述

（一）属性基加密的定义

随着信息技术的飞速发展，数据安全与隐私保护已成为当今社会的重要议题。为了满足日益复杂的信息安全需求，加密技术也在不断演进和创新。属性基加密（Attribute-Based Encryption，ABE）作为一种前沿的加密技术，近年来备受关注。

属性基加密技术的出现，为数据的加密和解密提供了一种全新的思路。在传统的公钥加密或对称加密中，加密者通常需要知道接收者的确切身份或公钥信息，这在某些场景下可能并不实际或安全。例如，在一个大型组织中，如果每个加密文件都需要知道接收者的公钥，那么管理起来将非常烦琐，且一旦公钥泄露，整个系统的安全性都会受到威胁。

属性基加密则提供了一种更灵活和安全的解决方案。它允许加密者根据一组属性来定义访问策略，只有满足特定属性的用户才能解密信息。这些属性可以是用户的身份信息、角色、组织单位等，能为加密者提供更细粒度的控制手段。

属性基加密的定义主要包含以下几个核心要素：

（1）属性集：在属性基加密中，用户的身份不再只是一个具体的标识符或公钥，而更是一组属性的集合。这些属性共同构成用户的"属性集"。加密者可以根据这些属性来定义谁能解密信息，从而实现更灵活的访问控制。

（2）访问策略：加密者在加密信息时会定义访问策略。该策略通常是一个逻辑表达式，规定了哪些属性组合可以解密信息。只有当用户的属性全部满足访问策略时，才能成功解密。这种基于属性的访问控制方法，可以使加密者灵活地定义谁可以访问信息，而无须知道每个接收者的具体身份。

（3）加密和解密操作：在属性基加密中，加密和解密操作都需要依赖用户的属性集和访问策略。加密者使用访问策略和公钥对信息进行加密，生成密文。接收者在收到密文后，需要使用自己的属性集和私钥进行解密。只有当接收者的属性集全部满足访问策略时，才能成功解密出原始信息。

属性基加密的出现，无疑是对传统加密方式的一次重要革新。它打破了传统加密方式对具体身份或公钥的依赖，通过引入属性这个更为抽象和灵活的概念，实现了对信息的细粒度访问控制。这种加密方式不仅可以提高信息的安全性，还可以使信息的共享和传递变得更为便捷和高效。

在实际应用中，属性基加密技术可以被广泛应用于各种需要保护敏感信息的场景。例如，在医疗健康领域，患者的病历信息需要得到严格的保护。通过使用属性基加密技术，医疗机构可以确保只有具有特定属性的医生或研究人员才能访问这些信息。这不仅可以保护患者的隐私安全，还可以促进医疗数据的共享和研究进展。

此外，在云计算和大数据领域，属性基加密也具有重要的应用价值。随着云计算和大数据技术的普及，越来越多的数据被存储在云端或数据中心中。这些数据往往涉及多个用户或组织单位，因此需要有一种灵活的访问控制机制来确保数据的安全性和隐私性。属性基加密技术正好可以满足这项需求，这是因为它允许数据所有者根据用户的属性来定义访问策略，从而确保只有满足条件的用户访问数据。

（二）属性基加密的原理

1. 加密过程中的属性应用

属性基加密的核心思想是将传统的基于身份的加密方式扩展到基于属性的加密。在属性基加密的过程中，加密者不再依赖具体的接收者公钥或身份信息，而是根据一组属性来生成密文。这种加密方式的引入，极大地提高了加密的灵活性和可扩展性。

在加密过程中，加密者设定的访问策略规定了哪些属性组合可以解密信息。这些属性可以是用户的身份信息、角色、组织单位等，它们被用作加密的关键参数。访问策略的制定是属性基加密的核心，可以根据实际需求灵活调整，以满足不同场景的安全需求。

加密者在加密信息时，会使用确定的访问策略和公钥对信息进行加密，生成密文。在这个过程中，加密算法会利用数学上的复杂问题，如离散对数问题、大数分解问题等，来确保密文的安全性。同时，加密者还可以根据需要对密文进行进一步的混淆和隐藏，以增加攻击者的破解难度。

2. 解密过程中的属性匹配

在属性基加密的解密过程中，用户的属性将与加密时设定的访问策略进行匹配。只有当用户的属性满足访问策略时，用户才能成功解密信息。在这个过程中，用户的私钥是根据其属性生成的，而密文则是根据加密者设定的访问策略加密的。

具体来说，用户在收到密文后，需要使用自己的私钥进行解密。这个私钥是根据用户的属性集生成的，包含用户的所有属性值和相关参数。在解密过程中，用户会将自己的私钥与密文中的访问策略进行匹配。只有当用户的属性全部满足访问策略中的条件时，才能成功解密出原始信息。

为了实现属性匹配，属性基加密采用了属性匹配算法。这种算法会根据用户的属性和访问策略进行高效的匹配运算，从而确定用户是否具有解密权限。这种算法的设计是属性基加密的关键技术之一，直接影响加密系统的性能和安全性。

3. 属性基加密的安全性

属性基加密的安全性主要依赖其复杂的数学基础和属性匹配的机制。属性基加密采用了许多复杂的数学难题作为加密基础。

由于用户的私钥是根据其属性生成的，而密文则是根据加密者设定的访问策略加密的，因此只有当用户的私钥与密文中的访问策略相匹配时才能成功解密。这种机制使攻击者难以伪造合法的私钥来解密信息。

此外，属性基加密还支持灵活的访问控制策略，如可以根据需要调整访问策略来应对不同的安全需求。这种灵活性使加密者可以根据实际情况制定更为精细的访问控制规则，从而进一步提高系统的安全性。

二、属性基加密与访问控制的关系

（一）属性基加密可以为访问控制提供新方法

1. 传统访问控制的局限性

传统的访问控制方法，如 RBAC 和基于身份的访问控制（Identity-Based Access Control，IBAC），在过去的数据保护实践中发挥了重要作用。这些方法主要依赖用户的角色或身份来判定其对资源的访问权限。然而，随着信息技术的迅速发展和业务需求的不断变化，传统的访问控制方法开始显现出局限性。

传统的访问控制方法往往缺乏灵活性。在 RBAC 中，角色是预先定义的，且一旦定义，更改起来便相对困难。当企业的组织结构、业务流程或项目需求发生变化时，可能需要重新定义角色和权限，这是一个耗时且容易出错的过程。同样，在 IBAC 中，访问权限与用户的身份紧密绑定，这在某些情况下可能会导致权限管理的僵化。

传统的访问控制方法在应对复杂多变的应用场景时扩展性有限。例如，当需要根据用户的多种属性（如部门、职位、项目角色等）来控制数据访问时，这些方法可能无法满足需求。这是因为它们通常只能处理单一的身份或角色信息，而无法综合考虑用户的多个属性。

传统的访问控制方法可能无法充分保护敏感数据的安全。由于权限判定主要基于角色或身份，一旦这些身份或角色信息被泄露或滥用，数据的安全性将受到严重威胁。

2. 属性基加密的优势

属性基加密技术的出现，为访问控制提供了一种全新的方法。属性基加密允许数据所有者根据一组属性来定义谁能访问加密的数据，从而实现更为灵活、可扩展和安全的访问控制。

（1）属性基加密提供了更高的灵活性。与传统的基于角色或身份的访问控制方法不同，属性基加密允许数据所有者根据用户的实际属性来定义访问权限。这些属性可以是用户的身份信息、角色、职务、组织单位等，也可以是更复杂的逻辑表达式。这意味着，当用户的属性发生变化时，无须更改整个权限体系，只需要调整相应的属性即可。属性基加密技术提供的这种灵活性能够轻松应对企业组织结构和业务流程的变化。

（2）属性基加密具有出色的可扩展性。由于它是基于属性的，因此可以通过添加、删除或修改属性来适应新的应用场景和需求。属性基加密技术能够轻松应对复杂多变的应用场景，满足企业不断增长的数据保护需求。

（3）属性基加密提供了细粒度的访问控制。通过定义具体的访问策略，数据所有者可以精确地控制哪些用户可以访问哪些数据。这种细粒度的控制不仅可以保护数据的机密性，还可以防止数据被滥用和泄露。

3. 加密手段可以确保数据安全

属性基加密技术通过先进的加密手段来确保数据的安全。在属性基加密系统中，数据所有者可以使用一组属性来加密数据，只有具备这些特定属性的用户才能解密和访问数据。这意味着，即使数据在传输或存储过程中被截获，攻击者也难以解密和访问数据，因为他们可能不具备解密所需的特定属性。

属性基加密的加密机制可以确保数据的机密性和完整性。通过复杂的数学运算和加密算法，属性基加密将数据转换为一种不可读的密文形式，只有满足特定属性的用户才能将其解密为原始数据。这种加密手段可以有效防止未经授权的访问和数据泄露。

此外，属性基加密还支持灵活的访问策略更新和撤销机制。数据所有者可以根据需要随时更改访问策略，添加或删除某些属性要求，以确保数据的访问权限始终与企业的安全需求保持一致。同时，对于已经授权的用户，如果其属性发生变化或不再满足访问要求，那么数据所有者可以及时撤销其访问权限。

（二）访问控制系统可以利用属性基加密实现细粒度权限控制

1. 细粒度权限控制的需求

随着信息技术的迅猛发展，企业对于数据安全和隐私保护的需求日益凸显。传统的访问控制方法虽然能够提供一定程度的保护，但在面对复杂多变的企业环境和业务需求时，往往显得力不从心。因此，细粒度权限控制的需求应运而生。

细粒度权限控制，是指对权限进行更精细、更具体的控制。它要求系统能够根据用户的身份、角色、属性等因素，精确地授予或拒绝其对特定资源的访问权限。这种控制方式的优势在于，能够在保证数据安全的前提下，最大限度地满足用户的个性化需求，提高系统的灵活性和可用性。

具体来说，细粒度权限控制的需求主要体现在以下几个方面：首先，系统需要能够识别并管理用户的各种属性，如部门、职位、项目角色等，这些属性将作为权限判断的依据；其次，系统需要支持复杂的访问策略，以满足不同业务场景中的权限控制需求；最后，系统需要具备高效的权限更新和撤销机制，以便用户在需求或业务逻辑上发生变化时，及时调整权限配置。

2. 属性基加密在访问控制中的应用

属性基加密作为一种新型的加密技术，为访问控制系统实现细粒度权限控制提供了有力支持。通过利用属性基加密技术，系统可以根据用户的属性来定义加密策略，从而确保只有具备特定属性的用户才能解密和访问相应的数据。

在实际应用中，属性基加密技术可以被用于构建灵活、高效的访问控制系统。系统管理员可以根据企业的安全需求和业务逻辑来定义加密策略，将数据与特定的用户属性相关联。

属性基加密技术的应用不仅可以提高数据的安全性，还可以使权限管理更加灵活。由于权限判断是基于用户的实际属性进行的，因此当用户的属性发生变化时，系统可以自动调整其权限配置，而无须进行烦琐的手动操作。此外，属性基加密技术还支持复杂的访问策略更新和撤销机制，从而使系统能够轻松应对各种复杂多变的业务场景。

3. 实现方法与案例

在实际应用中，访问控制系统可以结合属性基加密技术来实现细粒度权限控制。实现方法如下：

（1）定义用户属性：系统需要定义并管理用户的各种属性，如部门、职位、项目角色等。这些属性将作为权限判断的依据。

（2）制定加密策略：系统管理员需要根据企业的安全需求和业务逻辑来制定加密策略。这些策略可以基于用户的单一属性或属性组合来定义，以满足不同业务场景下的权限控制需求。

（3）数据加密与解密：当用户需要访问数据时，系统会根据其属性与加密策略的匹配程度来生成相应的密文。只有具备特定属性的用户才能解密并访问这些数据。

案例：假设某大型企业拥有多个部门，每个部门的数据资源需要相互隔离以确保数据安全。通过利用属性基加密技术，该系统可以实现细粒度的权限控制。

具体步骤如下：

（1）系统为每个部门定义不同的属性标签（如"销售部""研发部"等）。

（2）系统管理员根据各个部门的安全需求制定相应的加密策略，如"销售部"的数据只能被具有"销售部"属性的用户访问。

（3）当用户尝试访问数据时，系统会根据其属性与加密策略的匹配程度来判断是否授予访问权限。例如，具有"销售部"属性的用户可以解密并访问"销售部"的数据，但无法访问其他部门的数据。

通过这种方式，该系统成功实现了细粒度的权限控制，确保了数据的安全性和隔离性。

4. 面临的挑战与解决方案

虽然属性基加密技术为访问控制系统带来了诸多优势，但在实际应用中也面临着一些挑战。

挑战一：属性管理和加密策略制定比较复杂。随着企业规模的扩大和业务需求的变化，用户属性管理和加密策略的制定变得越来越复杂。这可能导致管理成本的上升和误操作风险的增加。

解决方案：引入自动化工具和智能算法来辅助管理员进行属性管理和加密策略的制定。例如，可以利用机器学习和数据挖掘技术来分析与预测用户行为，从而自动调整属性和策略配置。

挑战二：加密算法的安全性和性能问题。属性基加密技术需要依赖复杂的加密算法来实现细粒度权限控制。然而，这些算法可能会受到潜在的安全威胁和性能瓶颈的影响。

解决方案：持续关注最新的密码学进展，及时更新和优化加密算法以应对潜在的安全威胁。同时，通过合理的系统设计和资源分配来优化算法性能，确保在满足安全需求的前提下提高系统的响应速度和吞吐量。

挑战三：用户隐私保护问题。在实现细粒度权限控制的过程中，系统可能需要收集和处理大量的用户数据（包括敏感信息），这会引发用户隐私保护的问题。

解决方案：采用差分隐私、同态加密等隐私保护技术来保护用户数据的隐私。同时，建立完善的数据使用和管理规范，确保用户数据的合法使用和安全存储。此外，还可以通过定期审计和监控来确保系统的合规性与安全性。

三、属性基加密的应用场景与挑战

（一）属性基加密的应用场景

1. 云计算环境下的应用

随着云计算技术的飞速发展，数据的存储和处理方式发生了翻天覆地的变化。由于云计算为用户提供了弹性、可扩展的计算资源，因此，企业和个人能够更高效地处理与分析大量数据。然而，这种集中式的存储和处理模式也带来了数据安全与隐私保护的挑战。属性基加密技术的引入，为云计算环境下的数据安全提供了创新的解决方案。

在云计算环境下，数据所有者通常将数据存储在云端，以便能随时随地访问和共享。然而，这种便利性也带来了数据泄露和非法访问的风险。利用属性基加密技术，数据所有者可以对存储在云端的数据进行加密，确保只有具备特定属性的用户才有访问权限。这种加密方式不仅可以保护数据的机密性，还可以实现细粒度的访问控制，使数据所有者能够更精确地控制哪些人可以访问数据。

例如，企业可以利用属性基加密技术对其重要的商业文档进行加密，确保只有具有特定职位的员工才能访问。采用这种方式不仅可以防止数据泄露，还可以提高企业内部数据管理的灵活性和安全性。

此外，属性基加密技术还可以与云计算的其他安全技术相结合，如身份认证、访问控制列表等，从而形成多层次的安全防护体系，为云计算环境下的数据安全提供更全面的保障。

2. 分布式存储系统中的应用

分布式存储系统以其高可用性、可扩展性和容错性在现代信息系统中扮演着重要角色。然而，随着数据的不断增长，数据的隐私和安全问题也日益凸显。属性基加密技术为分布式存储系统提供了一种数据保护手段。

在分布式存储系统中，数据通常被分散存储在多个节点上，以提高数据的可靠性和可用性。然而，这种分散存储的方式也增加了数据泄露和非法访问的风险。通过属性基加密技术，数据在存储到分布式系统中之前可以被加密，确保只有满足特定属性的用户才能解密和访问。采用这种方式不仅可以防止未经授权的访问，还可以确保数据的完整性和真实性。

例如，在一个分布式的文件存储系统中，文件所有者可以利用属性基加密技术对文件进行加密，确保只有具有特定属性的用户或设备才能访问和解密这些文件。采用这种方式不仅可以保护文件的机密性，还可以实现细粒度的访问控制，提高分布式存储系统的安全性。

3. 物联网安全中的应用

随着物联网设备的普及，越来越多的设备被连接到互联网上，产生了大量的数据。这些数据中包含许多敏感信息，如个人隐私、设备状态等。保护这些数据的安全和隐私至关重要。属性基加密技术可以用于确保只有具有特定属性的设备或用户才能访问和解密这些数据，从而有效防止数据泄露和滥用。

在物联网环境下，设备之间需要进行安全通信和数据共享。利用属性基加密技术，可以实现设备之间的安全认证和访问控制。例如，智能家居系统可以利用属性基加密技术对家庭内的各种传感器数据进行加密，以确保只有家庭成员才能访问和解密这些数据。采用这种方式不仅可以保护家庭成员的隐私，还可以防止未经授权的访问和恶意攻击。

此外，属性基加密技术还可以与其他物联网安全技术相结合，如身份认证、数据加密等，从而形成综合性的安全防护体系，提高物联网系统的整体安全性。

4. 电子病历与健康信息保护中的应用

随着医疗信息化的发展，电子病历与健康信息在医疗机构之间共享变得越来越普遍。然而，这些信息的隐私性和安全性问题也备受关注。属性基加密技术为电子病历与健康信息的保护提供了一种有效的解决方案。

利用属性基加密技术，医疗机构可以根据医生的职位、科室等属性来加密病历信息。例如，只有具有相应属性的医生才能访问特定患者的病历信息。采用这种方式不仅可以保护患者隐私，还能有效防止医疗数据泄露。同时，采用这种方式还可以确保只有经过授权的医生才能对患者信息进行修改或更新，从而保证数据的真实性和完整性。

此外，属性基加密技术还可以与其他医疗信息安全技术相结合，如访问控制等，从而形成完善的安全防护体系。这不仅有助于提高医疗机构的信息安全水平，还能为患者提供更优质的医疗服务。例如，通过确保只有具有相应资质的医生才能访问敏感的医疗数据，可以进一步提高医疗诊断的准确性。同时，采用这种加密技术还可以防止医疗数据被非法获取或滥用，从而保护患者的合法权益。

（二）属性基加密面临的挑战

1. 用户属性和密钥的高效管理

属性基加密系统的核心在于其灵活性和精细的访问控制，这个特点使用户属性和密钥管理变得尤为关键。随着系统的扩展和用户群体的增长，高效管理这些属性和密钥成为一项挑战。

随着用户数量的激增，系统需要处理大量的用户属性信息。这些属性可能包括用户的角色、权限、组织归属等信息，而如何有效地存储、检索和更新这些属性数据是一个关键问题。传统的数据库管理系统可能难以满足这种大规模和复杂的数据管理需求。

如今，密钥管理是一大难题。在属性基加密系统中，用户的私钥与其属性紧密相关，因此，当用户的属性发生变化时，其对应的私钥也需要相应地更新。这种频繁的密钥更新和撤销操作会给系统带来额外的负担。同时，如何安全地存储和传输这些密钥，防止其被非法获取或滥用，也是密钥管理中的重要问题。

为了解决这些问题，研究者正在积极探索新的技术和方法，如利用高效的数据库管理和索引技术来优化属性与密钥的存储及检索效率，制定灵活的属性更新和撤销机制来适应用户属性的动态变化，以及采用安全的密钥存储和传输协议来确保密钥的安全性等。

2. 加密和解密过程的性能优化

属性基加密技术涉及大量的数学运算和复杂的逻辑判断，这在一定程度上影响了加密和解密过程的性能。特别是在处理大规模数据或面临高并发请求时，性能瓶颈问题尤为明显。

为了提高加密和解密过程的性能，研究者正在从多个方面入手进行优化。一方面，通过改进加密算法和协议来降低计算复杂度与减少通信开销。例如，研究更高效的双线性映射、群签名等密码学原语来加速加密和解密操作。另一方面，利用并行计算与硬件加速技术来提高加密和解密的速度。例如，利用 GPU、FPGA 等硬件设备来加快复杂的数学运算，以及采用分布式计算框架来处理大规模的加密和解密任务等。

3. 安全性与可用性的平衡

在保护数据安全和隐私的同时，确保系统的可用性是一个需要仔细权衡的问题。过于复杂或严格的加密策略可能会导致用户体验的下降和系统性能的降低。

为了实现安全性与可用性的平衡，需要综合考虑多个因素。首先，需要根据实际需求制定合理的加密策略。不同的应用场景可能对安全性有不同的要求，因此需要根据具体情况来调整加密策略的严格程度。其次，要注重用户体验的优化。例如，通过设计简洁明了的用户界面、提供详细的操作指南等方式，可以有效降低用户的使用难度和学习成本。最后，要关注系统性能的提升。通过优化算法、提高硬件设备的性能等方式，可以确保系统在处理大规模数据和高并发请求时的稳定性与响应速度。

4. 法规遵从与隐私保护的权衡

随着全球数据保护法规的不断完善和执行力度的加大，属性基加密技术在实际应用中需要严格遵守相关法律法规的要求。这意味着在设计和实施属性基加密系统时，需要充分考虑法规遵从与隐私保护的权衡问题。

为了满足法规要求并保护用户隐私，可以采取以下措施：首先，对系统中的敏感数据进行脱敏处理或匿名化处理，以降低数据泄露的风险；其次，建立完善的用户授权和访问控制机制，以确保只有经过授权的用户才能访问敏感数据；最后，加强与用户的沟通和教育，以提高用户对隐私保护的意识和参与度。

同时，为了满足不同国家和地区的法规要求，可能需要对系统进行定制化的开发和调整，这就要求系统具有良好的可扩展性和灵活性来适应不同法规环境下的隐私保护需求。

第八章 大数据环境下的云计算与计算机网络安全

第一节 云计算面临的安全挑战与防护

一、云计算面临的安全挑战

（一）数据安全与隐私保护挑战

1. 数据泄露风险

在云计算环境下，数据的安全存储和传输问题显得尤为突出。随着信息技术的迅猛发展，云计算作为一种新兴的信息技术服务模式，已被广泛应用于各个领域。然而，这种集中存储和处理大量数据的特性，使云计算环境下的数据泄露风险急剧增加。

数据泄露，简单来说，就是敏感数据或机密数据被未经授权的人员访问、披露或使用。在云计算环境下，这种泄露可能有多种原因。首先，黑客可能利用系统漏洞、恶意软件或其他手段，试图非法获取存储在云端的敏感数据。一旦攻击成功，不仅用户的个人隐私会受到严重侵犯，企业的商业机密也可能遭遇泄露的风险。其次，一些员工为了个人利益，可能会非法访问、复制或传播敏感数据。这种行为往往更难防范，因为内部人员通常拥有合法的系统访问权限。最后，系统漏洞也是导致数据泄露的一个常见原因。由于云计算环境非常复杂，系统可能存在未被发现的漏洞，而这些漏洞可能被黑客利用，从而导致数据的泄露。

数据泄露的后果可能非常严重。对于个人用户来说，泄露的个人信息可能被用于诈骗、身份盗窃或进行其他犯罪活动。对于企业来说，数据泄露不仅可能导致重大的经济损失，还可能损害其声誉和客户信任，甚至可能引发法律纠纷。

为了降低数据泄露的风险，云计算服务提供商和用户都需要采取一系列的安全措施，如加强系统的安全防护、定期更新和修补系统漏洞、限制对敏感数据的访问权限、建立数据备份和恢复机制，以及加强员工的安全培训。

2. 隐私保护难题

在云计算环境下，隐私保护是一个复杂且敏感的议题。云计算服务提供商在处理用户数据时，不仅需要确保数据的完整性和安全性，还必须严格遵守隐私保护规定，以免触犯相关法律法规，同时维护用户的信任。

然而，随着大数据和人工智能技术的飞速发展，用户数据的价值得到了前所未有的重视。这些数据不仅能为服务提供商提供宝贵的商业信息，还有助于优化服务、提升用户体验。但如何在保护用户隐私的同时合理利用这些数据，成为云计算面临的一个挑战。

云计算服务提供商在追求数据价值的同时，必须确保用户隐私不被侵犯。这需要从技术、管理和法律等多个层面进行综合考虑。从技术层面来看，可以采用数据加密、匿名化、差分隐私等来保护用户数据；从管理层面来看，应建立完善的数据访问控制机制，确保只有经过授权的人员才能访问敏感数据；从法律层面来看，需要密切关注相关法律法规的更新和变化，及时调整隐私保护政策和数据使用策略。

此外，不同国家和地区对于数据隐私的法律法规要求不尽相同，这给云计算服务提供商在全球范围内开展业务带来了额外的难度。例如，欧盟的《通用数据保护条例》对数据处理提出了严格的要求，违规者将面临重罚。因此，云计算服务提供商需要充分了解并遵守各个国家和地区的法律法规，以确保合规运营和保障用户权益。

为了应对这些挑战，云计算服务提供商不仅要加强与用户、监管机构和其他利益相关方的沟通与合作，还要持续投入研发，提升技术水平。只有这样，才能在保护用户隐私的基础上，充分发挥数据的价值，为用户提供更加优质、个性化的服务。

（二）虚拟化安全问题

1. 虚拟机逃逸风险

在云计算环境下，虚拟化技术被广泛用于实现资源的灵活分配和高效利用。然而，利用虚拟化技术的过程中也存在新的安全隐患，其中最严重的就是虚拟机逃逸风险。虚拟机逃逸，指的是攻击者从虚拟机内部逃逸到宿主机或其他虚拟机中，进而对整个云计算环境造成威胁。

虚拟机逃逸的实现通常需要依赖虚拟化环境下的安全漏洞。这些漏洞可能存在于虚拟化软件的实现中，或者与虚拟机和宿主机之间的交互有关。一旦攻击者成功利用这些漏洞，就能够获得对宿主机或其他虚拟机的非法访问权限，进而执行恶意代码、窃取数据或进行其他破坏活动。

虚拟机逃逸的危害是巨大的。首先，它可能导致整个云计算环境失控。一旦攻击者逃逸到宿主机，他们就可以控制整个物理服务器，包括其上运行的所有虚拟机。这意味着攻击者可以随意读取、修改或删除数据，甚至可以将整个环境摧毁。其次，它可能引发连锁反应，进而影响其他云计算环境或网络。例如，如果攻击者利用逃逸的虚拟机发动网络攻击，就可能对整个网络造成严重影响。

为了防止虚拟机逃逸等安全事件的发生，云计算服务提供商需要不断加强虚拟化环境的安全性。

（1）及时更新虚拟化软件：虚拟化软件的提供商会不断发布安全更新和补丁来修复已知的安全漏洞。云计算服务提供商应定期检查和安装这些更新，以确保其虚拟化环境的安全性。

（2）实施最小权限原则：为每台虚拟机分配必要的权限和资源，避免给予过多的权限，从而减少攻击面。

（3）加强监控和日志记录：实时监控虚拟机和宿主机的活动，以及记录相关日志，可以及时发现和应对潜在的安全威胁。

（4）建立安全备份和恢复机制：定期备份虚拟化环境下的状态和数据，以便在发生安全事件时迅速将其恢复。

2．虚拟机之间的安全隔离问题

在云计算环境下，多台虚拟机可能运行在同一台物理服务器上，以实现资源的共享和高效利用。然而，这种共享环境会带来新的安全隐患，特别是虚拟机之间的安全隔离问题。

虚拟机之间的安全隔离问题主要体现在以下几个方面：

（1）网络隔离：如果虚拟机之间的网络没有进行适当的隔离，受到攻击的虚拟机可能会通过网络攻击其他虚拟机。因此，需要为每台虚拟机提供独立的网络接口和 IP 地址，并实施网络访问控制策略，以防止未经授权的访问。

（2）存储隔离：共享存储资源可能导致数据泄露或损坏。为了确保虚拟机之间的存储隔离，应为每台虚拟机分配独立的存储空间，并实施访问控制策略。

（3）资源争用：如果多台虚拟机同时争用相同的物理资源（如 CPU、内存等），可能会导致性能下降或系统崩溃。为了防止这种情况发生，需要对物理资源进行合理的分配和调度，以确保每台虚拟机都能获得足够的资源。

为了解决虚拟机之间的安全隔离问题，云计算服务提供商需要采取以下措施：

（1）实施严格的网络隔离和访问控制策略：通过配置虚拟网络、使用防火墙和安全组等技术手段，确保每台虚拟机只能访问其所需的网络资源，并防止未经授权的访问。

（2）提供独立的存储空间和访问控制：为每台虚拟机分配独立的存储空间，并实施严格的访问控制策略，以防止数据泄露或损坏。

（3）合理分配和调度物理资源：通过监控虚拟机的资源使用情况，动态调整资源的分配和调度策略，以确保每台虚拟机都能获得足够的资源并避免性能下降或系统崩溃等情况的发生。同时，也可以考虑使用容器化技术进一步隔离应用程序和其运行环境，提高系统的安全性。

（三）多租户环境下的安全隔离问题

1．多租户数据隔离

在云计算的多租户环境下，数据隔离是一个至关重要的安全问题。由于多个租户共享同一套物理资源，如果数据隔离措施不到位，就可能出现数据泄露、非法访问等安全问题。因此，云计算服务提供商需要采取严格的数据隔离措施，以确保各个租户数据的安全性和隐私性。

数据隔离可以从逻辑隔离和物理隔离两个层面来实现。逻辑隔离主要依赖软件技术，如软件定义网络（Software Defined Network，SDN），来实现网络层面的数据隔离。SDN 技术允许云计算服务提供商灵活地定义网络规则，为每个租户提供独立的网络空间，从而确保不同租户之间的数据流量相互隔离。这种隔离方式具有较高的灵活性和可扩展性，可以根据租户的需求动态调整网络资源。

然而，仅仅依靠逻辑隔离可能还不足以满足那些对安全性要求极高的租户的需求。在这种情况下，物理隔离成为一种更可靠的选择。物理隔离需要在硬件层面进行划分，如采用专用的硬件设备或物理隔离卡等技术手段，确保不同租户之间的数据完全隔离。这种方式虽然成本较高，但可以提供更高的安全性保障。

为了实现有效的数据隔离，云计算服务提供商还需要考虑以下几个方面：

（1）制定合理的数据存储策略。对于不同租户的数据，应该采用独立的存储空间或数据库实例进行存储，避免数据混淆和被交叉访问。

（2）加强数据加密和备份。对租户数据进行加密处理可以防止数据在传输和存储过程中被窃取或篡改。同时，定期备份租户数据可以确保在发生故障或数据丢失时能够及时恢复。

（3）云计算服务提供商需要建立完善的监控和审计机制。通过实时监控租户数据的访问和使用情况，可以及时发现并处理潜在的安全威胁。同时，对租户数据的操作进行审计记录，可以在发生安全问题时进行追溯和责任认定。

2．访问控制和权限管理

在多租户环境下，云计算服务提供商面临着为每个租户提供独立的访问控制和权限管理的挑战，其中涉及用户身份认证、访问授权、操作审计等方面。

用户身份认证是确保租户数据安全的第一道防线。云计算服务提供商需要为每个租户提供独立的用户身份认证机制，以确保只有合法的用户才能访问相应的数据资源。这可以通过用户名/密码认证、多因素认证、单点登录等方式实现。

访问授权是控制用户对数据资源的访问范围和操作权限的关键环节。云计算服务提供商需要为每个租户提供灵活的访问授权机制，并根据用户的角色和职责分配不同的权限。例如，可以赋予租户管理员更高的权限，以便他们管理租户内的用户和资源；而普通用户则只能访问其被授权的数据资源。

此外，操作审计也是访问控制和权限管理的重要组成部分。通过对用户的操作行为进行记录和监控，可以及时发现并处理潜在的安全威胁。云计算服务提供商需要为每个租户提供独立的操作审计功能，记录用户对数据的访问、修改、删除等操作，并保留一定时间的审计日志以备查证。

为了实现有效的访问控制和权限管理，云计算服务提供商还需要注意以下几个方面：

一是要加强密码策略的制定和执行。强制要求用户设置复杂的密码，并定期更换密码，以降低密码被破解的风险。

二是要定期对用户进行安全培训。通过培训可以提高用户对网络安全的认识，减少因用户操作不当而出现的安全问题。

三是要建立完善的应急响应机制。在发生安全事件时能够迅速响应并处理相关问题，降低安全事件对租户数据的影响。同时，要与租户保持紧密的沟通和协作关系，共同应对可能的安全威胁。

（四）供应链安全风险

1. 供应链攻击风险

供应链是云计算服务提供商运营的核心组成部分，涉及硬件设备、软件系统、服务提供商等多个关键环节，这些环节中的任何一部分都可能成为潜在的安全风险点。当攻击者成功侵入供应链的某个环节时，可能会影响整个云计算环境的安全。

硬件设备是供应链的基础。如果设备在制造或运输过程中被篡改或植入了恶意硬件，那么这些设备在进入云计算环境后就可能成为潜在的攻击点。例如，被篡改的网络设备可能会窃取或篡改传输中的数据，而含有恶意芯片的服务器则可能在不知不觉中执行攻击者的指令。

软件系统在供应链中扮演着重要角色。无论是操作系统、数据库，还是其他应用软件，如果存在安全漏洞或被恶意篡改，都可能成为攻击者的突破口。一旦这些软件被部署到云计算环境下，攻击者就可能利用其中的漏洞进行远程攻击，或者通过恶意代码执行非授权操作。

服务提供商在供应链中不可或缺。云计算服务提供商通常会与多个第三方服务提供商合作，以提供更全面的服务。然而，如果第三方服务存在安全隐患，或者其员工被攻击者收买，那么整个云计算环境的安全性就可能受到威胁。

为了加强供应链安全管理，云计算服务提供商需要采取一系列措施：首先，需要建立严格的供应商审查机制，确保所有供应商都符合安全标准；其次，需要对所有进入云计算环境的硬件和软件进行全面的安全检查，确保其没有被篡改或植入恶意代码；最后，需要定期对供应链进行安全评估，及时发现并处理潜在的安全风险。

2. 供应链中的恶意软件和漏洞风险

在云计算的供应链中，恶意软件和漏洞的存在不容忽视。这些威胁可能隐藏在硬件设备、软件系统或服务中，一旦被激活或利用，就可能严重影响云计算环境的安全。

恶意软件的风险主要体现在数据的窃取、系统的破坏及资源的占用等方面。例如，一些隐藏在硬件设备中的恶意软件可能会在设备启动时自动执行，以窃取敏感数据或执行其他恶意操作。软件系统中的恶意软件则可能通过利用漏洞或欺骗用户进行安装，控制受感染的系统，进而执行攻击者的指令。

漏洞风险主要来源于软件或硬件设计中的缺陷。这些漏洞可能被攻击者利用，以执行未经授权的操作或访问敏感数据。例如，一些常见的漏洞，如缓冲区溢出、SQL注入等，都可能被攻击者用来入侵系统或窃取数据。

为了防范供应链中的恶意软件和漏洞风险，云计算服务提供商需要采取一系列的安全措施：首先，需要对所有进入云计算环境的硬件和软件进行全面的安全检查，确保其来源可靠且没有被篡改或感染恶意软件；其次，需要定期更新和修补系统中的已知漏洞，以减少被攻击者利用的风险；最后，需要定期对员工进行培训，提高其安全意识，同时让他们了解如何识别和防范恶意软件与漏洞的威胁。

此外，云计算服务提供商还可以采用一些先进的技术手段来增强供应链的安全性。例如，可以利用安全芯片来确保硬件设备的完整性和可信度，可以采用代码签名和校验技术来验证软件的来源与完整性，可以使用入侵检测和防御系统来实时监控与发现潜在的攻击行为等。

（五）DDoS 攻击和恶意软件威胁

1. DDoS 攻击的防范与应对

DDoS 攻击作为当今网络攻击的一种主要形式，已经对云计算环境构成了巨大的威胁。这种攻击利用大量的无用请求，疯狂地涌向目标服务器，从而耗尽其网络带宽和系统资源，使正常的用户请求无法得到响应。在云计算环境下，DDoS 攻击的影响尤为严重，可能导致服务中断、数据泄露甚至整个云计算平台的崩溃。

为了有效防范和应对 DDoS 攻击，云计算服务提供商必须采取一系列的措施：

（1）配置高效的防火墙。防火墙作为网络的第一道防线，能够识别和过滤掉大量的恶意流量。通过设定合理的访问控制规则，防火墙可以阻止未经授权的访问请求，从而降低 DDoS 攻击的风险。

（2）限制访问速率。云计算服务提供商可以通过设置限制访问速率，防止大量的请求在短时间内涌入服务器。这种方法虽然可能影响正常用户的访问体验，但在面临 DDoS 攻击时可以有效保护服务器的稳定运行。

（3）使用内容分发网络。内容分发网络可以通过将内容缓存到位于全球各地的服务器上，使用户从离他们最近的服务器获取内容。这不仅可以提高用户访问速度，还能在 DDoS 攻击发生时有效地分散攻击流量，减轻主服务器的压力。

（4）建立完善的监控和应急响应机制。通过实时监控网络流量和用户行为，可以及时发现异常并采取相应的应对措施。同时，应与网络安全机构和其他云计算服务提供商建立紧密的合作关系，共同应对 DDoS 攻击等网络安全威胁。

2. 恶意软件的检测和清除

在云计算环境下，恶意软件的存在和传播已经成为一个不容忽视的问题。这些软件不仅可能损坏系统文件、窃取敏感信息，还可能导致整个云计算平台崩溃。因此，云计算服务提供商必须采取有效的措施来检测和清除这些恶意软件。

定期更新病毒库至关重要。病毒库是识别和防御恶意软件的关键一环,只有使其保持最新状态,才能有效检测出最新的恶意软件变种。云计算服务提供商应与杀毒软件厂商保持紧密合作关系,以及时获取最新的病毒库更新。

使用安全的网络协议是防御恶意软件的重要手段之一。例如,采用 HTTPS 等加密协议进行数据传输,可以有效防止数据在传输过程中被恶意软件截获和篡改。同时,限制可执行文件的运行也是一种有效的防御策略。利用"白名单"机制,即只允许经过验证的可执行文件运行,可以降低恶意软件的感染风险。

对于已经感染的恶意软件,云计算服务提供商需要及时进行检测和清除,如使用专业的杀毒软件或安全工具进行全盘扫描和清除操作。同时,为了防止恶意软件的再次感染和传播,云计算服务提供商还应加强对用户的教育和培训,提高他们的网络安全意识和防范能力。

二、云计算安全防护措施

(一) 强化身份认证和访问控制

1. 多因素身份认证

随着云计算技术的广泛应用,数据安全问题日益凸显,身份认证作为保护数据安全的第一道防线,显得尤为重要。多因素身份认证,作为一种更安全、可靠的身份认证方式,正在被越来越多的云计算服务提供商采用。

多因素身份认证结合两种或两种以上的认证方式,以确认用户的身份。除了传统的用户名和密码认证之外,这种认证方式还包括生物识别技术、动态令牌、手机短信验证等。这些额外的认证因素增加了非法访问的难度,因为攻击者需要同时获取多个认证因素才能通过验证,这大大降低了账户被非法接管的风险。

在云计算环境下,多因素身份认证的重要性不言而喻。云服务提供商存储着大量用户的敏感信息,一旦这些数据被非法访问或泄露,用户和云服务提供商可能要承担巨大的损失。而多因素身份认证可以为云服务提供商提供较高层次的安全保障,确保只有合法用户才能访问云服务。

生物识别技术的优点在于生物特征具有唯一性,难以伪造,因此安全性较高。在云计算环境下,生物识别技术可以作为多因素身份认证的一种有效手段,提高系统的安全性。

动态令牌是一种常用的多因素身份认证方式。它能生成一个随时间变化的动态密码,用户需要输入这个密码才能通过验证。由于动态密码具有随机性和时效性,很难被攻击者猜测或盗取,因此可以增强系统的安全性。

手机短信验证也是一种简单易行的多因素身份认证方式。用户在进行身份认证时,系统会向用户的手机发送一条包含验证码的短信,用户需要输入这个验证码然后通过验证。

这种方式虽然安全性相对较低，但操作简单方便，适合作为辅助验证手段。

2. RBAC

在云计算环境下，数据安全和隐私保护至关重要。为了确保数据不被未授权的人员访问，实施一种有效的访问控制策略变得尤为关键。RBAC 正是一种应用非常广泛的策略，可以根据用户的角色和职责来分配不同的访问权限。

RBAC 的核心思想是将权限与角色相关联。每个角色代表一种职责或工作功能，并被赋予一组特定的权限。用户则被分配相应的角色，并继承该角色的权限。这种策略的优势在于简化了权限管理，使管理员可以更容易地控制谁可以访问哪些资源。

在云计算环境下实施 RBAC 策略时，首先需要定义一系列角色，并为每个角色分配相应的权限。这些权限可以包括读取、写入、修改或删除等操作。然后根据用户的职责和需求为其分配相应的角色。这样，用户就只能访问其角色所允许的资源，而无法越权访问其他资源。

利用 RBAC 策略不仅可以提高数据的安全性，还可以增强系统的灵活性和可管理性。当用户的职责发生变化时，管理员只需要调整其角色分配，而不需要单独修改每个用户的权限设置。此外，通过限制用户对数据的访问权限，可以降低数据泄露的风险。

实施 RBAC 策略还需要注意以下几个问题：首先，必须确保角色的划分和权限的分配是合理和准确的。如果角色定义得过于宽泛或权限分配不当，那么可能会导致数据泄露或滥用。其次，需要定期审查和更新角色与权限设置，以适应组织结构和业务需求的变化。最后，对于敏感数据的访问，可能需要结合其他安全措施（如数据加密、审计日志等）来提供更强的保护。

3. 单点登录

随着云计算的普及和企业对信息化的依赖加深，单点登录在云计算环境下的应用越来越广泛。单点登录允许用户使用一组凭证（如用户名和密码）访问多个云服务，这极大地简化了身份认证过程并提高了用户体验。同时，单点登录也为企业提供了更高效、更安全的身份和访问管理解决方案。

在没有单点登录的情况下，用户需要为每个云服务创建不同的用户名和密码。这不仅会增加用户的记忆负担，还可能存在密码遗忘、账户锁定等安全问题。如果引入单点登录技术，那么用户只需要进行一次身份认证就可以无缝地访问所有被授权的云服务，这会大大提高工作效率和用户体验。

单点登录技术的实现主要基于中心化的身份认证服务器。当用户尝试访问某个云服务时，该服务会重定向用户到身份认证服务器进行验证。一旦验证通过，身份认证服务器会生成一个令牌（token），用户可以使用这个令牌访问所有被授权的云服务，而无须再次输入用户名和密码。

在云计算环境下，利用单点登录技术有诸多好处：首先，简化了身份认证过程，提高了用户体验。用户无须为每个云服务单独创建密码，而只需要使用一组凭证就可以轻松访问所有服务。其次，提高了安全性。减少了密码的使用频率和降低了密码泄露的风险，这有助于保护企业的敏感数据和资源。最后，企业能够更轻松地管理和控制用户对云服务的访问权限。

虽然单点登录技术带来了诸多便利，但在实施过程中需要注意：身份认证服务器的安全性和可靠性至关重要。一旦身份认证服务器被攻击或出现故障，就可能导致整个系统瘫痪。因此，企业在利用单点登录技术时应该选择可信赖的身份认证服务提供商，并定期对其进行安全审计和风险评估。

（二）采用加密技术保护数据

1. 数据传输加密

在云计算环境下，数据传输的安全性至关重要。由于数据在网络中传输时可能会经过多个中间节点，面临着被截获和窃取的风险。为了保障数据传输的安全性，必须采取有效的加密措施。SSL/TLS是目前应用非常广泛的数据传输加密技术。它通过"握手"协议在客户端和服务器之间建立安全的连接，并使用加密算法对数据进行加密和解密，以确保数据在传输过程中不被窃取或篡改。

在云计算环境下，使用SSL/TLS加密技术可以确保用户数据在传输过程中的安全性。当用户通过云服务访问其数据时，云服务提供商会使用SSL/TLS加密技术来保护数据的传输安全。这种加密方式不仅可以防止数据被截获和窃取，还可以确保数据的完整性和真实性。

除了SSL/TLS加密技术之外，还有一些加密技术也可以用于数据传输加密，如IPSec等。在实际应用中，应根据具体的应用场景和安全需求选择加密技术。

为了进一步提高数据传输的安全性，还可以采取一些额外的措施。例如，使用强密码策略来增强加密的强度，定期更换密钥以防止密钥泄露，以及实施访问控制和审计日志等安全措施来监控与记录数据的传输及使用情况。

2. 数据存储加密

在云计算环境下，数据存储加密是确保云端数据安全的重要手段。云计算服务涉及大量数据的存储和处理，如果数据在云端存储时未进行加密处理，一旦发生安全漏洞或被黑客攻击，数据将面临泄露的风险。因此，对存储在云端的数据进行加密至关重要。

透明数据加密（Transparent Data Encryption，TDE）是一种常用的数据存储加密方法。它可以在数据写入数据库时自动进行加密，并在数据读出时自动解密，对应用程序和用户来说这个过程是透明的，即无须关心数据的加密和解密过程。利用TDE技术可以有效保护存储在数据库中数据的安全，即使云服务提供商的内部系统被非法访问，攻击者也难以获取明文数据。

除了TDE技术之外，还有一些数据存储加密技术，如全盘加密、文件级加密等。应根据具体的应用场景和安全需求选择使用哪种技术。例如，利用全盘加密可以对整个磁盘或分区进行加密,确保存储在磁盘上的所有数据都是密文形式;而文件级加密则可以对单个文件进行加密,并提供更细粒度的数据保护。

然而,仅仅依靠数据加密并不足以完全保障数据的安全。为了确保加密的有效性,还需要采取一系列的安全管理措施。例如,定期更换加密密钥,以降低密钥泄露的风险;实施严格的访问控制策略,以防止未经授权的访问;建立完善的审计机制,以监控和记录数据的访问与使用情况。

3. 同态加密

同态加密是一种允许对加密数据进行计算并得到加密结果,而无须解密的加密方式。这种加密方式的出现为云计算环境下的数据处理和分析提供了新的可能性。在同态加密的支持下,云服务提供商可以在不解密数据的情况下对数据进行处理和分析,从而确保用户数据的安全性和隐私性。

同态加密主要基于数学上的同态性质,即对于某些数学运算(如加法和乘法),加密后的数据仍然保持这种运算的性质。具体来说,如果有两个加密后的数据 c_1 和 c_2,分别对应明文数据 m_1 和 m_2,那么对 c_1 和 c_2 进行某种数学运算(如加法或乘法)后得到的结果,在解密后与对 m_1 和 m_2 进行相同运算后得到的结果是一致的。这种性质使云服务提供商可以在不解密数据的情况下对数据进行加法、乘法等运算,从而实现对加密数据的处理和分析。

在云计算环境下,同态加密的应用场景非常广泛。例如,在医疗领域,患者的病历信息既需要严格保密,又需要进行统计与分析以改进医疗服务和进行医学研究。通过使用同态加密技术,医疗机构可以在不解密患者病历数据的情况下对其进行统计与分析,既可以保护患者隐私,又可以促进医学研究的进步。此外,在金融、政务等领域同态加密也有着广泛的应用前景。

然而,同态加密技术也面临着一些挑战和限制。首先,同态加密算法的复杂性较高,因此加密和解密操作的计算成本较高,对实时性要求较高的应用场景可能不适用。其次,目前已知的同态加密算法大多只支持有限次的运算操作,对于需要频繁进行数据处理和分析的场景可能存在一定的局限性。因此,在实际应用中需要综合考虑算法性能、安全性和实际需求等因素来选择合适的同态加密算法。

(三)保障系统安全的手段

1. 安全审计

在云计算环境下,安全审计不仅是合规性的要求,更是确保系统安全性的重要手段。定期进行安全审计可以帮助组织识别和评估潜在的安全风险,从而采取相应的措施来加强安全防护。

(1)安全审计应涵盖云计算环境下的所有关键系统和应用程序,如操作系统、数据库、网络设备和安全设备等。在审计过程中,需要评估这些系统和应用程序的配置是否安全，是否存在潜在的漏洞，以及是否存在未经授权的访问等情况。

（2）在审计过程中需要关注数据的安全性，如数据的加密、备份和恢复策略，以及数据的访问控制等。确保数据在存储和传输过程中能得到充分的保护，以防止数据泄露或被篡改。

（3）安全审计应涉及云计算环境的物理安全，包括机房的安全设施、服务器的物理访问控制等。要确保只有授权的人员才能接触到敏感数据和关键设备。

安全审计的结果应进行详细记录，并作为改进安全措施的依据。审计报告中应包含发现的问题、潜在的风险及改进的建议。组织应根据审计报告中的建议，及时调整和优化安全策略，以降低安全风险。

2. 日志记录和监控

在云计算环境下，全面的日志记录和监控策略是保障系统安全的重要手段。通过追踪和记录用户活动、系统事件与安全事件，可以帮助组织及时发现异常行为，调查安全事件，并分析用户行为以优化安全策略。

（1）实施全面的日志记录策略，包括记录所有用户的登录和注销活动、系统事件的详细信息，以及安全事件的报警信息等。日志记录应足够详细，以便在需要时能够提供完整的审计轨迹。

（2）建立有效的监控机制。通过对日志数据进行实时监控和分析，可以及时发现潜在的安全威胁和异常行为。例如，当发现大量失败的登录尝试或异常的网络流量时，应立即触发报警并进行调查。日志数据可以用于分析用户行为。通过分析用户的访问模式和使用习惯，可以发现潜在的安全风险，并据此优化安全策略。

（3）确保日志数据的完整性和安全性。日志数据应定期备份并存储在安全的位置，以防止数据丢失或被篡改。同时，确保只有授权的人员才能访问和修改日志数据。

3. 入侵检测系统和入侵防御系统

入侵检测系统和入侵防御系统是云计算环境下不可或缺的安全组件。

入侵检测系统和入侵防御系统的工作原理是分析网络流量和用户行为，以识别异常模式和潜在的攻击行为。这些系统可以检测到各种网络攻击，如 DoS/DDoS 攻击、SQL 注入攻击、XSS 攻击等。当检测到异常行为时，入侵检测系统和入侵防御系统可以立即触发警报并采取相应的防御措施。

为了提高入侵检测系统和入侵防御系统的有效性，需要定期更新其检测规则和签名库。这些规则和签名库包含已知的攻击模式与恶意代码的特征，能够帮助系统更准确地识别潜在的威胁。

此外，入侵检测系统和入侵防御系统还可以与其他安全组件（如防火墙、SIEM 系统等）集成，以实现更全面的安全防护。例如，当入侵检测系统和入侵防御系统检测到异常行为时，可以自动触发防火墙的阻断规则，以阻止恶意流量的传播。

(四) 进行定期更新与补丁管理及员工安全培训

1. 定期更新和补丁安装

在云计算环境下，定期更新和补丁安装是维护系统安全的重要环节。云计算服务提供商有责任定期更新其系统和应用程序，以确保及时修复已知的安全漏洞。这些漏洞可能会成为黑客入侵的入口，因此及时安装补丁、封闭潜在的安全风险至关重要。

同时，用户也需要承担一定的责任，确保能够及时更新其操作系统、浏览器和其他关键软件。这些软件是用户与云计算服务进行交互的主要工具，如果存在安全漏洞，将严重威胁用户数据的安全。因此，用户应该定期更新并安装最新的补丁。

在实施定期更新和补丁安装策略时，需要注意以下几点：

（1）建立专门的更新和补丁管理机制，确保所有相关软件和系统都能得到及时更新。

（2）在进行更新和补丁安装前，应进行充分的测试，以确保更新或补丁安装不会引发新的问题或冲突。

（3）与云计算服务提供商保持密切沟通，了解最新的安全动态和推荐的更新策略。

通过实施有效的定期更新和补丁安装策略，可以显著降低云计算环境下的安全风险，保护用户数据的安全性。

2. 变更管理

在云计算环境下，变更管理是确保系统稳定性和安全性的关键环节。任何对云计算环境的变更，包括安装新的硬件、软件更新或配置更改等，都需要进行严格的管理和记录。这是因为不当的变更可能会引入新的安全风险，甚至导致系统崩溃或数据丢失。

变更管理的核心在于确保所有变更都经过适当的测试和验证。在实施变更之前，应该对变更进行评估和审批，确保其与整体的安全策略和业务需求相符合。同时，需要制订详细的变更计划，并进行充分的测试，以确保变更不会对系统的正常运行造成不良影响。

在实施变更管理的过程中，还需要注意以下几点：

（1）建立完善的变更管理流程，包括变更申请、审批、实施、验证等环节。

（2）对变更进行分类管理，明确各类变更的处理方式和责任人。

（3）建立变更记录档案，以便后续追踪和审计。

通过实施严格的变更管理，可以最大限度地减少因变更而引入的安全风险，确保云计算环境的稳定性和安全性。

3. 对员工进行安全培训

在云计算环境下，员工的安全意识和行为对于保障整个系统的安全性至关重要。因此，定期对员工进行网络安全培训，提高他们对最新安全威胁的认识和防范意识是非常必要的。

安全培训的内容应该涵盖如何识别和避免网络钓鱼、恶意软件和其他常见攻击方式等。通过这些培训，员工不仅可以更好地了解网络安全的基本知识，掌握防范网络攻击的方法和技巧，还可以提高安全意识，同时在日常工作中更加注重网络安全问题。

在实施安全培训策略时，需要注意以下几点：

（1）根据不同员工的角色和职责制订有针对性的培训计划。

（2）采用多种培训方式，如线上课程、模拟演练等，以改善培训效果。

（3）定期对培训效果进行评估和反馈，以便及时调整培训内容和方式。

加强对员工的安全培训，可以显著提高云计算环境的安全性。员工将更加警觉地面对潜在的安全威胁，并且能够及时采取有效的防范措施来保护系统和数据的安全。同时，这种安全意识的提升有助于形成更加安全、稳健的企业文化。

（五）制订灾难恢复与业务连续性计划

1. 数据备份和恢复策略

在信息化时代，数据已经成为企业或组织运营不可或缺的资源。然而，数据丢失或损坏的风险也随之提高，因此实施一套完善的数据备份和恢复策略尤为重要。

实施定期的数据备份策略是保障数据安全的基础。企业或组织应根据数据的重要性和更新频率，制定合理的备份周期，如每日、每周或每月均进行备份。同时，要确保备份的数据的完整性和一致性，避免出现数据丢失或损坏的情况。

应选择安全可靠的位置保存备份数据。可以考虑使用外部存储设备、云存储或远程备份服务等方式来确保备份数据的安全性。此外，为了防止备份数据被篡改或删除，还可以采取加密、访问控制等安全措施进行防护。

然而，仅仅进行数据备份并不足以应对数据丢失的风险。因此，定期测试备份数据的可恢复性至关重要。通过恢复测试，可以验证备份数据的完整性和可用性，确保在发生灾难时能够迅速恢复数据。恢复测试的频率应根据实际情况进行设定，如可以每季度、半年或每年进行一次。

在实施数据备份和恢复策略时，还需要注意以下几点：一是要明确备份和恢复的责任人与流程，确保在紧急情况下能够迅速响应；二是要对备份和恢复过程进行监控与记录，以便及时发现问题并进行改进；三是要随着业务的发展和数据量的增长，不断调整及优化备份和恢复策略。

2. 业务连续性计划

业务连续性计划是企业或组织为确保在面临各种潜在风险时能够保持关键业务功能的持续运行而制订的一套详细计划。该计划旨在降低业务中断的影响，保障企业或组织的稳定运营。

制订业务连续性计划的首要任务是要进行全面的风险评估，识别可能导致业务中断的各种情况，如自然灾害、人为失误、恶意攻击、技术故障等。针对这些风险，企业或组织应制定相应的应急响应程序和恢复策略。

应急响应程序应包括紧急联系人的确定、危机沟通机制的建立、员工疏散和安置等。

恢复策略要明确关键业务功能的优先级排序，确保在资源有限的情况下能够优先恢复对业务影响最大的功能。此外，还要考虑恢复所需的时间、人力和物力等，并制定合理的恢复目标。

为了确保业务连续性计划的有效性，企业或组织应定期组织员工进行培训和演练。通过培训，可以提高员工对业务连续性计划的认识和理解；通过演练，可以检验业务连续性计划的可行性和有效性，以发现存在的问题并进行改进。

在实施业务连续性计划时，还需要注意以下几点：一是要获得高层领导的支持，确保计划的顺利推进；二是要与相关部门进行紧密合作，共同制订和执行计划；三是要定期对业务连续性计划进行审查和更新，以适应企业或组织业务的发展和外部环境的变化。

3. 灾难恢复演练

灾难恢复演练是验证业务连续性计划有效性和可行性的重要手段。通过灾难恢复演练，可以模拟真实灾难场景下的恢复过程，检验企业或组织在应对灾难时的反应速度和恢复能力。

在演练前应制订详细的演练计划，包括演练目标、参与人员、时间安排、资源准备等。在演练过程中，需要严格按照计划执行，并记录每个环节的执行情况和存在的问题。在演练结束后，要对演练结果进行总结和分析，针对存在的问题提出改进措施，并更新业务连续性计划。

灾难恢复演练应涵盖从数据恢复到关键业务功能恢复的全过程。在数据恢复方面，要验证备份数据的可用性和恢复过程的可靠性；在业务功能恢复方面，要检验关键业务功能的恢复速度和效果。通过全面的演练，企业或组织可以全面提升在灾难发生时的应对能力，减少业务中断的损失。

在实施灾难恢复演练时，还需要注意以下几点：一是要确保演练不会对正常业务造成干扰；二是要保障演练过程中数据的安全性和保密性；三是要根据实际情况调整演练的难度和复杂度，以更好地模拟真实灾难场景。同时，为了保持演练的有效性和真实性，应避免事先告知员工演练的具体时间和内容，以检验企业或组织在突发情况下的真实反应能力。

第二节 云计算中的大数据安全存储

一、大数据安全存储的需求

（一）数据的机密性保护

1. 数据加密的必要性

在大数据时代，数据的重要性日益凸显，而与之相伴的是数据安全问题的日益严峻。

数据的机密性保护，就是在这个背景下被推向了前台。数据的机密性，简言之，就是确保数据不被未授权的第三方获取或解读。随着信息技术的飞速发展，数据量的激增使数据泄露的风险随之急剧增加。一旦数据泄露，不仅可能导致个人隐私曝光，还可能使企业遭受重大的经济损失等。

数据加密，作为一种有效的保护手段，应运而生。通过对数据进行加密处理，可以确保数据在传输、存储和处理过程中得到充分的保护。即使数据被窃取，由于利用了加密技术，数据也难以被解密和滥用，从而为数据的机密性提供坚实的保障。

现代加密算法的不断进步，为数据加密提供了强有力的技术支持。这些算法不仅具有极高的安全性，还能在加密和解密过程中保持高效的性能。因此，数据加密成为大数据时代保障数据机密性的首选方案。

2. 加密技术的应用

在大数据时代，加密技术的应用对于确保数据的机密性至关重要。为了全面保障数据的安全，需要在数据传输、存储和处理的每个环节都实施有效的加密措施。

在数据传输过程中，应使用 SSL/TLS 等安全协议进行加密。使用这些协议能够确保数据在传输过程中的安全性，防止数据在传输过程中被窃取或篡改。同时，这些协议还能提供数据的完整性和真实性验证，确保接收方能够收到完整且未被篡改的数据。

在数据存储环节，需要采用 TDE 技术或全盘加密技术等来保护数据的安全。采用这些技术能够对存储在磁盘上的数据进行加密，确保即使磁盘被盗或丢失，其中的数据也不会被非法访问。此外，对于特别敏感的数据，还可以采用同态加密等高级加密技术。这种技术允许在加密状态下对数据进行处理和分析，从而在实现数据利用的同时，确保数据的机密性不受损害。

在处理数据时，应使用加密技术来保护数据的机密性。例如，可以采用安全多方计算等技术，在确保数据不被泄露的前提下，实现多方数据的协同处理和分析。

3. 访问控制和身份认证

在大数据环境下，保护数据的机密性不仅需要强大的加密技术，还需要严格的访问控制和身份认证机制。这两者是确保数据不被未授权访问和滥用的关键。

访问控制是防止未授权用户访问数据的第一道防线。RBAC 是一种有效的访问控制方法。如果采用这种方法，系统会根据用户的角色和权限来限制其对数据的访问。例如，只有具有特定角色的用户才能访问敏感数据，而其他用户则无法访问。采用这种方法不仅可以简化权限管理，还可以提高数据的安全性。

然而，仅仅依靠访问控制是不够的。身份认证是确保只有合法用户才能访问系统的另一种重要手段。传统的用户名和密码验证方式已经无法满足现代的安全需求，因此需要采用更强大的身份认证技术。多因素身份认证就是一种有效的解决方案。它结合了两种或多种认证方式，如动态令牌、生物识别等，大大提高了身份认证的安全性和可靠性。

动态令牌是一种常用的身份认证技术。它的验证码是动态生成的，因此即使攻击者截获了一次验证码，也无法在下次登录时使用，这大大提高了身份认证的安全性。

生物识别技术则利用人体的生物特征进行身份认证，如指纹、虹膜等。这些生物特征是独一无二的，因此生物识别技术具有极高的安全性。同时，随着技术的发展，生物识别的准确性和可靠性也在不断提高。

4. 数据脱敏和匿名化处理

在大数据时代，数据共享和发布已成为常态，然而这也提高了数据泄露的风险。为了保护数据的机密性，数据脱敏和匿名化处理显得尤为重要。

数据脱敏是一种通过替换或去除数据中的敏感信息来保护数据机密性的技术。它可以将敏感数据转换为一种无害的形式，同时保留数据的整体特征和结构。例如，在共享患者数据时，可以将患者的姓名、身份证号等敏感信息替换为虚构的信息，以保护患者的隐私。数据脱敏可以应用于各种类型的数据，如文本、数字、日期等。进行数据脱敏处理，可以在保护数据机密性的同时，满足数据共享和使用的需求。

与数据脱敏类似，数据匿名化处理也是一种有效的数据保护技术。它旨在通过删除或替换数据中的个人标识符来防止个人被识别。例如，在发布统计数据时，可以通过匿名化处理来隐藏个体的身份特征，从而保护其隐私。数据匿名化处理的方法包括K-匿名算法、L-多样性算法等。

在进行数据脱敏和匿名化处理时，需要选择合适的工具和算法来确保处理的效果与安全性。同时，还需要注意处理过程中可能引入的误差和偏差，以确保处理后的数据仍然具有代表性和可用性。

（二）数据完整性校验

1. 数据完整性的重要性

在信息化时代，数据已成为一种宝贵的资源，尤其是在大数据时代，数据的价值日益凸显。数据的价值与其完整性密切相关。数据的完整性，简言之，就是数据的准确性和一致性，可以确保数据在传输、存储和处理过程中保持原始状态，不被非法篡改或损坏。

数据完整性的重要性不言而喻。在商业领域，企业依赖数据进行决策支持、业务分析等关键活动。若数据在传输或存储过程中被篡改或损坏，后果不堪设想。失真的数据会导致分析结果偏离实际，进而影响企业的战略决策和市场定位。更严重的是，数据损坏可能引发信任危机，影响企业的声誉和客户关系。

在科研领域，数据的完整性同样至关重要。科研人员依靠实验数据来验证科学假设，探索自然规律。如果数据不完整或失真，那么研究成果的可信度将大打折扣，甚至可能误导整个学术界的研究方向。

因此，无论从商业还是科研的角度来看，保障数据的完整性都是一项重要的任务。为了实现这个目标，需要借助先进的技术手段和管理策略来确保数据在各个环节中的安全性和一致性。

2. 校验和与哈希函数的应用

在大数据时代，数据的完整性校验显得尤为重要，因为数据的准确性和一致性在各种应用场景中都至关重要。为了保障数据的完整性，通常需要采用多种技术手段，其中校验和与哈希函数是比较常用的两种方法。

校验和是一种简单而有效的数据完整性校验方法。它的原理是对数据块进行简单的算术运算，如求和、异或等，得出一个校验和值。当数据接收方收到数据后，也会进行相同的运算并得出校验和值。通过对比发送方和接收方的校验和值，可以判断数据在传输过程中是否发生了变化。这种方法虽然简单，但非常实用，特别是在网络环境不稳定或数据传输量较大的情况下。

哈希函数则是一种更强大的数据完整性校验方法。哈希函数可以将任意长度的数据映射为固定长度的哈希值。这个哈希值具有唯一性，即不同的数据会生成不同的哈希值。因此，通过对比原始数据和接收方收到的数据的哈希值是否一致，可以非常准确地验证数据的完整性。哈希函数不仅可以用于数据传输过程中的完整性校验，还广泛应用于数据存储、密码学等领域。

在实际应用中，校验和与哈希函数通常会结合使用，以提供较全面的数据完整性保障。例如，在文件传输过程中，可以先使用校验和进行初步的数据完整性检查，如果发现异常，那么再使用哈希函数进行更为精确的验证。采用这种组合策略可以在保证数据完整性的同时，提高验证效率。

3. 数字签名技术

在数据完整性校验领域中，数字签名技术发挥着举足轻重的作用。数字签名技术使用私钥对数据进行加密处理，生成一个独特的签名值。这个签名值不仅与原始数据紧密相连，还包含数据发送方的身份信息。因此，数字签名不仅可以验证数据的完整性，还可以确认数据的来源。

数字签名技术的核心机制在于公钥密码学的应用。发送方使用自己的私钥对数据进行签名，接收方则使用发送方的公钥来验证签名。这种非对称加密方式可以确保签名的不可伪造性和数据的完整性。如果数据在传输过程中被篡改，数字签名的验证就会失败，就能及时发现数据完整性问题。

此外，数字签名技术还具有抗抵赖性。由于签名与发送方的身份绑定，一旦数据被签名并发送，发送方就无法否认其行为。这为数据的追踪和审计提供了有力的支持。

在商业和法律环境下，数字签名技术的应用尤为广泛。例如，在电子合同签署过程中，数字签名可以确保合同内容的完整性和签署双方身份的真实性。这不仅可以提高合同执行的效率，还可以降低因数据篡改而引发的法律风险。

4. 监控与报警机制

在大数据时代，数据的完整性至关重要。然而，仅仅依靠数据校验技术还不足以完全保障数据的完整性。因此，建立完善的监控和报警机制成为必要之举。

监控机制的核心在于实时跟踪数据的传输、存储和处理过程。通过对网络流量、系统日志、数据访问模式等关键指标的持续监测，可以及时发现异常行为和数据泄露的风险。例如，当检测到大量数据异常流动或未经授权的访问尝试时，监控系统会立即报警。

报警机制是监控机制的延伸。一旦监控系统检测到潜在威胁或数据完整性问题，就会迅速生成报警信息，并通知相关管理人员。这种即时的反馈机制有助于组织在第一时间做出响应，从而最大限度地减少数据损坏或泄露带来的损失。

为了实现高效的监控与报警，大数据存储系统需要集成先进的监控工具和报警系统。这些工具应具备实时监控、历史数据分析、异常检测等功能，并能够与组织的应急响应流程紧密集成。此外，定期的安全审计和漏洞评估也是确保数据完整性的重要环节。

（三）数据的可用性和持久性

1. 数据备份与恢复策略

在大数据的时代背景下，数据的价值日益凸显，而数据的可用性和持久性则成为确保这一价值得以实现的关键因素。数据的可用性关乎企业能否在需要时及时获取并使用数据，而数据的持久性则决定了数据能否在长期保存中保持完整性和可读性。为了确保这两点，完善的数据备份与恢复策略显得尤为重要。

定期备份是保障数据安全的基本措施。通过设定合理的备份周期，如每日、每周或每月进行全量或增量备份，可以确保在数据发生损坏或丢失时能够迅速恢复到最近一次备份的状态。这种定期备份的策略不仅可以降低数据丢失的风险，还可以为数据恢复提供可靠的依据。

为了避免单点故障导致的数据丢失，备份数据应存储在不同的地点。这种异地备份的策略可以确保在某一地点发生故障时，其他地点的备份数据仍然可用。通过这种方式，数据的可用性和持久性可以得到进一步的提升。

备份数据的可恢复性也至关重要。为了确保备份数据的有效性，应定期进行恢复测试。通过模拟数据丢失的场景，并从备份中恢复数据，可以验证备份策略的有效性，并及时发现并解决潜在的问题。

2. 容错与冗余设计

在大数据存储系统中，为了提高数据的可用性和持久性，必须重视容错与冗余设计。这两种技术的结合使用可以大大提高系统的稳定性和数据的可靠性。

容错技术主要通过设计和实施一系列措施，使系统在发生故障时仍能保持正常运行或至少部分运行。在大数据存储系统中，常见的容错技术包括错误检测和纠正、故障隔离，以及故障恢复等。例如，当某个存储设备出现故障时，系统能够自动检测到并将故障部分隔离，同时启动备用设备或数据路径，以确保数据的正常访问和处理。

冗余设计则是通过增加额外的硬件或数据副本来提高系统的可靠性。这种设计可以降低单点故障的风险，因为即使某个部分出现故障，其他部分仍然可以正常工作。在大数据存储系统中，常见的冗余设计包括 RAID（Redundant Array of Independent Disks，独立磁盘冗余阵列）技术和分布式存储系统。

RAID 技术通过将数据分散到多块磁盘上，并增加奇偶校验信息，来实现数据的冗余存储。当某块磁盘出现故障时，可以利用其他磁盘上的数据和奇偶校验信息进行恢复，从而保证数据的完整性和可用性。

分布式存储系统（如 HDFS）则通过将数据分散存储在多个节点上来提高数据的可靠性和可用性。这种设计不仅可以避免单点故障的风险，还可以通过数据副本和容错机制来确保数据的持久性。即使某个节点出现故障，其他节点上的数据仍然可用，且系统可以自动进行数据恢复和重新分布。

3. 数据迁移与扩容策略

在大数据存储系统中，数据迁移和扩容是不可避免的需求。随着业务的发展和数据的增长，原有的存储系统可能无法满足不断变化的需求，因此需要通过数据迁移和扩容来保证数据的可用性和持久性。

数据迁移是一个复杂的过程，需要仔细计划和执行。在迁移过程中，应确保数据的完整性和可用性不受影响。首先，需要选择合适的时间窗口进行迁移，以避免对业务造成过大的影响。其次，应制订详细的迁移计划，包括数据的备份、传输、验证等环节。在迁移过程中，还需要对数据进行严格的测试和验证，以确保数据的一致性和准确性。

扩容策略也是大数据存储系统中需要考虑的重要问题。随着数据的不断增长，原有的存储容量可能无法满足需求，因此需要进行扩容。在扩容过程中，应确保数据的连续性和可用性不受影响。常见的扩容方式包括增加存储设备、扩展存储网络等。在选择扩容方式时，需要考虑成本、性能、可扩展性等因素。

此外，为了避免数据迁移和扩容过程中的风险，可以采取一些预防措施：一是定期对数据进行备份和恢复测试，以确保数据的可靠性和可用性；二是采用分布式存储系统等来提高数据的容错性和可扩展性。

4. 监控与预警系统

在大数据存储系统中，高效的监控与预警系统是确保数据可用性和持久性的关键。这样的系统能够实时监控存储设备的状态、数据访问性能等关键指标，以便及时发现并处理潜在的问题。

监控系统的核心功能是收集和分析存储系统的运行状态信息，包括设备的温度、湿度、电源状态等物理环境参数，以及存储容量、数据传输速率、I/O（Input/Output，输入/输出）性能等关键性能指标。通过实时监控这些参数，可以全面了解存储系统的健康状态和性能表现。

预警系统则是基于监控数据的分析结果，对可能出现的问题进行预测和告警。例如，当存储设备的温度过高或数据传输速率异常下降时，预警系统应能够立即发出告警信息，通知管理人员及时采取措施。这种预警机制可以大大降低因设备故障或性能下降导致的数据丢失或业务中断的风险。

为了实现高效的监控与预警，需要选择合适的监控工具和预警系统。同时，还需要定期对监控与预警系统进行维护和更新，以确保其准确性和有效性。

此外，监控与预警系统还应与其他安全管理措施相结合，如访问控制、数据加密等，以提供全面的数据安全保护方案。采用这种方式可以更好地确保数据的可用性和持久性，为组织的稳健发展提供有力保障。

二、云计算中的大数据安全存储技术

（一）分布式存储系统与安全协议

1. 分布式存储系统的优势

在云计算和大数据时代，数据的存储和处理需求日益增长，传统的中心化存储方式已经难以满足这些需求。分布式存储系统因其独特的优势成为云计算环境下的主流存储方式。

分布式存储系统的核心优势在于其可扩展性、容错性和高性能。可扩展性使系统能够根据数据量的增长而灵活扩展，而无须进行大规模的硬件升级或替换。这种弹性扩展的能力，使分布式存储系统能够轻松应对大数据带来的挑战。

容错性是分布式存储系统的一大亮点。将数据分散存储在多个节点能够有效避免单点故障导致的数据丢失。即使某个节点发生故障，其他节点上的数据仍然可用，能保证数据的可靠性和可用性。

高性能是分布式存储系统吸引用户的又一个重要因素。通过并行处理和数据本地化等技术手段，分布式存储系统能够显著提高数据处理的速度和效率。这种高性能特性使分布式存储系统成为大数据处理和分析的理想选择。

2. 安全协议的重要性

在分布式存储系统中，数据的安全性至关重要。由于数据被分散存储在多个节点，因此必须采取严格的安全措施来保护数据的机密性、完整性和可用性。安全协议在这个过程中起着举足轻重的作用。

安全协议能够确保数据在传输过程中不被截获或篡改。通过采用加密技术，如 SSL/TLS 等安全协议，可以对数据进行加密处理，这样即使数据在传输过程中被截获，也无法被轻易解密和读取。这大大增强了对数据的机密性保护。

安全协议还能保证存储数据的完整性和真实性。通过采用哈希算法等技术手段，可以有效防止数据在存储过程中被篡改或伪造。

此外，安全协议还能控制用户对数据的访问权限。通过身份认证、访问控制列表等技术手段，可以确保只有经过授权的用户才能访问敏感数据。这可以有效避免未经授权的访问和数据泄露。

3. 常见的分布式存储系统

在云计算和大数据时代，分布式存储系统扮演着至关重要的角色。这些系统通过将数据分散到多个独立的节点进行存储和处理，从而提供高可用性、可扩展性和容错性。

（1）Hadoop 分布式文件系统

Hadoop 分布式文件系统（Hadoop Distributed File System，HDFS）是 Hadoop 生态系统中的核心组件之一，是一个高度可扩展的分布式文件系统。HDFS 被设计为能够存储在大量廉价硬件上的大规模数据集，并提供高吞吐量的数据访问。HDFS 通过将文件分割成多个块，并将这些块复制到多个节点上来实现容错和可扩展性。

（2）谷歌文件系统

虽然谷歌文件系统是谷歌内部使用的分布式文件系统，并未直接对外公开，但在分布式存储领域的影响力不容忽视。谷歌文件系统的设计理念与 HDFS 相似，即通过将数据分散到多个节点上来实现高可用性和可扩展性。谷歌文件系统被广泛应用于谷歌的各种大数据处理和分析任务中。

这些分布式存储系统不仅具有高可扩展性和容错性，还可以提供丰富的 API 和工具来支持各种大数据应用。然而，随着数据的不断增长和复杂性的增大，如何确保数据的安全性和隐私性成为一个亟待解决的问题。因此，在应用这些分布式存储系统时，必须充分考虑并实施相应的安全协议和措施来保护数据的机密性、完整性及可用性。

4. 安全协议的实现

在分布式存储系统中，确保数据的安全性至关重要。为了实现这个目标，必须采取一系列的安全协议来保护数据的机密性、完整性和可用性。以下是一些安全协议的实现方式：

（1）数据加密。数据加密是保护数据机密性的基本手段。在分布式存储系统中，可以采用对称加密或非对称加密算法对数据进行加密处理。例如，使用 AES 等对称加密算法可以高效地加密和解密大量数据，而使用 RSA 等非对称加密算法可以实现安全的密钥交换和数字签名验证。通过加密处理，即使数据在传输或存储过程中被截获，也无法被轻易解密和读取。

（2）身份认证与访问控制。身份认证是确保只有合法用户才能访问数据的关键措施。在分布式存储系统中，可以采用基于公钥基础设施（Public Key Infrastructure，PKI）的身份认证机制来验证用户的身份。可以通过颁发数字证书和私钥来确认用户的身份，并控制用户对数据的访问权限。此外，还可以实施 RBAC 或 ABAC 等策略来进一步细化用户的访问权限和操作范围。

（3）数据完整性验证。为了确保存储在分布式存储系统中的数据的完整性，可以采用数字签名和哈希算法等技术手段进行认证。通过对数据进行哈希处理并生成数字签名，可以确保数据的完整性及其来源的真实性。在接收方收到数据后，可以使用相同的哈希算法和数字签名进行验证，以确认数据在传输过程中是否被篡改或伪造。

（二）加密存储与密钥管理

1. 加密存储的必要性

随着云计算技术的飞速发展，大数据的存储和处理已成为企业运营不可或缺的一部分。然而，数据的安全性问题也随之凸显出来。作为一种重要的数据保护手段，加密存储的必要性日益凸显。

加密存储可以确保数据的机密性。在云计算环境下，数据往往存储在远程的数据中心，因此数据面临被非法访问的风险。如果采用加密技术，那么即使数据被非法获取，攻击者也无法轻易解密和滥用这些数据。这样，企业的重要信息（如客户信息、财务数据等）都能得到有效保护。

此外，加密存储还能维护数据的完整性和真实性。在数据传输和存储过程中，数据可能会被篡改或伪造。采用加密技术中的数字签名等手段，可以验证数据的完整性，从而确保数据的准确性和可信度。

2. 加密技术的应用

在云计算环境下，加密技术的应用对于保护数据安全至关重要。根据数据的特性和保护需求，云计算环境下常用的加密技术主要有对称加密和非对称加密两种。

（1）对称加密，如 AES 算法，使用相同的密钥进行加密和解密。这种加密方式的优势在于加密和解密速度快，适合对大量数据进行加密处理。然而，对称加密也存在密钥管理的难题，即如何确保密钥的安全传输和存储。

（2）非对称加密，如 RSA 算法（一种广泛使用的公钥加密算法），使用一对密钥（公钥和私钥）进行加密和解密。公钥用于加密数据，而私钥用于解密数据。非对称加密的优势在于提供了更高的安全性，因为即使公钥被泄露，攻击者也无法轻易解密数据，除非他们同时拥有私钥。此外，非对称加密还广泛应用于身份认证和数字签名等场景，用来确保数据来源的真实性。

除了上述两种主要的加密技术之外，还有一些其他的加密技术，如混合加密、同态加密等。这些技术提供了更灵活、更安全的数据加密解决方案，以满足不同场景下的数据安全需求。

3. 密钥管理面临的挑战

在加密存储中，密钥管理是一个至关重要的环节。密钥的生成、存储、分发和销毁都需要进行严格的管理与控制，以确保密钥的安全性。然而，在云计算环境下，密钥管理面临着诸多挑战。

云计算环境的复杂性和开放性使密钥的安全存储和传输变得更加困难。为了应对这个挑战，可以采用硬件安全模块（Hardware Security Module，HSM）来存储密钥。硬件安全模块提供了安全的密钥存储和加密操作环境，可以防止密钥被非法访问或泄露。

密钥的分发和管理是一个难题。在云计算环境下，数据可能需要在多个节点之间进行传输和处理，这就要求密钥能够安全地分发到各个节点，并确保各个节点之间的密钥同步。为了实现这个目标，可以采用密钥分割技术将密钥分散存储在多个位置，或者使用安全的密钥分发协议来确保密钥的安全传输。

此外，密钥的更新和销毁也是密钥管理的重要环节。定期更新密钥可以降低密钥被破解的风险，而销毁不再使用的密钥则可以防止旧密钥被滥用。因此，需要制定严格的密钥更新和销毁策略，并确保这些策略在实际操作中可以得到有效执行。

4. 加密存储的实践案例

随着云计算的普及，越来越多的云服务提供商开始在其存储服务中集成加密存储功能，以提升数据的安全性。其中，Amazon S3（亚马逊简单存储服务）就是一个典型的实践案例。

Amazon S3 提供了服务器端加密（Server-Side Encryption，SSE）和客户端加密两种选项来保护存储在其中的数据的安全性。服务器端加密允许用户在上传数据时使用 AES-256 算法对数据进行加密，确保数据在存储和传输过程中的安全性。客户端加密则允许用户在上传数据之前使用自己选择的加密算法对数据进行加密，从而提供更高级别的数据保护。

除了 Amazon S3 之外，还有许多其他的云服务提供商也提供了类似的加密存储功能。这些功能不仅可以保护数据的机密性，还可以通过数字签名等手段维护数据的完整性和真实性。这些实践案例充分证明了加密存储在云计算环境下的重要性和有效性。

（三）数据分片与冗余技术

1. 数据分片的概念与目的

在大数据和云计算的时代背景下，数据分片技术显得尤为重要。数据分片，即将整体的大数据划分为多个较小的、更易于管理的数据块，并将这些数据块分散存储在不同的物理节点或存储设备上。这种技术的引入，旨在解决单一存储设备在处理大数据时面临的性能瓶颈、存储容量限制及数据安全性等问题。

数据分片的目的主要包括以下几点：

（1）提高存储效率：通过将数据分散到多个节点，可以并行地进行数据的读/写操作，从而显著提高数据的吞吐量和处理速度。

（2）增强容错能力：当某个节点或存储设备发生故障时，其他节点上的数据仍然可用，不会因单点故障而导致整个数据集丢失。

（3）均衡负载：合理地将数据分配到不同的节点，可以实现存储系统的负载均衡，避免出现某些节点过载而其他节点空闲的情况。

（4）简化数据管理：对于超大数据集，直接管理可能非常困难。通过数据分片，可以将数据划分为更小的、更易于管理的单元。

在实际应用中，数据分片通常与数据冗余技术结合使用，以进一步提高数据的可靠性和可用性。

2. 冗余技术的实现方式

在云计算和大数据环境下，数据冗余技术是确保数据可靠性和可用性的关键手段。数据冗余的主要目的是在部分数据或设备发生故障时，迅速恢复数据或继续提供服务。数据冗余技术的实现方式主要有以下几种：

（1）数据副本：这是最简单、最直接的冗余实现方式。通过在不同的物理位置或存储设备上存储数据的多个完整副本，可以确保在部分副本损坏时，其他副本仍可用于数据恢复或服务提供。例如，在 HDFS 中，每个数据块都会存储多个副本（默认为 3 个），以提高数据的可靠性。

（2）纠删码（Erasure Coding，EC）：这是一种更高级的冗余技术，在原始数据中添加冗余信息，这样在部分数据丢失时仍能恢复原始数据。与数据副本相比，纠删码可以在保持相同容错能力的同时降低存储开销。例如，HDFS 也支持纠删码作为数据冗余的一种选择。

（3）RAID 技术：在更传统的存储系统中，RAID 通过组合多个磁盘驱动器来提高数据存储的可靠性和性能。不同级别的 RAID 提供了不同程度的数据冗余和性能优化。

3. 数据分片与冗余技术的结合应用

数据分片与冗余技术的结合，为云计算和大数据环境提供了强大的数据保护机制。例如，HDFS 不仅将数据分割成多个数据块进行分片存储，还为每个数据块创建了多个副本来实现数据冗余。

（1）存储效率与可靠性的平衡：在 HDFS 中，数据分片使大数据集分散存储在多个廉价的商品硬件上，从而提高了存储效率和可扩展性。同时，通过为每个数据块存储多个副本，系统能够在部分硬件发生故障时保持数据的完整性。

（2）故障恢复与数据重建：当某个数据块或其副本损坏时，HDFS 可以利用其他副本进行数据恢复。此外，系统还会自动重新创建丢失的副本，以确保数据的冗余度保持在预设水平。

（3）性能优化：数据分片使数据的读/写操作可以并行进行，从而提高了系统的吞吐量。数据冗余则可确保即使在部分节点发生故障或性能下降时，系统仍能保持较高的服务质量。

4. 冗余技术的优化与发展趋势

随着技术的不断进步和存储需求的日益增长，冗余技术也在不断优化和发展。以下是冗余技术几个关键的发展趋势：

（1）更高效的纠删码技术：传统的纠删码技术虽然可以提高存储效率，但在数据修复和性能读取方面可能存在一定的挑战。未来的研究将致力于开发更高效的纠删码算法和实现方式，以在保持高存储效率的同时提高数据访问和修复的性能。

（2）自适应的冗余策略：未来的存储系统可能会采用更智能的冗余策略，即可以根据数据的访问模式、存储设备的健康状况及系统的负载情况动态调整冗余级别，这有助于在保障数据可靠性的同时提高存储资源的利用效率。

（3）跨层冗余与协同保护：随着云计算和边缘计算的融合发展，未来的数据冗余技术可能会跨越不同的存储层级和网络边界进行协同保护。例如，在云端和边缘端之间建立冗余备份机制，可以进一步提高数据的可靠性和可用性。

（4）新型存储介质与技术的融合：随着新型存储介质（如持久内存、光学存储等）和新技术的不断发展，未来的数据冗余技术可能会与其深度融合，从而提供更高效、更可靠的数据保护方案。

（四）访问控制与审计日志

1. 访问控制的重要性

在大数据和云计算时代，数据的安全性显得尤为关键。访问控制作为一种关键的安全机制，为数据的保密性、完整性和可用性提供了坚实的保护屏障。访问控制的重要性主要体现在以下几个方面：

（1）防止未经授权的访问：在多元化的用户群体中，不是每个用户都需要或应该有权访问所有的数据。访问控制能够确保只有经过授权的用户才能访问特定的数据或资源，这可以大大降低数据泄露或被篡改的风险。

（2）基于角色的精细化权限管理：RBAC策略允许管理员根据用户的角色或职责来分配权限。这种策略不仅可以简化权限管理，还可以确保用户只能访问其角色所需的数据，从而进一步提高数据的安全性。

（3）满足合规性要求：许多行业都有严格的数据保护和隐私法规。通过实施访问控制策略，组织可以更容易地证明其遵守了这些法规，从而避免可能的法律纠纷和罚款。

（4）增强系统的整体安全性：访问控制不仅会关注数据的访问，还可以控制对系统功能和应用程序的访问。这有助于防止恶意用户或内部人员利用系统漏洞进行非法操作。

2. 审计日志的作用与价值

在高度数字化的今天，审计日志已经成为数据安全不可或缺的一部分。审计日志的作用与价值主要体现在以下几个方面：

（1）数据追溯与事故调查：审计日志详细记录了用户对数据的所有访问和操作行为，包括访问时间、访问者的身份信息及所执行的操作等。因此，在发生数据泄露或其他安全事故时，可以追溯事故的来源和原因，为事故的调查和处理提供有力的证据。

（2）异常行为检测：通过分析审计日志，可以及时发现与正常模式不符的访问和操作行为。这有助于组织在潜在攻击或数据泄露事件发生之前采取必要的防御措施。

（3）合规性证明：许多行业的法规要求组织保留一段时间内的审计日志，以证明其遵守了相关的数据保护和隐私规定。审计日志可以作为组织合规性的有力证明。

（4）系统性能和安全性的持续优化：通过对审计日志进行深入分析，可以发现系统在使用过程中的瓶颈和问题，从而指导组织对系统进行持续优化和改进。

3. 访问控制与审计日志的结合应用

访问控制与审计日志的结合应用为组织的数据安全提供了双重保障。

（1）实时的权限验证与日志记录：当用户尝试访问数据时，系统首先会通过访问控制机制验证用户的权限。同时，无论访问是否成功，访问过程都会被详细记录在审计日志中。

（2）异常行为的即时检测与响应：如果访问控制机制检测到异常或未经授权的访问尝试，就会立即触发警报并阻止该访问。同时，这个异常行为也会被记录在审计日志中，供后续分析。

（3）事故的快速定位与处理：当发生数据安全事故时，访问控制与审计日志的结合可以帮助组织迅速定位到事故的来源和原因。通过审计日志的详细记录，组织可以了解事故发生的具体时间、涉及的用户和操作等信息，从而做出有针对性的应对措施。

4. 访问控制与审计日志的最佳实践

为了充分发挥访问控制与审计日志的作用，组织应该遵循以下几点要求：

（1）明确定义用户的角色和权限。这是实施访问控制的基础。组织应该根据用户的职责和需要，明确为其分配相应的角色和权限。同时，对这些角色和权限应该定期进行审查与更新，以确保其与实际需求保持一致。

（2）确保审计日志的完整性和安全性。审计日志是数据安全的重要组成部分，因此必须确保其完整性和安全性。组织应该采用加密、备份和访问控制等措施来保护审计日志免遭篡改和删除。此外，审计日志的保留时间也应该符合相关法规的要求。

（3）及时分析和处理审计日志中的异常事件。审计日志中记录了大量的用户访问和操作行为，其中可能包含潜在的威胁和异常行为。组织应该组建专门的安全团队或使用专业的安全分析工具来实时监控和分析审计日志，以便及时发现并处理这些异常事件。同时，对于已经发生的安全事故，应该通过审计日志来追溯原因并采取措施以防止类似事故再次发生。

三、大数据存储的安全实践

（一）HDFS 的安全性配置

作为大数据处理中的核心存储组件，HDFS 的安全性至关重要。以下是对 HDFS 进行安全配置的关键实践：

1. Kerberos 认证

Kerberos 认证在 HDFS 安全性配置中扮演着举足轻重的角色。Kerberos 是一种网络认证协议，旨在通过密钥加密为客户端和服务器之间的通信提供安全的身份认证。在 Hadoop 环境中实施 Kerberos 认证，能够确保只有身份认证通过的用户才能访问 HDFS 中的数据，这极大地增强了数据的安全性。

在实施 Kerberos 认证时，首先需要搭建 Kerberos 服务器，并生成相应的密钥文件。随后，在 Hadoop 集群中的每个节点上安装 Kerberos 客户端，并配置相关的认证信息。一旦配置完成，用户在访问 HDFS 之前，必须先通过 Kerberos 认证，获取相应的票据（票据授权票），然后才能进行数据访问。

Kerberos 认证不仅可以为 HDFS 提供身份认证机制，还可以与其他 Hadoop 组件（如 YARN、MapReduce 等）集成，以实现整个 Hadoop 生态系统的统一身份认证。这大大降低了未经授权的访问和数据泄露的风险。

2. 数据加密

数据加密是保护 HDFS 中数据安全的重要手段。HDFS 支持在数据传输和存储过程中进行加密，以防止数据被非法获取或篡改。具体来说，HDFS 提供了透明加密功能，允许用户在不知情的情况下对数据进行加密和解密。这种加密方式对用户是透明的，用户无须关心加密和解密的细节，只需要像往常一样操作数据即可。

除了透明加密之外，还可以使用 SSL/TLS 安全协议对 HDFS 的通信进行加密。SSL/TLS 是一种安全通信协议，能够在网络通信过程中提供数据加密、身份认证和消息完整性验证等功能。通过在 HDFS 中启用 SSL/TLS 加密，可以确保数据在传输过程中不被截获或篡改，从而保护数据的机密性和完整性。

3. 访问控制

访问控制是 HDFS 安全性配置中的一个关键环节。HDFS 支持基于权限的访问控制，这意味着可以为不同的用户或用户组设置不同的访问权限。这种权限管理机制类似于传统的文件系统权限管理，但性能更加灵活和强大。

在 HDFS 中，每个文件和目录都有相应的权限设置，包括读、写和执行权限。系统管理员可以根据实际需求为用户或用户组分配适当的权限。例如，某些用户可能只允许读取数据而不允许写入或删除数据；而另一些用户则可能具有更高级别的权限，可以进行数据的读/写和删除操作。

通过严格的访问控制机制，HDFS 能够确保只有具有适当权限的用户才能对数据进行操作。这大大降低了数据被非法访问或篡改的风险。

4. 审计日志

审计日志是 HDFS 安全性配置中不可或缺的一部分。通过启用 HDFS 的审计日志功能，可以记录所有对 HDFS 的访问和操作行为。审计日志对于后续的安全审计和事故调查非常有用。

审计日志可以记录用户登录行为、数据访问行为及系统异常等信息。一旦发生数据泄露或其他安全事故，系统管理员可以通过分析审计日志来追溯事故发生的原因。此外，审计日志还可以用于监控用户的操作行为，及时发现并处理潜在的安全威胁。

为了确保审计日志的完整性和可靠性，管理员需要定期备份和保存日志数据，并采取措施防止日志被篡改或删除。同时，还需要使用专业的日志分析工具来对日志数据进行深入分析和挖掘，以便及时发现并应对潜在的安全风险。

5. 安全更新和补丁

在 HDFS 的安全性配置中，定期更新 HDFS 和相关的 Hadoop 组件以修复已知的安全漏洞至关重要。随着网络安全威胁的不断增加，软件供应商会不断发布安全更新和补丁来应对这些威胁。因此，系统管理员需要密切关注 Hadoop 社区的最新安全公告，并及时应用这些安全更新和补丁。

为了确保 HDFS 的安全性，系统管理员不仅需要制订定期更新计划，并按照计划执行更新操作，还需要对更新过程进行严格的测试和验证，以确保更新不会对现有的系统功能和数据造成不良影响。此外，系统管理员还需要与 Hadoop 社区保持密切联系，及时获取最新的安全信息和建议，以便更好地保护 HDFS 的安全性。

（二）NoSQL 数据库的安全策略

NoSQL 数据库因其灵活性和可扩展性在大数据存储中占据着重要地位。然而，与关系型数据库相比，NoSQL 数据库的安全策略可能有所不同。以下是一些关键的安全实践：

1. 身份认证与授权

身份认证是保护 NoSQL 数据库安全的第一道防线。确保每个尝试访问数据库的用户都能被正确地识别至关重要。在 NoSQL 环境下，可以通过多种方式实现身份认证，包括但不限于用户名/密码组合、OAuth 令牌、证书或其他多因素认证方法。选择哪种方法取决于具体的应用场景和安全需求。

除了身份认证，授权也是关键的安全环节。细粒度的访问控制可以确保用户只能访问其被授权的数据。在 NoSQL 数据库中，这通常意味着要控制用户可以读取、写入或删除哪些数据。一些 NoSQL 数据库提供了 RBAC 或 ABAC 等策略，这些策略可以用来实现精细的权限管理。

在实施身份认证和授权策略时，还需要考虑如何管理用户凭证。例如，密码应该被安全地存储和传输，最好使用哈希值和盐值来增强密码的安全性。此外，应该定期审查和更新用户的访问权限，以确保没有过度授权的情况。

2. 数据加密

数据加密是保护 NoSQL 数据库中敏感数据的重要手段。在数据传输过程中，应使用 SSL/TLS 等加密协议来确保数据的机密性和完整性，防止数据在传输过程中被窃取或篡改。

在数据存储方面，TDE 技术可以用来保护磁盘上的数据。利用 TDE 技术可以在数据写入磁盘之前自动加密数据，并在读取数据时自动解密，从而对用户和应用程序透明化。这种加密方式可以确保即使数据库文件被非法获取，攻击者也无法轻易读取其中的内容。

除了上述加密措施之外，还可以考虑使用同态加密、安全多方计算等技术进一步增强数据的安全性。采用这些技术可以在不暴露原始数据的前提下对数据进行处理和计算，从而提供更高级别的保护。

3. 输入验证与防止注入攻击

虽然 NoSQL 数据库与传统的关系型数据库在结构上有所不同，但它们同样面临注入攻击的风险。因此，对用户输入的数据进行严格的验证和过滤至关重要。

为了防止注入攻击，应该避免直接将用户输入拼接到查询语句中。相反，应该使用参数化查询或预编译语句来执行数据库操作。这种方法可以确保用户输入被当作数据处理，而不是作为查询代码的一部分执行。

此外，还可以对输入数据进行白名单验证，即只允许符合特定格式或条件的输入通过验证。这可以进一步减少潜在的安全风险。

4. 备份与恢复策略

定期备份 NoSQL 数据库是防止数据丢失的关键措施。备份策略应该包括定期的全量备份及更频繁的增量备份，以确保在发生故障或数据损坏时可以迅速修复和恢复数据。

同时，备份数据也应该得到适当的保护，以防止未经授权的访问。这可以通过将备份数据加密、存储在安全的位置，以及使用强访问控制来实现。

除了备份策略之外，还应该制订详细的恢复计划来应对可能的数据丢失情况，如定期测试备份数据的可恢复性，确保恢复过程的顺畅进行，以及培训相关人员以满足潜在的恢复需求。

5. 实时监控与日志记录

实时监控与日志记录是及时发现并应对 NoSQL 数据库安全威胁的重要手段。通过监控数据库的性能指标、异常行为及安全事件，可以及时发现潜在的安全风险并采取相应的措施进行防范。

日志记录可以追踪所有对数据库的访问和操作行为，包括用户的登录活动、数据访问模式及可疑的行为。这些日志记录可以用于后续的安全审计和事故调查，以帮助识别潜在的安全漏洞和攻击源。

为了确保监控和日志记录的有效性，应该定期审查和分析这些日志记录以发现可疑的活动。同时，还应该配置报警系统，以便在检测到潜在的安全威胁时及时通知相关人员进行处理。

（三）数据备份与灾难恢复计划

在大数据存储中，数据备份与灾难恢复计划至关重要。以下是一些关键实践：

1. 定期备份

在大数据环境下，数据的安全性、完整性和可用性至关重要。为了确保数据的持续性和业务的连续性，定期备份策略的制定和执行显得尤为重要。定期备份不仅是为了防止数据丢失，更是为了在组织遭受数据损坏或丢失时迅速、有效地恢复数据。

定期备份策略应包括全量备份和增量备份。全量备份是指对整个数据集进行完整的复制，这种备份方式可以提供数据的时间点快照，但通常需要较长的时间和大量的存储空间。增量备份则只备份自上次备份以来发生变化的数据，这种备份方式更加高效，但需要依赖之前的备份来恢复数据。

在执行定期备份时，必须确保备份数据存储在安全可靠的位置。这意味着备份数据应保存在防火、防水、防尘的专用存储设备中，或者选择经过严格安全认证的云服务提供商。同时，为了防止备份数据损坏或不可读，应定期对备份数据进行测试，以验证其完整性和可读性。

2. 备份存储位置的选择

选择合适的备份存储位置是数据备份策略中的重要环节。在理想的情况下，备份数据应存储在远离原始数据的位置，以最大限度地减少自然灾害、人为错误或其他意外事件对数据的影响。这种异地备份策略可以确保数据的地理冗余性，从而提高数据的存储能力。

云服务提供商的异地备份服务是一个值得考虑的选择。通过将数据备份到云上，组织可以利用云服务提供商的基础设施和安全措施来保护其数据。此外，云服务通常提供灵活的存储选项和可扩展性，这可以根据组织的需要进行调整。

在选择备份存储位置时，还应考虑数据的可访问性和传输效率。确保在需要时能够迅速访问和恢复备份数据至关重要。

3. 灾难恢复计划

灾难恢复计划是组织在面临数据丢失、系统故障或其他灾难性事件时的重要指南。完善的灾难恢复计划应详细列出发生紧急情况时的恢复步骤和时间表，以确保组织能够快速、有效地响应并恢复其关键业务功能。

在制订灾难恢复计划时，需要评估组织的业务需求和风险承受能力，包括确定哪些系统和数据对业务至关重要，以及这些系统和数据的恢复时间目标与恢复点目标。恢复时间目标表示在灾难发生后，系统需要多长时间才能恢复到正常运行状态；而恢复点目标则表示在灾难发生时，组织可以容忍的数据丢失量。

灾难恢复计划还应包括相关人员的角色和责任分配，以确保在紧急情况下能够迅速、有序地执行恢复操作。此外，灾难恢复计划应定期进行审查和更新，以反映组织的变化和新的威胁。

4. 恢复测试

制订了灾难恢复计划并不意味着万事大吉。定期对灾难恢复计划进行测试是至关重要的，这可以确保在真正需要时能够成功恢复数据。恢复测试可以帮助组织发现灾难恢复计划中的漏洞和不足，并及时进行修正和改进。

恢复测试应包括模拟各种可能的故障场景，如硬件故障、软件故障、网络中断等，并验证恢复过程的有效性。在恢复测试过程中应记录恢复时间和数据丢失量，以便与恢复时间目标和恢复点目标进行比较及分析。

通过恢复测试，组织可以确保其灾难恢复计划的可行性和有效性，从而提高在紧急情况下的应对能力。同时，恢复测试还可以增强团队成员之间的协作和沟通能力，提高整个组织的应急响应水平。

5. 数据保留策略

随着数据的不断增长和变化，制定合理的数据保留策略变得越来越重要。数据保留策略旨在平衡数据存储成本和法律合规性要求，确保只有必要的数据被保留，以降低存储成本并降低潜在的法律风险。

在制定数据保留策略时，组织需要考虑多个因素，包括数据的类型、用途、敏感性，以及相关的法规和行业标准。例如，对于需要长期保存的数据（如财务数据、法律文件数据等），应制定更长的保留期限；对于临时数据或过期数据，应及时进行清理和删除。

数据保留策略还应包括定期审查和更新存储的数据的流程，从而确保数据的时效性和准确性，并避免不必要的数据堆积。通过定期审查，组织不仅可以及时发现并删除不再需要的数据，从而释放存储空间并降低存储成本，还可以提高数据管理效率。

第三节 云计算与大数据的协同安全策略

一、云计算与大数据融合的安全挑战

（一）数据处理与传输的安全风险

在云计算与大数据融合的背景下，数据处理与传输的安全风险显得尤为突出。这些风险主要体现在以下几个方面：

1. 数据泄露风险

在云计算与大数据时代，数据泄露风险尤为显著。数据在处理和传输过程中，如果没有得到充分的保护，就可能导致敏感信息泄露。这种泄露不仅涉及个人隐私，还可能影响企业的商业机密和国家的安全。

未经加密的数据在传输时如同明文电报，任何有能力截获数据流的第三方都可能轻易读取其中的内容。例如，在公共网络环境下，如果没有使用 SSL/TLS 等加密技术，数据传输过程中的信用卡信息、用户身份信息等敏感数据就可能被窃取。

数据存储的安全性不容忽视。即使数据在传输过程中是安全的，但如果存储环节存在漏洞，同样会产生数据泄露风险。例如，如果数据库的访问控制不严格，或者存在未修补的安全漏洞，攻击者就可能利用这些漏洞获取敏感数据。

为了降低数据泄露风险，必须采取多层次的安全措施，包括数据加密、访问控制、安全审计，以及及时的安全更新和补丁管理。此外，企业还需要定期对员工进行安全意识培训，以确保他们知晓如何正确处理敏感数据。

2. 数据篡改风险

在数字时代，数据的完整性和真实性至关重要。然而，在数据处理和传输过程中，数

据篡改风险时刻存在。这种风险主要源于网络攻击、内部恶意行为或系统故障等因素。

数据篡改可能出于多种目的，如恶意破坏、欺诈或掩盖真相等。一旦数据被篡改，产生的后果可能是灾难性的。例如，在金融领域，篡改后的数据可能会导致错误的投资决策或欺诈行为；在医疗领域，篡改后的数据可能会导致误诊或制订错误的治疗方案。

为了防止数据被篡改，需要采取一系列的安全措施：一是利用数据加密和签名技术，确保数据在传输与处理过程中的完整性和真实性；二是实施严格的访问控制和审计机制，防止未经授权的修改行为；三是定期备份原始数据，以便发现数据被篡改时能够及时恢复。

除了技术措施之外，加强员工的安全意识和职业道德教育也至关重要。通过培训和教育，员工可以充分认识到篡改数据的严重性和后果，从而自觉维护数据的完整性和真实性。

3. DoS/DDoS 攻击风险

在云计算环境下，DoS/DDoS 攻击是常见的安全风险。这种攻击通过向目标系统发送大量无效或高流量的网络请求，耗尽系统资源，从而导致合法用户无法正常使用服务功能。

云计算平台因其集中存储和处理大量数据的特点，往往成为 DoS/DDoS 攻击的主要目标。攻击者可能利用僵尸网络（Botnet）等工具，控制大量计算机同时向云计算平台发起请求，从而造成网络拥堵和服务中断。这种攻击不仅会影响云计算平台的可用性，还可能对依赖这些数据的业务造成重大影响。例如，在线购物网站如果遭受 DoS/DDoS 攻击，就可能导致用户无法正常访问，进而影响销售和用户体验。

为了防范 DoS/DDoS 攻击，云计算服务提供商和用户需要采取一系列措施：一是增强网络基础设施的防御能力，如增加带宽、优化网络架构等；二是利用防火墙、入侵检测系统和入侵防御系统等技术手段来识别并过滤恶意流量。

除了技术措施之外，加强安全意识和提高应急响应能力也至关重要。云计算服务提供商和用户应制定完善的安全管理制度与应急响应机制，以便在遭受攻击时能够迅速做出反应并恢复服务。同时，定期进行安全培训和演练也有助于提高员工的防范意识与应对能力。

（二）多源数据融合的安全问题

随着大数据技术的不断发展，多源数据融合已成为数据处理的重要环节。然而，多源数据融合过程也存在诸多安全问题：

1. **数据来源的不确定性**

在大数据技术迅猛发展的时代背景下，多源数据融合的重要性日益凸显。然而，这个过程首先面临的安全问题便是数据来源的不确定性。多源数据融合，顾名思义，意味着数据来自多个不同的渠道，这些渠道可能包括各类传感器、庞大的数据库、活跃的社交媒体平台等。这种多样性虽然为数据提供了更丰富的维度和视角，但也带来了质量和可靠性的问题。

数据来源的不确定性主要表现在以下几个方面：首先，不同来源的数据可能存在较大的质量差异。一些数据可能经过了严格的质量控制和验证，而另一些数据则可能缺乏这样的过程，因此数据的准确性和完整性无法得到保证。其次，恶意数据的存在也是一个不容忽视的问题。在网络环境下，有的用户可能会故意发布虚假或有误导性的数据，以干扰正常的数据分析和决策过程。最后，由于数据来源非常复杂，因此追踪与验证数据的真实性和有效性变得更加困难。

为了解决这个问题，需要采取一系列有效的数据验证和清洗措施：首先，要建立严格的数据来源审核机制，确保所有进入融合流程的数据的来源可靠；其次，要利用数据清洗技术，对收集到的数据进行预处理，剔除有明显错误或异常的数据点；最后，要采用数据挖掘和机器学习等技术手段，对数据进行更深层次的分析和验证，以识别并剔除潜在的恶意数据。

2. 数据格式的兼容

多源数据融合的一个关键问题是数据格式的兼容。由于数据来源的多样性，不同的数据往往采用不同的格式进行存储。在数据融合过程中，为了实现对这些数据的有效整合和分析，通常需要对它们进行格式转换和统一处理。然而，这个过程中潜藏着诸多安全风险。

数据格式转换可能会导致信息的丢失或变形。某些复杂或特定的数据格式在转换过程中可能无法完全保留其原始信息，因此可能造成数据的失真或遗漏。这不仅会影响融合结果的准确性，还可能使后续有错误分析。

格式转换过程中可能存在格式错误。不同的数据格式具有不同的编码规则和约束条件，如果转换操作不当或转换工具存在缺陷，就可能导致数据格式的混乱或损坏。在这种情况下，融合后的数据将难以被正确解析和利用，甚至可能对整个数据分析系统造成破坏。

为了解决数据格式兼容的安全问题，需要采取一系列防范措施：首先，应建立完善的数据格式转换标准和规范，确保在转换过程中最大限度地保留原始数据的完整性和准确性；其次，应加强转换工具的研发和测试工作，提高其稳定性和可靠性，降低格式错误的风险；最后，应在数据融合前对数据进行预处理和标准化操作，以降低格式转换的复杂度和难度。

3. 隐私泄露风险

在多源数据融合过程中，隐私泄露风险是一个重要且敏感的问题。数据融合往往涉及大量个人隐私信息的处理和交换，如果处理不当或安全措施不到位，这些隐私信息就有可能被泄露给未经授权的第三方。

隐私泄露风险主要体现在以下几个方面：首先，如果数据融合系统的安全防护措施不够严密，那么攻击者可能会通过入侵系统或截获数据传输获取敏感信息；其次，内部人员的不当操作或恶意行为可能导致隐私数据的泄露；最后，一些合作伙伴或第三方服务商在数据处理过程中可能存在泄露风险。

为了防范隐私泄露风险，需要从多个方面加强安全防护措施：第一，建立完善的数据加密和访问控制机制，确保敏感数据在传输和存储过程中的安全性。只有经过授权的用户才能访问敏感数据，且数据传输过程应采用加密技术进行保护。第二，加强内部人员的安全意识培训，防止操作不当或恶意行为导致的隐私泄露。第三，建立完善的审计和监控机制，对数据融合过程中的所有操作进行记录和监控，以便及时发现和应对潜在的安全威胁。第四，在与合作伙伴或第三方服务商合作时，应签订严格的保密协议和数据使用规范，明确双方的责任和义务，确保隐私数据的安全性和合规性。

（三）跨云服务的安全协同

随着云计算的广泛应用，越来越多的企业和组织开始采用多云策略，即同时使用多个云服务提供商的服务。采用这种策略虽然可以提高跨云服务的灵活性和可扩展性，但也带来了跨云服务的安全协同问题：

1. 身份认证和授权问题

在云计算日益普遍的今天，多云策略已得到广泛采用。这种策略允许企业根据业务需求灵活地选择和使用不同的云服务，从而优化资源配置，提高运营效率。然而，这种灵活性也带来了一系列新的安全挑战，尤其是在身份认证和授权方面。

在跨云服务环境下，用户身份管理和访问控制变得尤为复杂。用户可能需要在多个云服务提供商之间进行身份认证，这通常涉及不同的认证机制和权限管理体系。由于缺乏统一的标准和协议，企业往往需要为每个云服务单独设置和管理用户账户，这不仅会增加管理复杂性，还会提高安全风险。

身份冒用和权限提升是这个领域面临的主要威胁。攻击者可能会尝试通过窃取或伪造用户凭证来访问受限制的云服务资源。此外，为内部人员分配的权限不当也可能导致未授权的数据被访问或实施不当操作。

为了解决这些问题，企业需要采取一系列措施来加强身份认证和授权的安全性。首先，实施多因素身份认证可以显著提高账户的安全性，降低被冒用的风险；其次，采用RBAC或ABAC等策略，可以更精细地管理用户权限，确保只有经过授权的用户才能访问敏感数据或执行关键操作。

此外，云服务提供商之间的协作也是解决身份认证和授权问题的关键。制定与实施统一的身份认证和授权标准，不仅可以简化跨云服务的用户管理，还可以提高整体的安全性。例如，OpenID Connect 和 OAuth 等开放标准已经在多云服务环境下得到了广泛应用，因为它们提供了一种标准化的方式来处理用户身份认证和授权。

2. 数据迁移和同步问题

在跨云服务环境下，数据迁移和同步是一个重要的安全问题。由于业务需求的变化或云服务提供商的更换，企业可能需要将数据从一个云服务迁移到另一个云服务。这个过程必须高度安全，以确保数据的完整性和机密性。

数据丢失和数据不一致是数据迁移过程中最常见的安全问题。为了避免出现这些问题，企业需要制订详细的数据迁移计划，并在迁移之前对数据进行充分的备份和验证。同时，采用可靠的数据传输协议和加密技术也至关重要。

除了数据迁移，数据同步也是一项具有挑战性的任务。在跨云服务环境下，数据可能需要在多个云服务之间实时或定期同步，以保持数据的一致性。然而，网络延迟和带宽限制可能会影响数据的及时性与可用性。为了解决这个问题，企业可以采用分布式数据存储和复制技术，以及专门的数据同步工具来确保数据在不同云服务之间的实时一致性。

云服务提供商在数据迁移和同步过程中也扮演着关键角色。例如，云服务提供商需要提供安全的数据迁移服务，并与其他云服务提供商建立安全的互操作性标准。此外，云服务提供商还应该提供强大的数据加密和访问控制功能，以确保数据在传输和存储过程中的安全性。

3. 安全策略和标准的统一问题

在跨云服务环境下，安全策略和标准的统一是一个亟待解决的问题。不同的云服务提供商可能采用不同的安全策略和标准，这可能会导致安全策略发生冲突或出现不一致的情况。为了解决这个问题，需要制定统一的安全策略和标准，并确保各个云服务提供商都能够遵守这些策略和标准。

企业需要明确自己的安全需求和目标，并在此基础上制定全面的安全策略。该安全策略应该涵盖数据保护、访问控制、事件响应等方面，并适用于所有的云服务环境。之后，企业需要与云服务提供商进行深入的沟通和协作，从而进一步理解并遵守这些安全策略。

此外，推动行业内的标准化工作也至关重要。企业通过参与国际或国内的标准制定组织，可以制定更加统一和明确的安全标准。这些标准不仅可以为企业提供更清晰的指导，还有助于其更好地管理和保护跨云服务环境下的数据与资源。

除了制定统一的安全策略和标准之外，企业还需要建立有效的安全监控和审计机制。通过实时监控云服务的安全状态和行为，企业可以及时发现并应对潜在的安全威胁。同时，定期进行审计和评估也可以帮助企业识别并改进安全策略中的不足之处。

二、云计算与大数据协同安全策略的制定和实施

（一）建立统一的安全框架与标准

在云计算与大数据的时代背景下，协同安全策略的首要任务是构建统一的安全框架与标准。这个步骤至关重要，因为它为整个安全体系提供了基石和准则。以下是构建统一的安全框架与标准的关键要素：

1. 明确安全目标和原则

构建统一的安全框架与标准的第一步就是明确安全目标和原则，因为它们是整个安全

体系的基石和准则,可以引领企业和组织制定和实施更具体与细致的安全策略。

安全目标应该围绕保护数据的机密性、完整性和可用性展开。数据的机密性意味着要确保未经授权的个人或系统无法访问敏感数据。数据的完整性则要求能够检测和防止数据在传输或存储过程中被篡改。数据的可用性则是指要确保授权用户能够在需要时访问和使用数据。

同时,还需要确立一些基本的安全原则,以指导安全策略的制定和实施。例如,防御深入原则,鼓励采用多层防御策略,以确保即使某个层次的防御被突破,还有其他层次可以保护数据的安全。

2. 制定安全规范

制定详细的安全规范是构建云计算与大数据协同安全策略的关键环节。在安全框架内,应针对网络安全、数据加密、身份认证、访问控制等制定具体的规范。

网络安全规范应关注如何防范网络攻击,保护数据传输的安全性,以及确保网络设备和系统稳定运行。

数据加密规范则需要明确哪些数据需要加密、采用何种加密算法,以及如何安全地管理和存储加密密钥。

身份认证规范应规定如何验证用户的身份,以确保只有合法的用户才能访问系统。其中包括选择适当的身份认证方法,如多因素身份认证,以及建立严格的身份认证流程。

访问控制规范则需要明确哪些用户可以访问哪些数据或资源,以及可以执行哪些操作。这就要求企业建立完善的权限管理体系,并实施 RBAC 或 ABAC 等策略。

3. 标准化接口和协议

为了实现云计算与大数据平台之间的无缝对接,并确保数据在传输和处理过程中的安全,需要标准化接口和协议。这不仅包括数据传输接口和协议,如 HTTPS 和 SFTP 等,还包括数据处理与存储的接口和协议,如 HDFS、MapReduce 和 Spark 等。

标准化接口和协议不仅可以实现数据的顺畅流通,还可以降低系统集成的复杂性,提高系统的互操作性。此外,使用标准化的加密和签名技术,还可以确保数据在传输过程中的机密性和完整性。

4. 满足合规性要求

在制定云计算与大数据的协同安全策略时,必须考虑不同国家和地区的法律法规要求,这主要包括数据保护法规,如欧盟的《通用数据保护条例》,以及特定行业的规定,如金融行业的支付卡行业数据安全标准(Payment Card Industry Data Security Standard,PCI DSS)。

为了满足合规性要求,需要在安全框架中明确相关的法律义务和合规流程,可能包括数据主体的权利保护、数据跨境传输的限制、数据加密和存储的要求等。确保所有操作都符合相关法律规定,以降低因违规操作而引发的法律风险。

5. 定期审查和更新

随着技术的不断发展和环境威胁的变化，企业需要定期审查和更新安全框架与标准，以保持其有效性和适应性。因此，企业需要建立持续的安全监控和评估机制，以及时发现并解决潜在的安全问题。

定期审查应涵盖对安全策略、规范、技术和流程的全面检查。企业需要评估现有安全控制措施的有效性，并根据威胁情报和业务需求进行相应的调整。此外，企业还应关注最新的安全动态和技术发展，以便及时将新的安全理念和工具纳入安全框架中。

在更新安全框架与标准时，应遵循敏捷和迭代的原则。这意味着企业需要在保持整体安全性的同时，满足不断变化的技术和业务需求。企业通过持续改进和优化安全策略与规范，可以确保云计算与大数据环境的长期安全稳定。

（二）跨云服务的安全认证与授权机制

在云计算与大数据协同环境下，跨云服务的安全认证与授权机制是确保只有合法用户可以访问敏感数据和资源的关键。以下是实施该机制的关键步骤：

1. 单点登录

在云计算与大数据协同的环境下，跨云服务的安全认证与授权机制的首要步骤是实现单点登录。单点登录的优势显而易见：用户无须为每个云服务单独记忆和输入登录信息，这不仅可以提高用户体验，还可以降低因密码管理不善而导致的安全风险。

实施单点登录的关键在于建立可信赖的身份认证服务，该服务能够验证用户的身份，并生成一个可以在多个云服务中使用的身份认证令牌。当用户尝试访问某个云服务时，该服务会检查用户是否已持有有效的身份认证令牌。如果令牌有效，那么用户将被授予访问权限，无须再次输入登录信息。

为了实现单点登录，云服务提供商需要建立一种标准化的身份认证和授权机制。目前，已经有一些成熟的单点登录协议和技术可供选择，如 OAuth、SAML 和 OpenID 等。这些技术不仅可以提供安全的身份认证机制，还支持跨多个云服务的单点登录功能。

2. 联合身份认证

联合身份认证是实现跨云服务安全认证与授权机制的一个重要步骤。通过与其他云服务提供商建立信任关系，联合身份认证允许用户在不同的云服务之间无缝切换，而无须重复进行身份认证。

联合身份认证的核心是建立一种信任框架，其中涉及的云服务提供商需要共同遵守一定的标准和协议。在这种框架下，当用户在一个云服务上通过身份认证后，其身份认证信息可以被其他信任的云服务接受，从而实现无缝切换。

为了实现联合身份认证，云服务提供商之间需要进行深入的合作和沟通，如共同制定身份认证和授权的标准与流程，并确保各自的系统能够相互兼容和通信。此外，还需要建立可信赖的第三方机构来管理和维护这种信任关系。

3. RBAC

在云计算与大数据协同的环境下，RBAC是确保数据安全的关键手段之一。RBAC的核心思想是将访问权限与角色相关联，而不是直接赋予用户。通过这种方式，可以确保用户只能访问其角色所允许的资源和数据，从而降低数据泄露和未经授权的访问的风险。

实施RBAC策略需要先定义一套完整的角色体系，并为每个角色分配相应的权限。然后根据用户的职责和需求，分配相应的角色。当用户尝试访问某个资源时，系统会根据其所属的角色来判断其是否具有相应的访问权限。

RBAC的优势在于能够实现细粒度的访问控制，并且易于管理和维护。当用户的角色或职责发生变化时，只需要调整其角色分配即可实现权限的变更。此外，RBAC还支持继承和委派等高级功能，使权限管理更加灵活和高效。

4. 权限管理

在云计算与大数据协同的环境下，建立集中的权限管理系统至关重要。这个系统不仅需要能轻松管理和更新用户的访问权限，还需要确保权限的分配和变更能够实时生效且准确无误。

为了实现这个目标，权限管理系统需要具备以下功能：一是能够支持多种类型的权限分配，包括但不限于数据访问、操作执行和资源配置等；二是需要提供一个直观易用的管理界面，以便系统管理员能够轻松地查看和修改用户的权限设置；三是需要具备强大的日志记录和审计功能，以便在出现问题时能够迅速定位和解决。

通过建立集中的权限管理系统，可以确保当用户角色或职责发生变化时，其访问权限也会得到及时更新。这不仅可以降低因权限管理不善而导致的安全风险，还可以提高整个系统的灵活性和可扩展性。

5. 审计和日志记录

为了确保跨云服务的安全认证与授权机制的有效性，必须对所有认证与授权活动进行详细的审计和日志记录。这些记录不仅可以帮助系统管理员监控和审查用户的访问行为，还可以在发生安全事件时提供有力的调查依据。

审计和日志记录不仅要涵盖用户登录、注销、权限变更等关键事件，还要包括事件发生的时间、地点、操作员及具体的操作内容等信息。此外，还需要定期对审计和日志进行归档和分析。

为了实现高效的审计和日志记录功能，云服务提供商需要采用专业的日志管理系统或工具来收集、存储和分析日志数据。这些系统或工具应具备强大的数据检索和分析能力，以便在需要时能够快速定位并提取相关信息。同时，云服务提供商还需要制定严格的日志保留策略，以确保重要的日志数据不被意外删除或篡改。

（三）实时安全监控与应急响应计划

实时安全监控与应急响应计划是应对潜在安全威胁和事件的关键组成部分。

1. 实时安全监控

在云计算与大数据环境下,实时安全监控是预防和发现潜在安全威胁的首要措施。为了实现这个目标,利用 SIEM 系统或其他先进的监控工具至关重要。利用这些工具能够实时监控云计算和大数据环境下的各类活动,以便及时发现异常行为或潜在的攻击。

实时安全监控的核心在于数据的收集与分析。通过收集网络流量、系统日志、用户行为等多种数据源,监控工具可以构建全面的活动画像,进而运用算法和模式识别技术来检测异常。例如,某个用户在非常规时间进行大量数据下载,或者系统突然出现异常高的网络流量,都可能是安全威胁的信号。

除了基础的实时监控功能,SIEM 系统还能提供预警和通知机制。一旦检测到异常,SIEM 系统可以自动触发警报,并通过邮件、短信或其他方式及时通知管理员。这种即时的反馈机制可以确保安全问题在萌芽状态就被发现和处理。

2. 威胁情报集成

威胁情报在现代网络安全中扮演着越来越重要的角色。将威胁情报集成到监控系统,可以显著提升对已知威胁的识别和防御能力。这些情报通常来源于多个渠道,包括安全研究机构、行业合作伙伴,以及之前的攻击事件。

威胁情报集成通常涉及将情报数据与实时监控数据进行比对和分析。例如,如果某个 IP 地址或域名被标记为恶意,那么当这个地址或域名在监控数据中出现时,系统就会立即发出警报。这种集成不仅能提高对已知威胁的响应速度,还有助于预防类似攻击的再次发生。

为了实现有效的威胁情报集成,企业需要建立一套完善的情报收集、整理和应用机制,包括与各种情报源的对接、情报数据的验证和更新,以及将其有效地融入监控和防御体系中。

3. 应急响应计划

制订详细的应急响应计划是应对潜在安全事件的关键。该计划应该涵盖不同类型的安全事件发生时应采取的具体行动,包括但不限于数据泄露、恶意攻击、系统瘫痪等。

完善的应急响应计划需要明确各个部门和人员的职责,确保其在紧急情况下能够迅速、有序地采取行动。此外,应急响应计划还应包括与外部专家和机构的合作方式,以便在必要时获取专业的支持和援助。

为了确保应急响应计划的有效性,定期的演练和测试必不可少。通过这些活动,企业可以评估计划的执行效果,发现并修正可能存在的问题。

4. 事件响应团队

组建专业、高效的事件响应团队对于快速应对安全事件至关重要。这个团队应由具备丰富经验和专业技能的人员组成,以便在发生安全事件时能够迅速做出反应,并执行隔离攻击源、收集证据、恢复系统正常运行等任务。

事件响应团队的工作不仅限于对事件发生后的处理,还包括事前的预防和准备工作。

事件响应团队不仅需要定期评估系统的安全性，识别和修复潜在的漏洞，还需要与企业的其他部门紧密合作，共同制订和完善应急响应计划。

为了提高团队的响应速度和效率，定期的培训和演练必不可少。通过这些活动，团队成员可以了解最新的安全威胁和防御技术，以提升专业技能和团队协作能力。

5. 事后分析与改进

每次安全事件处理后的事后分析是提升企业整体安全水平的重要环节。通过深入分析事件的起因、过程和结果，企业可以识别出存在的漏洞和不足之处，进而采取相应的改进措施。

事后分析应包括多个方面，如攻击者的入侵路径、利用的漏洞类型、防御体系的失效点等。基于这些分析，企业可以调整安全策略、加强系统配置、提升人员技能等，以全面提升防御能力。

此外，事后分析还可以为应急响应计划的修订提供重要依据。通过分析实际事件中的成功经验和失败教训，企业可以不断完善应急响应计划，确保其更加贴近实际情况，更具可操作性。

（四）安全培训与意识提升

人员是云计算与大数据协同安全的关键因素之一。通过安全培训和意识提升，可以确保员工了解并遵循最佳实践，以减少人为错误导致的安全风险。

1. 定期培训

在云计算与大数据协同环境下，人员始终是最核心的安全因素。无论技术多么先进，如果人员缺乏必要的安全意识和操作技能，那么整体的安全性仍然无法得到充分保障。因此，为员工提供定期的安全培训显得尤为重要。

定期培训的首要目的是确保员工能够跟上网络安全领域的发展步伐，了解并掌握最新的安全知识和技能。培训内容需要涵盖多个方面，如网络钓鱼攻击的识别与防范、敏感数据的正确处理流程、安全设置的最佳实践等。通过参加这样的培训，员工不仅能够提升自身的安全意识，还能在实际工作中更好地运用所学知识，减少因操作不当而引发的安全风险。

此外，定期培训还有助于培养员工对安全的持续关注度。通过定期回顾和更新安全知识，员工可以时刻保持警惕，不轻易被新型的网络攻击手段迷惑。

2. 模拟演练

模拟演练是提升员工安全应对能力的有效手段。通过模拟真实的安全事件，如数据泄露、恶意攻击等，员工可以在实战中学习和成长。这种演练方式不仅可以检验员工的安全知识和技能掌握情况，还能帮助他们在实际操作中发现问题，从而及时调整和完善自身的应对策略。

模拟演练的一大优势在于能够提高员工的团队协作水平。在演练过程中，员工需要相互配合、共同应对，这不仅能锻炼他们的团队协作能力，还能提高他们之间的信任度和默契度。

为了确保模拟演练的效果，企业应该根据自身的实际情况制订详细的演练计划，并明确演练的目标和预期效果。同时，在演练结束后，员工还需要及时进行总结和反馈，以便从中吸取经验教训，不断提升自身的安全应对能力。

3. 安全意识宣传

提升员工的安全意识是确保云计算与大数据协同安全的关键环节。通过多种渠道和方式进行安全意识宣传，可以不断强化员工对数据安全的重视程度。

内部通信、海报和视频等都是非常有效的宣传手段。企业可以定期发布与安全相关的内部通信，提醒员工注意最新的安全动态和防护措施；在显眼位置张贴安全海报，以图文并茂的方式传达安全信息；制作并分享安全教育视频，让员工在轻松愉快的氛围中学习安全知识。

在宣传过程中，强调员工个人在保护数据安全方面的责任和作用至关重要。只有当每个员工都认识到自己的安全责任，并付诸实践时，整个组织的安全防护水平才能得到实质性的提升。

4. 考核与奖励机制

为了确保安全培训的效果和员工的安全意识得到实质性的提升，建立安全知识考核和奖励机制尤为重要。

通过定期的安全知识考核，企业可以了解员工对安全知识的掌握情况，并针对存在的问题及时进行纠正和指导。同时，考核还可以作为一种激励机制，鼓励员工积极参与安全培训和实践活动。

除了考核之外，设立奖励机制也非常重要。对于在安全培训和实践中表现突出的员工给予适当的奖励和认可，不仅可以激发他们的学习热情和工作积极性，还可以在整个组织中形成良好的安全文化氛围。

奖励的形式可以多样化，如颁发证书、提供额外的培训机会、给予物质奖励等。通过这些奖励措施，员工会更加珍视自己在安全方面的努力和成果，从而更加积极地投入后续的安全工作中。

三、云计算与大数据协同安全策略的实践与案例分析

（一）云计算服务提供商的安全实践

云计算服务提供商在提供高效、便捷的云服务的同时，还承担着保护用户数据安全的重要责任。以下是云计算服务提供商在安全策略方面的实践：

1. 强化的身份认证和访问控制

在云计算环境下，身份认证和访问控制是确保数据安全的首要关卡。因此，云计算服

务提供商在身份认证方面采取了多种强化措施,多因素身份认证便是其中之一。

除了身份认证,严格的访问控制策略也是关键。云计算服务提供商会详细规定哪些用户可以进行访问及其可以访问哪些数据和资源,以及他们可以执行哪些操作。这种精细化的权限管理不仅可以确保数据的完整性和保密性,还可以防止未经授权的访问和数据泄露。

为了实现这些策略,云计算服务提供商可能会采用先进的身份和访问管理解决方案。这些解决方案不仅能提供强大的身份认证和授权功能,还能集成各种企业级应用,实现单点登录和集中化的权限管理。

2. 数据加密和密钥管理

在数据传输和存储过程中,加密技术是保护数据机密性的关键。云计算服务提供商会使用高级的加密算法(如 AES 或 RSA)来确保数据在传输和存储时的安全性。即使数据被拦截或窃取,没有正确的密钥也无法解密。

与此同时,密钥管理也至关重要。云计算服务提供商通常会采用具备密钥的生成、存储、分发、更新和销毁等功能的密钥管理系统。如果采取这些措施,那么即使数据被窃取,攻击者也无法轻易解密。

值得一提的是,一些先进的云计算服务提供商还在研究和使用同态加密、安全多方计算等新型加密技术,以在保护数据隐私的同时实现数据的计算和分析。

3. 安全审计和日志记录

为了及时发现并应对潜在的安全威胁,云计算服务提供商会对其系统进行全面的安全审计,包括对系统配置、权限设置、数据传输和存储等方面进行详细的检查。

同时,记录所有关键操作也必不可少。通过记录用户的登录、注销、数据访问和修改等操作,云计算服务提供商可以追踪潜在的安全问题,并为安全事件调查提供有力的证据支持。

为了实现高效的安全审计和日志记录,云计算服务提供商可能会采用 SIEM 系统。该系统能够实时收集、分析和存储各种安全事件和日志信息,从而帮助系统管理员及时发现并响应安全威胁。

4. 灾备和恢复计划

数据丢失和灾难性事件是云计算服务提供商必须面对的风险。为了防止这些风险对用户数据造成不可逆转的损失,制订详细的灾备和恢复计划至关重要。

云计算服务提供商会定期备份用户数据,并将其存储在安全的地方,以防数据丢失。同时,云计算服务提供商还会建立容灾中心,这些中心通常位于不同的位置,以确保在主数据中心发生故障时,可以快速切换到容灾中心,保证服务的连续性。

除了备份和容灾措施之外,云计算服务提供商还会制订详细的恢复计划。这些计划包括在紧急情况下快速恢复服务、验证数据的完整性和可用性等方面。通过这些措施,云计算服务提供商可以在面临灾难性事件时迅速做出响应并恢复服务。

5. 持续的安全更新和补丁管理

网络安全威胁和漏洞是不断变化的，因此云计算服务提供商需要持续关注最新的安全威胁和漏洞信息，并及时应用安全更新和补丁来防范这些威胁。云计算服务提供商通常会与安全机构和研究人员保持密切联系，以获取最新的安全情报和补丁信息。

此外，云计算服务提供商还会定期对其系统进行渗透测试和安全评估。这些测试和评估通常由专业的安全团队或第三方机构进行，以模拟真实的攻击场景并检测系统的安全性。通过测试和评估，云计算服务提供商可以及时发现并修复潜在的安全问题，确保安全策略的有效性。

（二）大数据在医疗、金融等领域的安全应用案例

虽然大数据在医疗和金融等领域的应用日益广泛，但也面临着严峻的安全挑战。以下是一些成功的大数据安全应用案例：

1. 医疗领域的大数据安全应用

随着信息技术的迅猛发展，大数据已经成为当今时代的重要资源和财富。在医疗领域，大数据的应用日益广泛，为医疗科研、临床实践及患者管理等带来了较大的变革。然而，与此同时，大数据的安全性也面临着前所未有的挑战。如何在充分利用大数据优势的同时，确保数据的安全性和隐私性，成为医疗领域亟待解决的问题。

在医疗领域，大数据被广泛应用于患者数据分析、疾病预测、个性化治疗及医疗资源优化配置等方面。通过对海量数据的深入挖掘和分析，医疗机构和科研人员能够更准确地了解疾病的发病机理、传播途径和治疗方法，从而为患者提供更精准、个性化的诊疗服务。

然而，大数据的应用也带来了诸多安全隐患。患者隐私泄露、数据被非法获取或篡改等问题日益凸显。为了解决这些问题，医疗机构采取了多种措施来加强大数据的安全防护。

数据加密技术是保障大数据安全的重要手段之一。对数据进行加密处理，可以确保数据在传输和存储过程中的完整性与真实性。在医疗领域，数据加密技术被广泛应用于电子病历、医学影像等敏感信息的保护中。例如，某大型医院就采用 AES 算法对其电子病历系统进行加密处理。这种加密方法通过复杂的算法将数据转化为一种难以解读的形式，只有持有相应密钥的人员才能解密和访问原始数据。这样一来，即使数据在传输过程中被截获，或者在存储介质上被非法获取，攻击者也难以解读其中的内容，从而有效保护了患者隐私。

除了数据加密技术之外，数据匿名化处理也是保护大数据安全的重要手段之一。数据匿名化是指通过技术处理将数据中的个人隐私信息进行脱敏或去除，使处理后的数据无法直接关联到具体的个人。在医疗领域，数据匿名化处理被广泛应用于患者信息、疾病统计等数据的发布和共享。例如，某医疗机构在发布患者就诊数据时，就采用了数据匿名化处理技术。由于该机构删除或替换了数据中的敏感信息（如患者姓名、身份证号等），故发

布的数据无法直接关联到具体的患者个体。这样一来,即使数据被公开或共享,也不会导致患者隐私的泄露。

同时,为了确保只有授权人员能够访问和使用大数据资源,医疗机构还采取了严格的访问控制策略,包括对访问者的身份认证、权限分配及操作审计等方面。通过严格的访问控制策略,医疗机构能够确保大数据资源不会被未经授权的人员访问和使用,从而有效防止数据泄露和非法操作的风险。

2. 金融领域的大数据安全应用

在数字化时代,大数据已经渗透到各个领域。大数据在金融风险评估、客户分析、产品创新和反欺诈等方面发挥着举足轻重的作用。然而,与此同时,金融大数据的安全性也面临着空前的挑战。如何确保金融大数据的安全性、完整性与可用性,成为金融领域亟待解决的问题。

金融机构通过收集和分析客户数据、市场数据、交易数据等,可以更准确地评估风险、制定投资策略、优化产品设计和提升客户服务质量。然而,这些敏感数据的泄露或被篡改可能会给金融机构带来巨大的经济损失。因此,加强金融大数据的安全防护至关重要。

为了确保金融大数据的安全性,金融机构通常采取多层次的安全防护措施。一是应用数据加密技术。二是构建数据备份和恢复机制。

除了数据加密和数据备份之外,金融机构还非常重视访问控制策略的制定和实施。通过对访问者进行身份认证和权限分配,可以确保只有经过授权的人员才能访问和使用金融大数据资源。这可以有效防止数据泄露。同时,安全审计和监控机制也是保障数据安全的重要环节。金融机构会对大数据系统的访问与操作进行实时监控和记录,以便及时发现并应对潜在的安全威胁。

在反欺诈方面,大数据也发挥着重要作用。金融机构可以利用大数据技术对交易数据进行实时分析,以识别潜在的欺诈行为。例如,通过对客户交易数据进行监控,可以发现异常交易模式并及时触发警报。这不仅有助于保护客户的资金安全,还能提高金融机构的风险管理能力。

此外,为了应对不断变化的网络威胁和攻击手段,金融机构还需要不断更新和完善其安全防护措施,包括及时修补系统漏洞、更新病毒库和防火墙规则等。同时,金融机构还应加强与相关安全机构的合作和信息共享,共同应对网络安全挑战。

(三)协同安全策略在企业中成功实施的经验分享

协同安全策略在企业中的实施是确保云计算和大数据安全的关键环节。以下是一些企业在协同安全策略实施方面的经验分享:

1. 明确安全目标和责任分配

随着信息技术的迅猛发展,云计算和大数据已成为现代企业不可或缺的重要资产。然而，这些技术的广泛应用也带来了前所未有的安全隐患。为了应对这些挑战，企业必须实施有效的协同安全策略，确保云计算和大数据的安全性。协同安全策略成功实施的首要任务是明确安全目标和责任分配。

企业在制定协同安全策略时，应首先设定清晰的安全目标。这些目标应围绕数据的机密性、完整性和可用性展开，以确保企业信息资产能够得到充分保护。同时，企业还需明确各个部门和员工在安全策略执行中的具体责任。这种责任的明确分配有助于形成全员参与的安全文化氛围，提升整体的安全防护能力。

为了实现这个目标，企业应成立专门的安全团队。这个团队负责全面监控和管理企业的网络安全状况，确保各项安全措施得到有效执行。安全团队应具备丰富的网络安全知识和实践经验，能够及时发现并解决潜在的安全威胁。此外，安全团队还应与各个部门保持良好沟通，共同推动安全策略的实施和完善。

除了专门的安全团队之外，企业还应在每个部门设立安全联络员。这些联络员将作为部门与安全团队之间的桥梁，负责及时传递安全信息，协助处理安全问题，并推动部门内部员工对安全策略的认知和遵守。通过这种方式，企业能够构建覆盖全员的安全管理网络，从而有效提升整体的安全防护水平。

2. 建立全面的安全防护体系

在数字化时代，企业的信息安全面临着前所未有的挑战。云计算和大数据技术的广泛应用，使企业数据面临着更多的安全隐患。为了有效应对这些挑战，建立全面的安全防护体系显得尤为重要。

企业应部署网络防火墙。防火墙能够监控和控制进出网络的数据流，防止未经授权的访问和潜在攻击。通过合理配置防火墙规则，企业可以限制对敏感资源的访问，从而降低数据泄露的风险。

除了防火墙，企业还应采用入侵检测系统来实时监控网络流量和用户行为。入侵检测系统能够及时发现异常流量和可疑活动，并向管理员发送警报。通过部署入侵检测系统，企业可以在攻击发生前及时采取防范措施，避免或减少损失。

同时，SIEM 系统也是企业安全防护体系的重要组成部分。SIEM 系统能够收集、分析和存储来自不同安全设备与系统的日志信息，帮助系统管理员全面了解企业的安全状况。通过 SIEM 系统的智能分析和关联功能，企业可以及时发现并解决潜在的安全问题。

此外，企业还应考虑采用其他安全技术，如数据加密、身份认证和访问控制等，以构建一个多层次、全方位的安全防护体系。综合应用这些技术可以有效提升企业的安全防护能力，确保云计算和大数据环境的安全稳定。

3. 强化员工安全培训

企业应该定期组织各种形式的安全教育活动，提高员工对网络安全的认识和理解。这些活动可以包括在线课程、工作坊、模拟演练等，让员工了解最新的网络威胁和防护措施。

通过参加培训，员工可以明白自己在保护企业数据安全方面的重要责任。员工不仅需要学会如何识别和避免网络钓鱼、恶意软件等常见威胁，以及如何正确使用和处理敏感数据，还应了解企业的安全政策和流程，以便在遇到安全问题时能够及时应对。

除了基本的网络安全知识，员工还需要培养安全意识。例如，应鼓励员工主动发现并报告潜在的安全威胁，而不是等待问题发生后再解决。这种主动的安全意识有助于企业构建更加稳健和安全的信息环境。

4．定期评估和改进安全策略

随着网络环境和威胁形势的不断变化，企业的协同安全策略也需要与时俱进。为了确保其长期有效，企业应定期对协同安全策略进行评估和改进。

在评估过程中，企业可以借助专业的安全咨询机构或工具进行漏洞扫描和风险评估。这些活动有助于及时发现并修复潜在的安全隐患，防止黑客利用已知漏洞进行攻击。同时，评估结果还可以为企业提供有关安全策略执行效果的反馈，从而帮助企业了解现有策略的优点和缺点。

企业应根据最新的安全趋势和技术发展来调整与优化安全策略。例如，随着零信任网络架构的兴起，企业可以考虑采用这种架构来增强网络的安全性。此外，企业还可以利用人工智能和机器学习等技术来提升安全防护的智能化水平。

第九章 大数据环境下的物联网与计算机网络安全

第一节 物联网面临的安全威胁与挑战

一、物联网概述

(一) 物联网的概念和架构

1. 物联网的概念

物联网是一个广阔的概念，描述了一个通过网络互联各种物理设备的系统。这些设备通过收集和分享数据来提高效率、增强准确性和便利性。物联网不仅是将事物连接到互联网上，更重要的是让这些连接的事物能够智能地协同工作，从而提供更智能的服务。从广义上说，物联网是一种通过先进的识别技术将各种物体的状态参数化，并通过互联网实现信息共享的技术。它形成了一个能关联万物的网络。在这个网络中，由于每个物件都有一个"身份证"，因此可以被分类并连接起来。

2. 物联网的架构

物联网通常分为三个主要部分：感知层、网络层和应用层。

（1）感知层是物联网的皮肤和五官，用于识别物体和采集信息。感知层包括二维码标签和识读器、射频识别技术（Radio Frequency Identification，RFID）标签和读/写器、摄像头、全球定位系统（Global Positioning System，GPS）等终端设备。这些设备的主要功能是识别物体、采集信息，与人体结构中皮肤和五官的作用相似。

（2）网络层是物联网的神经中枢和大脑，负责传递和处理感知层获取的信息。网络层由各种私有网络、互联网、有线和无线通信网络等组成，其相当于人的神经中枢和大脑，负责将感知层获取的信息进行传递和处理。网络层具有庞大的数据处理功能，能够对物体实施智能化的控制。

（3）应用层将物联网的"社会分工"与行业需求相结合，实现广泛智能化。应用层将物联网技术与行业专业化系统相结合，从而实现广泛的物物互联。将物联网技术与行业信息化需求相结合，可以实现行业应用的"智能化"。

（二）物联网的核心特点

物联网的核心特点主要体现在以下几个方面：

1. 全面感知

物联网利用各种传感器、二维码等随时随地获取物体的信息，实现了对物体的全面感知。利用这些感知手段可以获取物体的各种属性信息，如温度、湿度、位置、速度等，从而实现对物体状态的实时监控和追踪。全面感知是物联网的基础，可以为后续的信息传递和智能处理提供丰富的数据源。

2. 可靠传输

物联网通过各种电信网络与互联网的融合，将物体的信息实时准确地传递出去。这种传输方式要求网络具有高可靠性、高安全性和高效率。为了实现可靠传输，物联网采用多种技术手段（如数据加密、身份认证等）来确保数据在传输过程中的安全性和完整性。

3. 智能处理

物联网通过云计算、模糊识别等各种智能计算技术，对海量数据和信息进行分析与处理，从而实现对物体的智能化控制。此外，物联网还能够根据用户的需求提供个性化的服务。

4. 自动化和智能化

通过预设的规则和算法，物联网设备可以自主地进行数据采集、传输和处理，实现自动化操作。此外，结合人工智能和机器学习等技术，物联网还可以实现智能化决策和优化，进一步提高系统的效率和准确性。

二、物联网面临的安全威胁

（一）设备安全威胁：设备被攻击、篡改或劫持的风险

物联网设备因其分布广泛和多样性，往往成为安全威胁的首要目标。设备安全威胁主要体现在设备被攻击、篡改或劫持的风险上，这些对物联网系统的整体安全构成了严重威胁。

1. 设备被攻击的风险

物联网设备通常具备较低的计算能力，安全防护措施相对薄弱，因此更容易成为黑客攻击的目标。黑客可能会利用设备漏洞或弱密码等安全缺陷，通过远程攻击手段侵入设备，进而控制设备或窃取设备中的数据。例如，智能家居设备、智能摄像头等都可能成为黑客攻击的对象，一旦攻击成功，黑客便能操控这些设备，甚至窥探用户的隐私。

2. 设备被篡改的风险

物联网设备在生产、运输、安装等过程中，可能会遭到恶意篡改。篡改者可能会在设备中植入恶意代码或修改设备原有的功能，以达到非法访问的目的。例如，攻击者可能会篡改智能电表等设备，导致电费计量不准确，从而给电力公司和用户带来经济损失。此外，篡改还可能导致设备在正常运行过程中出现故障或安全隐患。

3. 设备被劫持的风险

物联网设备在被劫持后，可能会被用于发动 DDoS 攻击等。攻击者通过控制大量被劫持的设备，并向特定目标发送大量请求，可能会导致目标服务器过载并产生拒绝服务。这种攻击方式不仅会给被攻击对象带来严重影响，还可能导致整个物联网系统的瘫痪。

为了防范设备安全威胁，需要采取一系列安全措施，如加强设备的物理安全防护、使用强密码策略、定期更新设备和软件的安全补丁等。同时，还需要建立完善的安全管理制度和应急响应机制，以便在发生安全事件时迅速应对并减少损失。

（二）网络安全威胁：数据传输过程中的截获、篡改或阻断

在物联网环境下，网络安全威胁是一个不可忽视的问题。由于物联网设备之间的数据传输通常通过网络进行，因此网络攻击者有机会对传输的数据进行截获、篡改或阻断，从而达到其恶意访问的目的。

1. 数据截获威胁

在物联网的数据传输过程中，如果网络没有采取足够的加密措施，那么攻击者可能会通过网络监听等手段截获传输的数据。这些数据可能包含用户的敏感信息，如个人隐私、交易详情等。一旦这些数据被截获，用户的隐私和财产安全将面临严重威胁。为了防止数据被截获，需要采用强加密技术对数据进行加密处理，从而确保数据在传输过程中的机密性。

2. 数据篡改威胁

除了数据截获之外，攻击者还可能尝试对传输中的数据进行篡改。通过修改数据的值、顺序或结构，攻击者可以破坏数据的完整性和真实性，进而误导接收方做出错误的决策或行为。例如，在智能交通系统中，如果交通信号灯的控制指令被篡改，那么可能会导致交通秩序混乱甚至发生交通事故。为了防范数据被篡改的威胁，需要使用数字签名等技术手段来验证数据的完整性和真实性。

3. 数据阻断威胁

数据阻断威胁是指攻击者通过网络攻击手段来阻止物联网设备之间的正常数据传输。这种威胁可能会导致物联网系统的功能受限或完全失效。例如，在智能家居场景中，如果攻击者阻断了智能设备与控制中心之间的数据传输，用户可能就无法远程控制家中的设备。为了应对数据被阻断的威胁，需要采取分布式网络架构、冗余通信链路等措施来提高网络的可靠性和可用性。

（三）应用安全威胁：恶意软件感染、DoS 攻击等

物联网的应用层同样面临着多种安全威胁，这些威胁主要来自恶意软件感染和 DoS 攻击。

1. 恶意软件感染

物联网设备由于其固有的脆弱性和缺乏足够的安全措施，往往容易成为恶意软件的攻击目标。恶意软件可以通过网络传播、文件感染、漏洞利用等方式侵入物联网设备，进而窃取数据，破坏系统功能，或者将设备变成僵尸网络的一部分进行网络攻击。例如，一些智能家居设备、智能摄像头等曾被发现存在安全漏洞，黑客可以利用这些漏洞植入恶意软件，从而达到控制设备或窃取用户隐私数据的目的。

为了防止恶意软件感染，用户需要定期更新设备的固件和软件，以修复已知的安全漏洞。同时，使用可信赖的安全软件和服务，可以避免从不明来源下载和安装应用程序，而这也是预防恶意软件感染的有效措施。

2. DoS 攻击

DoS 攻击是一种通过发送大量无效或高流量的网络请求，使目标服务器过载并拒绝为合法用户提供服务的攻击方式。在物联网环境下，这种攻击可能会导致关键服务中断，并给用户带来严重损失。例如，针对智能家居设备的 DoS 攻击可能会导致用户无法远程控制家中的设备，甚至可能引发安全隐患。

为了防范 DoS 攻击，需要采取一系列防御措施：首先，可以通过配置防火墙和入侵检测系统来识别并过滤恶意流量；其次，采用负载均衡和 DDoS 防御系统等来分散和吸收攻击流量；最后，建立完善的应急响应机制，以便在遭受攻击时能够迅速恢复服务。

三、物联网安全的挑战

（一）设备异构性与标准化问题

物联网设备的异构性是物联网安全面临的一个重要挑战。物联网涉及众多不同类型的设备和系统，并且这些设备和系统可能来自不同的制造商，采用不同的通信协议和技术标准，这给安全管理带来了极大的复杂性。每个设备可能都拥有自己的安全漏洞和隐患，而不同设备之间又可能存在兼容性问题，这些都会增大攻击面和安全风险。

同时，物联网设备的标准化问题也是亟待解决的难题。目前，物联网领域缺乏统一的标准和规范，因此不同设备之间的互操作性受限，安全策略难以统一实施。标准化的缺失不仅会影响物联网系统的整体效能，还会给安全管理增加难度。为了提升物联网的安全性，推动设备的标准化和互操作性至关重要。

针对设备异构性和标准化问题，可以从以下几个方面着手解决：一是加强设备制造商之间的合作，推动统一通信协议和安全标准的制定；二是鼓励研发更加智能化、自适应的

安全管理机制，以适应不同设备和系统的安全需求；三是加强监管和测试，确保物联网设备在上市前符合相关的安全标准和规范。

（二）有限的资源和能源管理

物联网设备通常受限于其计算、存储和能源资源。这些设备往往具有低功耗、小尺寸的嵌入式系统，处理能力和存储容量有限。因此，在这些设备上实行复杂的安全措施变得非常具有挑战性。加密、解密、身份认证等安全操作需要消耗大量的计算资源和能源，可能会对设备的性能和电池使用寿命产生显著影响。

此外，由于物联网设备分布广泛且数量众多，因此对它们进行定期的软件更新和安全补丁推送是一项资源密集型任务。这不仅需要高效的通信和数据传输机制，还需要设备具备足够的能源储备来支持远程更新。

为了解决这些问题，研究人员正在探索轻量级的安全协议和算法，以适应物联网设备的资源限制。同时，能源管理技术的创新也在不断发展，如通过能源收集技术（如太阳能、振动能等）为设备提供持续的能源供应，或者通过优化通信协议来减少数据传输过程中的能源消耗。

（三）隐私保护与数据安全

物联网设备的普及使得大量的个人数据被收集、传输和处理。这些数据包括用户的行为习惯、偏好、位置信息等，具有极高的隐私价值。然而，由于物联网系统的复杂性和开放性，这些数据往往面临着被非法获取和滥用的风险。

攻击者可能会通过网络监听、恶意软件植入等手段窃取用户的敏感数据，进而进行身份盗窃、诈骗等。同时，一些不负责任的数据收集者也可能将用户的隐私数据出售给第三方机构，这会进一步加剧隐私泄露的风险。

除了隐私保护之外，数据安全也是物联网面临的挑战之一。由于物联网设备之间需要进行大量的数据传输和交换，如果数据传输过程中没有采取足够的安全措施（如加密和身份认证），那么数据就有可能被篡改或窃取。此外，存储在云端或边缘服务器中的数据也可能面临黑客攻击或内部泄露的威胁。

为了解决这些问题，需要采取一系列的技术手段和管理措施来加强隐私保护和数据安全，如使用强加密技术对敏感数据进行加密处理，采用匿名化技术隐藏用户的真实身份，以及建立完善的数据访问控制和审计机制等。

（四）安全管理与应急响应的复杂性

物联网系统的安全管理涉及多个层面和维度，包括设备安全、网络安全、数据安全和应用安全等。每个层面都可能存在潜在的安全威胁和风险点，因此需要采取相应的安全措施进行防范和应对。然而，由于物联网系统的复杂性和异构性，制定和实施统一的安全管理策略变得非常困难。

同时，物联网系统的应急响应也是一项具有挑战性的任务。一旦发生安全事件或漏洞被利用的情况，需要迅速采取措施进行处置和恢复。然而，由于物联网设备数量众多且分布广泛，故及时检测和定位问题变得非常困难。此外，应急响应还需要跨多个组织和部门进行协作与配合，这也增加了响应的难度。

为了解决这些问题，需要建立完善的安全管理体系和应急响应机制：第一，需要对物联网系统的各个层面进行全面的风险评估和安全检查；第二，需要有详细的安全策略和应急预案；第三，需要加强跨部门和跨组织的沟通与协作能力培训；第四，需要利用人工智能和大数据等技术手段提升安全监测与应急响应的效率及准确性。

第二节　物联网大数据安全分析

一、物联网大数据的特点

（一）数据体量大

物联网大数据的首要特点就是数据体量大。随着物联网技术的快速发展和广泛应用，越来越多的设备被连接到互联网上，这些设备不断地生成和传输数据，因此物联网系统中的数据呈现爆炸式增长。这种大规模的数据不仅包括设备自身的状态信息、运行数据，还包括与用户交互产生的各种数据，如用户行为数据、消费数据等。

数据体量大，一方面，为数据分析提供了丰富的素材，有助于发现更多的规律和趋势；另一方面，给数据的存储、处理和分析带来了前所未有的挑战。传统的数据处理方法已经难以应对如此大规模的数据，因此需要借助分布式存储、云计算等先进技术来有效地管理和分析这些数据。

此外，数据体量大还意味着在进行数据分析时需要具有更高的计算能力和更优的算法，以提高处理效率。为了满足实时性要求，物联网大数据处理系统需要具备高效的计算能力和数据处理能力，以确保在短时间内完成对数据的分析和挖掘。

（二）数据类型多样

物联网大数据的第二个特点是数据类型多样。物联网系统中的数据来源于各种不同类型的设备，如传感器、智能家居设备、工业生产设备等，这些数据包括文本、图像、音频、视频等多种格式。这些数据既有结构化格式的，如温度、湿度、压力等传感器的读数，也有非结构化格式的，如用户在使用智能设备时产生的日志、评论和反馈等。

数据类型多样为物联网大数据的分析提供了更丰富的视角和维度，这有助于更全面地了解设备的运行状态、用户的行为习惯及市场的需求变化等。然而，这种多样性给数据处理和分析增加了难度。不同类型的数据需要采用不同的处理方法和技术手段进行解析与挖掘，这对数据处理系统的灵活性和可扩展性提出了更高的要求。

为了应对数据类型的多样性挑战，物联网大数据处理系统需要具备强大的数据整合能力，能够将各种不同类型的数据进行有效融合和分析。同时，还需要借助机器学习、深度学习等方法自动识别和处理各种类型的数据，以提高数据分析的智能化水平。

（三）数据处理速度快

物联网大数据的第三个特点是数据处理速度快。物联网系统中的数据是实时生成的，且以极快的速度增长。这就要求物联网大数据处理系统能够快速对这些数据进行采集、存储、分析和挖掘，以便及时发现问题、预测趋势并做出决策。

为了满足实时性的要求，物联网大数据处理系统通常采用流处理等技术手段，能够在数据到达时立即进行处理并输出结果。这种处理方式不仅可以缩短数据处理的延迟时间，还可以提高系统的响应速度和灵活性。同时，借助高性能的计算资源和优化的算法设计，物联网大数据处理系统能够在短时间内完成对海量数据的分析和挖掘工作，为决策者提供及时、准确的信息支持。

此外，随着5G、边缘计算等技术的不断发展，物联网大数据处理系统的速度和效率将得到进一步提升。未来，物联网大数据将在实时监测、智能决策等方面发挥更重要的作用。

（四）数据价值密度低

物联网大数据的第四个特点是数据价值密度低。虽然物联网系统中的数据体量大且类型多样，但真正有价值的信息相对较少。这是因为物联网设备在不断地生成和传输数据的过程中，会包含大量的冗余信息、噪声数据及无关紧要的信息。这些信息对于数据分析来说并没有太大的价值，甚至会对分析结果造成干扰。

因此，在物联网大数据处理过程中，需要采用有效的数据清洗和预处理技术来去除冗余信息、噪声数据及无关紧要的信息，提取真正有价值的信息进行分析和挖掘。同时，还需要借助先进的算法和模型来提高数据分析的准确性与效率，以便更好地发现数据中的潜在价值和规律。

尽管物联网大数据的价值密度相对较低，但这并不意味着这些数据没有价值或意义。相反，采用合理的处理和分析方法，可以从这些看似无用的数据中挖掘出宝贵的信息和知识，为企业的决策和创新提供有力的支持。因此，在未来的发展中，需要不断探索和创新物联网大数据的处理和分析技术，以便更好地利用这些宝贵的数据资源。

二、物联网大数据的安全需求

（一）数据机密性

数据机密性是物联网大数据安全的首要需求。在物联网环境下，大量的数据在设备间、设备与云平台间不断传输,这些数据往往包含着用户的隐私信息、企业的商业机密及其他敏感信息。如果这些数据在传输或存储过程中被未授权的第三方获取,就会严重威胁用户和企业的安全。

1. 数据加密

为了保障数据的机密性,必须对传输和存储的数据进行加密处理。使用加密算法(如AES、RSA 等)可以确保即使数据被截获,攻击者也无法轻易解密和获取其中的敏感信息。同时,加密过程也需要考虑密钥的管理和分发,以确保密钥的安全性和可用性。

2. 访问控制

除了数据加密之外,还需要实施严格的访问控制策略。这可以通过身份认证、权限验证等手段来实现,只有经过授权的用户或系统才能访问敏感数据。例如,可以使用多因素身份认证方法,结合用户名、密码及生物识别技术等,提高访问控制的安全性。

3. 数据隔离

在物联网大数据环境下,不同用户或企业的数据应该进行逻辑或物理隔离,以防止数据泄露。采用数据隔离技术可以确保每个用户或企业的数据在存储、处理和传输过程中相互独立,避免数据被混淆和非法访问。

为了满足数据机密性的需求,物联网大数据系统需要采用多层次的安全防护措施。从数据加密、访问控制到数据隔离等进行全面保护可以确保数据的机密性不受损害。

(二)数据完整性

数据完整性是物联网大数据安全的一个重要需求。在物联网环境下,数据完整性不仅会影响信息的准确性和可靠性,还会影响后续的数据分析和决策过程。

1. 数据校验

为了确保数据的完整性,必须对接收到的数据进行校验(可以使用哈希函数、数字签名等技术手段来实现)。当数据在传输过程中被篡改时,校验值会发生变化,由此用户可以及时发现数据的不一致性。

2. 数据备份与恢复

为了防止数据丢失或损坏导致的完整性受损,需要对重要数据进行定期备份。同时,还需要建立完善的数据恢复机制,以便在数据出现问题时能够及时恢复。

除了技术手段之外,还需要加强对物联网设备的物理保护和网络保护,防止恶意攻击者对数据进行篡改。例如,可以采用物理隔离、网络隔离等措施来降低攻击风险。

为了满足数据完整性的需求,物联网大数据系统需要建立一套完善的数据校验、备份与恢复机制,并结合物理保护和网络保护措施来确保数据的完整性不被破坏。

(三)数据可用性

数据可用性是物联网大数据安全的第三个关键需求。在物联网环境下,大量的设备和服务需要依赖数据的可用性来保证正常运行。如果数据不可用或遭到破坏，就会导致设备发生故障、服务中断等。

1. 防止 DoS/DDoS 攻击

为了防止恶意攻击者通过大量请求拥塞物联网系统或服务器来使数据变得不可用，需要采取防御措施来抵御拒绝服务攻击。可以通过配置防火墙、限制访问速率、使用负载均衡等技术手段来分散请求压力以保护系统的稳定运行。

2. 数据冗余与容错

为了提高数据的可用性，可以采用数据冗余和容错技术。例如，可以使用 RAID 技术来存储数据，确保在部分磁盘发生故障时数据仍然可用。同时，还可以采用分布式存储系统来提高数据的可用性。

3. 灾备与恢复计划

为了防止自然灾害、人为错误等导致的数据丢失或系统瘫痪，需要制订灾备与恢复计划。例如，定期备份数据、建立异地灾备中心、制定应急响应流程等措施可以确保数据在紧急情况下的可用性。

三、物联网大数据安全分析技术

（一）数据来源验证与数据融合技术

在物联网大数据环境下，数据来源的多样性和海量性带来了数据处理和安全的新挑战。数据来源验证技术能确保进入大数据分析系统的数据是可靠的和未被篡改的，这是整个数据分析过程可信的基石。数据来源验证通常涉及数字签名、时间戳、数据完整性校验等技术的运用，以确保数据来源的真实性和数据的完整性。

数据融合技术则是处理物联网大数据的一个关键环节。由于物联网设备数量庞大，产生的数据流量巨大，如果直接对这些原始数据进行传输和处理，就会带来巨大的网络负担和处理成本。数据融合技术能够在数据传输前，对来自不同源的数据进行预处理、去重、压缩和融合，以减少数据传输量、提高数据处理效率，同时能够在一定程度上剔除错误或异常数据，提升数据质量。

在安全性方面，数据来源验证可以防止恶意数据的注入，而数据融合则能够减少攻击面，因为较少的数据传输意味着较少的潜在攻击点。将这两种技术进行结合，可以构建物联网大数据处理的安全防线。

（二）加密与匿名化技术

物联网大数据中包含大量的个人隐私信息，如用户的身份信息、位置信息、行为模式等。这些信息一旦被泄露，将会对个人隐私造成极大的威胁。因此，采用加密技术对敏感数据进行保护至关重要。

加密技术通过将数据转换为不可读的密文形式，确保即使数据在传输或存储过程中被截获，也无法被未经授权的第三方轻易解读。在物联网大数据环境下，常用的加密方法包括对称加密和非对称加密。对称加密使用相同的密钥加密和解密；非对称加密使用公钥加密，使用私钥解密。

除了加密技术之外，匿名化技术也是保护数据隐私的重要手段。匿名化技术就是去除或替换数据中的个人识别信息，使数据无法直接关联到具体的人，从而保护用户隐私。例如，在数据分析过程中，可以使用假名代替真实的姓名，或者对地理位置信息进行模糊处理。

综合使用加密与匿名化技术，可以在保证数据分析有效性的同时，最大限度地保护用户的隐私安全。

（三）入侵检测系统与入侵防御系统

物联网大数据环境面临着诸多安全威胁，包括但不限于恶意攻击、数据泄露、系统破坏等。为了应对这些威胁，入侵检测系统与入侵防御系统在物联网大数据环境中扮演着至关重要的角色。

入侵检测系统能够实时监控网络流量和系统行为，并通过对比正常行为与异常行为来识别潜在的攻击。一旦检测到可疑活动，入侵检测系统就可以发出警报并采取相应的防御措施。入侵防御系统则更进一步，不仅能够检测攻击，还能够在攻击到达目标系统之前进行拦截和阻断。

在物联网大数据环境下，入侵检测系统与入侵防御系统需要处理的数据量巨大，因此要求系统具备高性能的数据处理能力和智能化的分析算法。此外，为了应对不断变化的攻击手段，入侵检测系统与入侵防御系统还需要具备自我学习和更新的能力，以便及时识别并防御新型攻击。

（四）风险评估与安全管理策略

物联网大数据系统的风险评估是确保系统安全的重要环节。通过对系统的各个方面进行全面的风险评估，可以识别潜在的安全漏洞和威胁，并据此制定相应的安全管理策略。

风险评估通常包括对系统的物理环境、网络通信、数据存储和处理等进行检查与分析。评估过程中需要考虑各种可能的安全威胁和攻击场景，以及系统在这些场景中的脆弱性。通过风险评估，可以明确系统的安全性需求，并为后续安全管理策略的制定提供依据。

在制定安全管理策略之后，还需要定期对其进行审查和更新。因为随着技术的发展和威胁环境的变化，原先的安全策略可能已经不再适用。定期进行安全审查和策略更新，可以确保系统的安全防护措施始终保持最新和有效。

第三节　物联网与大数据的安全融合策略

一、物联网与大数据融合的安全挑战

（一）跨平台与跨系统的安全整合

物联网与大数据的融合，使不同来源、不同格式、不同标准的数据需要在各种平台和系统间进行交换与整合。这种跨平台与跨系统的数据交互，带来了复杂的安全挑战。

不同的物联网设备和系统可能需要采用不同的通信协议与数据格式，因此在数据整合过程中需要进行数据转换和适配。在这个过程中，如果对数据处理不当，就可能导致数据丢失、损坏或被篡改，从而影响数据的完整性和准确性。为了解决这个问题，需要制定统一的数据交换标准和接口规范，以确保数据在不同平台和系统间顺畅流通。

跨平台与跨系统的数据交互增加了攻击面，因此黑客会有更多的机会利用系统间的漏洞进行攻击。例如，攻击者可能利用不同系统间的认证差异，通过伪造身份或窃取认证信息非法访问敏感数据。因此，加强身份认证和访问控制机制，确保只有经过授权的用户和系统才能访问敏感数据，是保障跨平台与跨系统数据安全的关键。

跨平台与跨系统的安全整合需要考虑不同系统的安全策略和管理制度的协调与统一。不同的系统与平台可能采用不同的安全策略和管理制度，因此在数据交互过程中可能会出现安全策略冲突或管理漏洞问题。为了解决这个问题，需要建立完善的安全管理制度和协调机制，以确保各个系统与平台能够协同工作，共同应对安全威胁。

（二）实时数据处理与安全分析的需求

物联网与大数据的融合使实时数据处理和安全分析成为可能，但同时带来了新的安全挑战。

实时数据处理对系统的性能和稳定性提出了更高的要求。由于物联网设备产生的数据量巨大且持续不断，如果处理不及时或处理性能不足，就可能导致数据堆积和丢失，从而影响数据分析的准确性和实时性。为了解决这个问题，需要采用高性能的数据处理技术和分布式存储技术，以提高数据处理速度和容量。

实时数据处理增加了数据泄露的风险。由于数据在传输和处理过程中需要经过多个环节及节点，如果其中任何一个环节出现安全漏洞，就可能导致数据泄露或被篡改的风险。因此，加强数据传输和存储过程中的加密与验证机制是保障实时数据处理安全的关键。

实时安全分析需要对大量的数据进行深度挖掘和关联分析，以发现潜在的安全威胁和异常行为。然而，这种分析过程也可能暴露敏感信息和隐私数据。为了保护用户隐私和数据安全，需要采用差分隐私、联邦学习等隐私保护技术，以确保在进行分析的同时不泄露敏感信息。

(三) 隐私保护与合规性要求

物联网与大数据的融合使个人隐私数据的收集及处理变得更加容易和普遍，这也引发了人们对隐私保护的担忧。

隐私保护要求企业在收集、存储和使用个人隐私数据时必须遵守相关法律法规与隐私保护政策。然而，由于物联网设备的多样性和数据来源的复杂性，确保数据的合规性并不容易。为了解决这个问题，企业需要建立完善的隐私保护制度和流程，包括采用数据加密、匿名化处理、访问控制等措施，以确保个人隐私数据的安全。

隐私保护要求企业在数据分析和挖掘过程中避免泄露敏感信息与隐私数据。由于利用大数据分析技术可以对海量数据进行深度挖掘和关联分析，如果挖掘不当就可能暴露个人隐私。因此，企业需要采用隐私保护技术进行数据处理和分析，以确保在挖掘有价值的信息的同时保护个人隐私。

合规性要求企业不仅要遵守国内的法律法规和隐私保护政策，还要考虑国际法律法规和隐私保护标准。由于物联网和大数据有跨国性特点，企业需要了解并遵守不同国家与地区的法律法规和隐私保护政策，以确保在全球范围内合规经营，以及保障用户的合法权益。同时，企业还需要与监管机构保持密切沟通和合作，以及时了解与应对相关法律法规和政策的变化。

二、物联网与大数据安全融合策略的制定

(一) 构建统一的安全管理平台

在物联网与大数据融合的背景下，构建统一的安全管理平台至关重要。该平台应能集中管理物联网设备和大数据系统，并提供统一的安全视图，以实现安全事件的集中收集、分析和响应。

统一的安全管理平台需要整合各种安全工具和技术，如防火墙、入侵检测系统、SIEM系统等，以实现全方位的安全防护。通过集中管理这些安全组件，可以更有效地监控和应对各种安全威胁。

统一的安全管理平台应具备强大的数据分析能力，能够对来自物联网设备和大数据系统的海量安全日志进行实时分析，及时发现异常行为和潜在威胁。这就要求平台采用先进的大数据分析技术，如机器学习等，提高安全分析的准确性和效率。

统一的安全管理平台应能够提供灵活的安全策略配置和管理功能。由于物联网设备和大数据系统的多样性，安全策略需要根据不同的设备和系统进行调整与优化。因此，平台应支持细粒度的安全策略配置，以满足各种场景中的安全需求。

统一的安全管理平台应具备良好的可扩展性和兼容性，以适应物联网和大数据技术的不断发展。随着新技术和新设备的不断涌现，平台应能够非常方便地集成新的安全组件和

功能模块，保持与时俱进的安全防护能力。

（二）强化身份认证与访问控制机制

在物联网与大数据融合的环境下，身份认证与访问控制是确保数据安全的关键环节。通过强化这些机制，可以降低未经授权的访问和数据泄露的风险。

实施多因素身份认证，综合运用用户名/密码、动态令牌、生物识别等认证方式，可以提高身份认证的强度和可靠性。特别是针对关键系统和敏感数据的访问，应采用更高级别的身份认证方法，如基于证书的身份认证或硬件安全模块等。

建立完善的访问控制策略，如RBAC、ABAC等策略，从而确保只有经过授权的用户才能访问特定的数据和资源。同时，应实施最小权限原则，即每个用户或系统仅被授予完成任务所需的最小权限，以降低潜在的安全风险。

定期审查和更新访问控制策略，以适应组织结构和业务需求的变化。通过定期的权限审查和认证更新，可以及时发现和纠正潜在的安全漏洞。

（三）实施动态风险评估与制订应急响应计划

在物联网与大数据融合的环境下，实施动态风险评估与制订应急响应计划对及时应对安全事件和减少损失至关重要。

动态风险评估是一个持续的过程，旨在识别和评估物联网与大数据系统中存在的安全风险，包括对系统的漏洞、威胁和潜在影响进行定期评估，并根据评估结果调整安全策略。通过实施动态风险评估，组织可以及时发现并解决潜在的安全问题，从而提高系统的整体安全性。

同时，应制订详细的应急响应计划来应对可能的安全事件。计划应明确应急响应团队的组成和职责、应急响应流程和措施，以及与其他相关部门的协调和沟通方式等。在发生安全事件时，应急响应团队应迅速启动应急响应计划，并采取必要的措施来减少损失并恢复系统的正常运行。

此外，组织还应定期进行应急响应演练和培训，以提高应急响应团队的应对能力。通过模拟实际的安全事件场景，可以帮助应急响应团队熟悉应急响应流程和措施，提高其在真实事件中的应对能力。

三、物联网与大数据安全融合策略的技术展望

（一）物联网设备的安全启动与固件更新机制

物联网设备的安全启动与固件更新机制是确保物联网系统安全的基础。安全启动通过验证设备固件的完整性和真实性，可以保证设备在启动时加载的是经过授权的、未被篡改的固件。这可以有效防止恶意软件的注入和设备的非法篡改。

在实现上，安全启动通常依赖硬件级别的安全芯片或模块，这些硬件在设备启动时会

执行固件的验证工作。例如，使用信任根（Root of Trust）技术，设备启动时先执行一段安全的引导代码，该代码会验证主固件的签名和完整性，从而确保固件的合法性。

固件更新机制同样重要，能够确保物联网设备在发现安全漏洞或需要新增功能时，及时、安全地进行固件升级。安全的固件更新需要保证更新包的完整性、真实性和机密性，防止在传输过程中被截获或篡改。一种常见的做法是使用安全的通信协议（如 HTTPS）来传输更新包，并使用数字签名来验证更新包的来源和完整性。

（二）利用区块链增强物联网大数据的安全性

区块链以其去中心化、数据不可篡改和可追溯的特性，为物联网大数据的安全性提供了全新的解决方案。将物联网数据存储在区块链上，可以确保数据的完整性和真实性，防止数据被篡改。

在物联网环境下，区块链可以作为一个分布式的、可信的数据存储和验证平台。每个物联网设备都可以作为区块链网络中的一个节点，并将数据以区块的形式添加到链上。由于区块链有不可篡改性，一旦数据被添加到链上，就无法被修改或删除，从而保证了数据的真实性和可信度。

此外，区块链的智能合约功能还可以用于实现自动化的安全策略和执行复杂的业务逻辑。例如，可以设定当满足某些特定条件时自动触发安全警报或执行其他安全措施。

（三）人工智能在物联网大数据安全分析中的应用前景

人工智能在物联网大数据安全分析中发挥着重要的作用。利用机器学习、深度学习等技术，可以对海量的物联网数据进行深度挖掘和分析，以便及时发现异常行为和潜在的安全威胁。

人工智能可以应用于入侵检测、恶意软件识别、用户行为分析等方面。例如，通过学习机器学习模型来识别正常的用户行为模式，当检测到与正常模式不符的行为时，即可触发警报并进行进一步的调查。利用这种方法可以发现潜在的安全威胁，并及时采取措施进行防范。此外，人工智能还可以用于优化安全策略和提高系统的自适应能力。通过分析历史数据和实时数据，人工智能可以自动调整安全策略以适应不断变化的安全环境，从而提高系统的安全性。

第十章 大数据环境下区块链与计算机网络安全

第一节 区块链在大数据安全中的应用

一、区块链概述

(一) 区块链的定义

区块链是一种基于去中心化、分布式、不可篡改的数据存储和传输技术,以链式数据结构为基础,通过密码学算法来保证数据传输和访问的安全。简单来说,区块链就是一个不断增长的数字记录列表,这些记录列表被称为"区块",并使用密码学方式进行连接和保护。

(二) 区块链的主要特点

1. 去中心化

区块链不依赖任何中央机构或服务器来管理数据,每个节点都有完整的数据副本,因此数据更加安全和可靠。

2. 透明性

所有的交易记录都是公开的,任何人都可以查看,这增加了数据的透明度和可信度。

3. 数据不可篡改

一旦数据被写入区块链,就无法被更改或删除。这种特性使区块链成为记录重要信息的理想选择,如在金融交易、供应链管理、身份认证等领域应用区块链。

4. 共识机制

区块链网络中的节点通过共识机制来验证和记录新的数据块,这种机制可以确保数据的一致性和准确性。

(三) 区块链的分类

根据应用场景和开放程度的不同,区块链可以分为公有链、私有链和联盟链三种类型。公有链是指对全世界所有人开放的区块链网络，任何人都可以参与验证和记录数据；私有链则是由某个组织或机构控制的区块链网络，数据访问和写入权限会受到限制；联盟链则介于两者之间，是由多个组织或机构共同维护的区块链网络，数据访问和写入权限受到一定程度的限制。

二、区块链在大数据安全领域的应用

随着大数据技术的快速发展，数据安全问题也日益突出。区块链以其独特的去中心化、数据不可篡改等特点，在大数据安全领域具有广泛的应用前景。

（一）数据保护

在大数据时代，数据泄露和篡改是两大主要安全隐患。区块链的去中心化和加密特性为数据保护提供了新的解决方案。

1. 防止数据泄露

通过将数据加密并存储在区块链上，可以确保只有拥有相应密钥的用户才能访问敏感数据。这种分散式存储和加密机制使黑客难以集中攻击并窃取大量数据。

2. 防止数据被篡改

区块链的每个数据块都包含前一个数据块的哈希值，所以形成了一条不可篡改的数据链。这意味着一旦数据被写入区块链，就无法被更改或删除。这种特性对于需要长期保存且不可更改数据的文件至关重要，如法律文件、合同等。

（二）安全数据共享

在大数据分析中，数据共享是一个重要环节。然而，传统的数据共享方式往往存在安全隐患，如数据泄露、未经授权的访问等。区块链通过智能合约等技术手段实现了安全的数据共享。

1. 智能合约

智能合约是一种自动执行的计算机程序，可以根据预设的条件自动执行数据共享操作。通过智能合约，可以确保数据只能被授权的用户访问，并在满足特定条件时自动释放数据。这种机制可以避免人为干预和数据泄露的风险。

2. 访问控制

区块链还可以结合身份认证和访问控制机制，对数据共享进行更精细化的管理。只有经过身份认证的用户才有权访问敏感数据，从而确保数据的安全。

（三）数据溯源

在大数据时代，数据的来源和流向往往难以追踪，这给数据争议和犯罪调查带来了很大的困难。区块链通过记录每笔交易的信息来实现数据的可追溯性。

区块链可以详细记录每笔交易的信息，包括交易双方、交易时间、交易金额等。这些信息可以被永久保存在区块链上，以便后续追踪和审计。

通过区块链可以追踪数据的来源和流向，从而确保数据的真实性和合法性。这对于打击数据犯罪、维护数据安全具有重要意义。例如，在供应链管理领域，企业可以利用区块链技术追踪产品的来源和流向，从而确保产品质量和安全；在金融行业，区块链技术可以用于反洗钱和反恐怖融资等合规性检查。

第二节　区块链在数据安全溯源中的应用

一、数据安全溯源的重要性

（一）数据安全溯源的概念

数据安全溯源，即追踪和确认数据的来源、流转过程及最终去向，是保障数据质量和安全的重要手段。在大数据和云计算快速发展的今天，数据的生成、传输、存储和处理环节越来越复杂，数据的安全问题也日益凸显。数据的真实性、完整性和可信度是大数据应用的基础，而数据安全溯源正是为了保障这些特性而存在的。

随着数字化、网络化的加速发展，数据已经成为当今社会的重要资源，涉及个人、企业乃至国家的核心利益。数据的篡改、伪造和滥用等行为不仅会损害数据的真实性与可信度，还可能对个人隐私、企业经营和国家安全造成严重影响。因此，数据安全溯源的重要性不言而喻。

（二）数据安全溯源的作用与价值

1. 确保数据质量

通过追溯数据的来源和流转过程，可以验证数据的真实性和完整性，从而确保数据质量。这对于依赖大数据进行决策的企业和机构来说至关重要，因为错误的数据可能导致决策部署的失误，进而带来无法估量的损失。

2. 维护数据安全

数据安全溯源有助于及时发现和防范数据泄露、篡改等安全威胁。通过对数据流转过程进行监控和审计，可以迅速定位安全问题并采取相应的应对措施，从而保障数据的安全性和可信度。

3. 提升信任度

在数据交换和共享的过程中，数据安全溯源可以提供有力的证据来证明数据的真实性和可靠来源，从而增强数据使用方对数据的信任度。这对于促进数据流通和利用具有重要意义。

4. 助力监管和合规

数据安全溯源为监管部门提供了一种有效的手段来监控数据的合规性。通过追溯数据的来源和去向，监管部门可以及时发现和打击数据违法违规行为，维护市场秩序和消费者权益。

（三）数据安全溯源面临的挑战

数据安全溯源具有重要意义，但在实际操作中也面临着诸多挑战：首先，数据的海量性、多样性、高速性使数据溯源变得异常复杂和困难；其次，数据流转过程中的隐私保护问题也是一大难点，如何在确保数据可追溯的同时保护个人隐私是亟待解决的问题；最后，缺乏有效的技术手段和工具是制约数据安全溯源发展的重要因素。

为了应对这些挑战，需要应用一种高效、可靠且易于实施的数据安全溯源技术，而区块链正是这样一种具有巨大潜力的技术解决方案。

二、区块链在数据安全溯源中的应用实例

（一）区块链的原理

区块链是一种基于去中心化、去信任化的分布式账本技术，通过密码学算法和共识机制来确保数据的安全性与不可篡改性。区块链由一个个数据块组成，每个数据块包含一定的信息（如交易信息、时间戳、区块链地址等），并且每个数据块都被数字签名和加密算法保护，以确保其完整性和真实性。每个数据块都按照时间顺序链接在一起，形成了一条不可篡改的数据链。

（二）区块链在数据安全溯源中的具体应用

1. 食品行业

在食品行业中，区块链被广泛应用于产品质量溯源。利用区块链可以记录食品从原材料采购、生产加工、运输配送到销售终端的全过程信息。消费者可以通过扫描产品上的二维码或条形码来查询产品的详细信息，如生产日期、生产批次、原材料来源等。这不仅有助于消费者了解产品的真实情况，还能在出现问题时迅速查找、定位原因并采取措施。

2. 药品行业

药品安全是关系人民生命健康的重要问题。区块链可以为药品提供一个透明、可追溯的供应链解决方案。利用区块链可以记录药品从研发、生产、流通到使用的全过程信息，从而确保药品的质量和安全。同时，监管部门也可以利用区块链对药品进行有效的监管和追溯。

3. 汽车行业

汽车行业是另一个应用区块链进行数据安全溯源的领域。汽车零部件众多，供应链复杂，因此需要一个可靠且高效的追溯系统来确保零部件的质量和来源。利用区块链可以记录汽车零部件的生产、加工、运输等全过程信息，从而提高供应链的透明度和可信度。同时，这也有助于汽车制造商及时发现并解决问题，提升产品质量和客户满意度。

（三）区块链在数据安全溯源中的优势与局限性

区块链在数据安全溯源中的优势主要体现在以下几个方面：首先，区块链的去中心化特性使数据更加安全和可靠，不易被篡改或伪造；其次，区块链的高透明度使数据的来源和流向一目了然，增强了数据的可信度；最后，区块链的可追溯性使得问题出现时可以被迅速定位并解决。

然而，区块链在数据安全溯源中也存在一定的局限性：首先，区块链的实施成本较高，需要投入大量的人力、物力和财力进行基础设施建设与技术研发；其次，区块链的性能瓶颈限制了其在大数据环境下的应用；最后，需要重点关注隐私保护问题。

第三节 区块链与大数据的结合及挑战

一、区块链与大数据的结合

（一）区块链对大数据存储与管理的革新

1. 数据的安全存储

区块链以其去中心化、数据加密和不可篡改的特性，为大数据存储提供了全新的安全保障。传统的去中心化存储方式容易受到黑客攻击或内部泄露的威胁，而区块链的分布式存储机制则大大提高了数据的安全性。由于每个节点都保存了完整的数据副本，因此即使部分节点遭受攻击，也不会影响整个网络的数据完整性。

2. 数据管理的透明性与可信度

区块链的透明性使数据的每一次变动都是公开的、可查的，这增强了数据的可信度。在大数据分析中，数据的真实性和准确性至关重要。利用区块链可以确保数据的来源和变动都有据可查，从而提高数据分析的准确性和有效性。

（二）区块链在大数据分析中的应用

1. 实现数据的可信追溯

在大数据分析过程中，了解数据的来源和流向对于确保分析结果的准确性至关重要。

区块链可以记录数据的每一次交易和变动，形成一条不可篡改的数据链，从而实现数据的可信追溯。这有助于在数据分析过程中发现问题、定位问题来源，并采取相应的措施加以解决。

2. 提升数据共享的效率与安全性

在大数据分析中，数据共享是一个重要环节。然而，传统的数据共享方式往往存在安全隐患和效率问题。区块链通过智能合约和加密算法等手段，可以实现数据的安全共享和高效管理。只有经过授权的用户才能访问敏感数据，从而确保数据的安全性和隐私性。同时，智能合约可以自动执行数据共享操作，从而提高数据共享的效率。

二、区块链与大数据结合面临的挑战

（一）技术融合挑战

1. 数据格式的兼容性问题

区块链与大数据技术的结合需要解决数据格式的兼容性问题。由于区块链主要处理的是结构化数据，而大数据技术则涉及更多的非结构化数据，因此如何实现这两种数据格式的有效转换和整合是一个技术难题。

2. 技术标准的统一问题

目前，区块链与大数据技术都缺乏统一的标准和规范，因此在技术融合过程中存在诸多障碍，如何实现技术标准的统一是亟待解决的问题。

（二）性能和扩展性挑战

1. 性能瓶颈问题

区块链虽然具有诸多优点，但其性能瓶颈也是不可忽视的问题。在大数据环境下，区块链需要处理海量的数据交易，如何提高区块链的性能以满足大数据处理需求就是一个重要挑战。

2. 扩展性问题

随着数据量的不断增长，区块链网络的扩展也面临严峻挑战。如何在保持区块链网络安全性和去中心化特性的同时，提高其扩展性以适应大数据环境下的大规模数据处理需求是一个亟待解决的问题。

（三）法规和政策挑战

1. 法规的滞后性问题

随着区块链的快速发展和应用领域的不断拓展，相关的法规和政策往往存在滞后性。因此，在区块链与大数据结合的过程中存在诸多法律风险和政策空白地带，如何完善相关法规和政策以适应新的技术发展趋势是一个重要问题。

2. 跨境数据流动和隐私保护问题

在经济全球化背景下，跨境数据流动日益频繁。然而，不同国家和地区对于数据隐私保护的法律法规不尽相同，因此在区块链与大数据结合的过程中存在跨境数据流动和隐私保护的问题。如何制定统一的国际法规和标准来解决这些问题是一个挑战。同时，随着区块链的广泛应用，个人隐私保护也面临新的挑战。如何在确保数据共享和利用的同时保护个人隐私是一个需要关注的问题。

第十一章 大数据环境下计算机网络安全的法律法规与伦理道德

第一节 国内外大数据相关法律法规概述

一、国际大数据相关法律法规

(一) 欧盟的《通用数据保护条例》

1.《通用数据保护条例》的主要内容和目标

欧盟的《通用数据保护条例》是一项具有里程碑意义的法规，旨在统一并加强欧盟各国的数据保护规则。《通用数据保护条例》于 2018 年 5 月 25 日出台，替代了之前的《数据保护指令》。《通用数据保护条例》的主要内容和目标如下：

(1) 增强数据主体的权利：《通用数据保护条例》赋予了数据主体更多的权利，如访问权、更正权、删除权（被遗忘权）、限制处理权、数据可携带权，以及反对自动化决策（包括剖析）的权利。

(2) 明确数据处理的原则和条件：《通用数据保护条例》规定了个人数据的合法处理基础，包括数据主体同意、保护数据主体或其他人的重大利益、执行公共任务或行使官方权利，以及追求数据控制者或第三方的合法利益等。

(3) 强化数据控制者和处理者的义务：包括实施适当的技术和组织措施来保护个人数据，进行数据保护影响评估，以及任命数据保护官等。

(4) 确保数据的跨境流动安全：对向第三方或国际组织传输个人数据提出了严格的条件和限制。

(5) 设立高额的违规处罚：对于违反《通用数据保护条例》的行为，监管机构有权处以高达全球年营业额4%或2 000万欧元的罚款（以较高者为准）。

《通用数据保护条例》的目标是确保数据保护权作为一项基本权利在欧盟各国得到统一且高水平的保护，同时促进数据的自由流动。

2.《通用数据保护条例》对企业和个人的影响

对于企业而言，《通用数据保护条例》的实施意味着需要更加严格地遵守数据保护的规定，包括重新审视和更新数据处理流程、获取和记录数据主体的同意、加强数据安全措施、帮助员工了解其数据保护责任，以及任命数据保护官（对于某些类型的数据处理是必要的）。如果企业不遵守《通用数据保护条例》，那么可能会遭受高额的行政罚款。

对于个人来说，《通用数据保护条例》提供了更强大的数据保护权利。个人可以更容易地访问、更正或删除他们的个人数据，并且可以反对基于自动化处理的决策。此外，数据泄露的通知义务意味着个人将更快地了解其数据是否已被泄露。

3. 违反《通用数据保护条例》的处罚措施

《通用数据保护条例》赋予了数据保护监管机构广泛的调查和处罚权。对于违反《通用数据保护条例》的行为，监管机构可以处以高额的行政罚款。除了罚款之外，监管机构还可以采取一系列纠正措施和制裁手段，如警告、责令停止违规行为、删除数据、限制或禁止数据处理等。

（二）美国的《加州消费者隐私法案》等其他相关法律法规

1. 《加州消费者隐私法案》与《通用数据保护条例》的异同点

《加州消费者隐私法案》是美国加利福尼亚州出台的一部重要的隐私法律。

《加州消费者隐私法案》与《通用数据保护条例》的相同点如下：一是都赋予了消费者一系列的数据权利，如访问、删除和选择退出的权利；二是都对违规行为设定了严格的处罚措施。

《加州消费者隐私法案》更侧重于保护加利福尼亚州居民的隐私权利，而《通用数据保护条例》则适用于欧盟各国的数据主体。此外，在定义"个人数据""敏感数据"及数据主体的权利方面，《加州消费者隐私法案》与《通用数据保护条例》也存在细微的差异。例如，《加州消费者隐私法案》特别关注了"可识别信息"，而《通用数据保护条例》则使用了更广泛的"个人数据"定义。

2. 《加州消费者隐私法案》对数据隐私的保护措施

《加州消费者隐私法案》采取了一系列措施来保护消费者的数据隐私：一是要求企业明确告知消费者其个人信息的收集、使用和共享情况；二是消费者有权请求企业删除其个人信息，并在特定情况下选择退出数据的销售和共享；三是设立了数据泄露的通知义务，要求企业在发现数据泄露后尽快通知受影响的消费者和加利福尼亚州总检察长。

为了遵守《加州消费者隐私法案》等法律法规的要求，企业需要更新其隐私保护政策和数据处理流程，确保消费者的隐私权利得到充分保护。

（三）其他国家和地区的大数据法律法规

1. 日本

日本在数据保护方面也有严格的法律规定。例如，日本的《个人信息保护法》规定了个人信息的处理原则、数据主体的权利及数据处理者的义务等。近年来，随着大数据和人工智能的快速发展，日本也在不断更新和完善其数据保护法律法规，以应对新的挑战。

2. 韩国

韩国在数据保护方面同样有着严格的法律规定。例如，韩国的《个人信息保护法》规定了个人信息的收集、使用、共享和保护等方面的要求。此外，韩国还设立了专门的数据保护机构来监督和执行相关法律，以确保数据主体的隐私权益得到充分保护。同时，韩国也在积极推动数据产业的创新和发展，并通过制定灵活的法律政策来平衡数据保护和产业发展的关系。

二、中国大数据相关法律法规

（一）《中华人民共和国网络安全法》

1. 数据安全保护的相关规定

《中华人民共和国网络安全法》作为我国网络安全领域的基础性法律，对数据安全保护提出了明确要求，如规定了网络运营者应当采取技术措施和其他必要措施，确保其收集的个人信息安全，防止信息泄露或被毁损、丢失。同时，关键信息基础设施的运营者有更为严格的安全保护义务，包括设置专门的安全管理机构，对机构负责人和关键岗位人员进行安全背景审查，定期对网络从业人员进行网络安全教育、技术培训和技能考核等。

在数据安全保护制度方面，《中华人民共和国网络安全法》第二十五条规定："网络运营者应当制定网络安全事件应急预案，及时处置系统漏洞、计算机病毒、网络攻击、网络侵入等安全风险；在发生危害网络安全的事件时，立即启动应急预案，采取相应的补救措施，并按照规定向有关主管部门报告。"此外，《中华人民共和国网络安全法》第三十七条规定："关键信息基础设施的运营者在中华人民共和国境内运营中收集和产生的个人信息和重要数据应当在境内存储。因业务需要，确需向境外提供的，应当按照国家网信部门会同国务院有关部门制定的办法进行安全评估；法律、行政法规另有规定的，依照其规定。"

2. 企业和个人应遵守的义务

网络运营者应当按照网络安全等级保护制度的要求，履行下列安全保护义务，保障网络免受干扰、破坏或者未经授权的访问，防止网络数据泄露或者被窃取、篡改：

（1）制定内部安全管理制度和操作规程，确定网络安全负责人，落实网络安全保护责任。

（2）采取防范计算机病毒和网络攻击、网络侵入等危害网络安全行为的技术措施。

（3）采取监测、记录网络运行状态、网络安全事件的技术措施，并按照规定留存相关的网络日志不少于六个月。

（4）采取数据分类、重要数据备份和加密等措施。

（5）法律、行政法规规定的其他义务。

网络运营者不得泄露、篡改、毁损其收集的个人信息；未经被收集者同意，不得向其他人提供个人信息。但是，经过处理无法识别特定个人且不能复原的除外。

网络运营者应当采取技术措施和其他必要措施，确保其收集的个人信息安全，防止信息泄露或被毁损、丢失。在发生或者可能发生个人信息泄露或被毁损、丢失的情况时，应当立即采取补救措施，按照规定及时告知用户并向有关主管部门报告。

此外，网络运营者还应当配合相关部门依法进行监督检查，如实提供有关情况和资料，不得拒绝、阻挠。在发现网络安全事件或网络安全风险时，网络运营者应立即采取技术措施和其他必要措施，消除安全隐患，防止危害面扩大，并及时向社会发布警示信息。同时，网络运营者还应按照要求采取技术措施，防止网络数据泄露，或者被窃取、篡改。

（二）《中华人民共和国数据安全法》与《中华人民共和国个人信息保护法》

1. 数据处理的规定

《中华人民共和国数据安全法》规定，任何组织、个人收集数据，应当采取合法、正当的方式，不得窃取或者以其他非法方式获取数据。开展数据处理活动应当依照法律、法规的规定，建立健全全流程数据安全管理制度，组织开展数据安全教育培训，采取相应的技术措施和其他必要措施，保障数据安全。重要数据的处理者应当按照规定对其数据处理活动定期开展风险评估，并向有关主管部门报送风险评估报告。

2. 个人信息的保护和权利

《中华人民共和国个人信息保护法》规定，处理个人信息应当遵循合法、正当、必要和诚信原则，不得通过误导、欺诈、胁迫等方式处理个人信息。个人发现其个人信息不准确或者不完整的，有权请求个人信息处理者更正、补充。个人有权要求个人信息处理者对其个人信息处理规则进行解释说明。

个人信息处理者应当根据个人信息的处理目的、处理方式、个人信息的种类以及对个人权益的影响、可能存在的安全风险等，采取下列措施确保个人信息处理活动符合法律、行政法规的规定，并防止未经授权的访问以及个人信息泄露、篡改、丢失：

（1）制定内部管理制度和操作规程。
（2）对个人信息实行分类管理。
（3）采取相应的加密、去标识化等安全技术措施。
（4）合理确定个人信息处理的操作权限，并定期对从业人员进行安全教育和培训。
（5）制定并组织实施个人信息安全事件应急预案。
（6）法律、行政法规规定的其他措施。

个人信息处理者违反《中华人民共和国个人信息保护法》规定处理个人信息，侵害众多个人的权益的，人民检察院、法律规定的消费者组织和由国家网信部门确定的组织可以依法向人民法院提起诉讼。

（三）行业特定的数据保护规定

在金融、医疗等特定行业，由于数据的敏感性和重要性，往往还有更严格的数据保护规定。

1. 金融行业数据保护规定

金融行业是数据密集型行业之一，涉及大量的客户信息和交易数据。因此，金融行业在数据保护方面有更严格的要求。例如，《中华人民共和国商业银行法》和《中华人民共和国反洗钱法》等对金融机构在客户信息保护、交易数据安全等方面提出了明确要求。此外，金融监管部门还发布了一系列规范性文件，对金融机构的数据安全管理、风险防范和应急处置等方面进行了详细规定。

2. 医疗行业数据保护规定

医疗行业的数据保护同样至关重要，因为医疗数据涉及患者的隐私和健康信息。患者的个人信息应当受到严格保护，未经患者同意不得泄露或向第三方提供。同时，医疗机构还需要建立完善的数据安全管理制度来确保医疗数据的安全性和可用性。

第二节　大数据环境下的伦理道德问题

一、数据隐私与保护

（一）个人隐私的界定

1. 个人隐私的概念

个人隐私是指公民个人生活中不愿为他人公开或知悉的秘密，包括个人的私生活、日记、照相簿、通信秘密、身体缺陷等。这些隐私信息对于个人来说具有极高的敏感性和保密性，一旦泄露，可能会对个人的名誉、财产甚至人身安全造成损害。因此，保护个人隐私是维护个人尊严和权益的重要保障。

2. 个人隐私的法律保护

在法律层面，个人隐私受到严格的保护。各国法律都明确规定了个人隐私的保护范围，禁止任何组织或个人非法收集、使用、加工、传输他人个人信息，不得非法买卖、提供或者公开他人个人信息。违反这些规定的行为，将受到法律的制裁。

3. 个人隐私的边界

个人隐私的边界并非固定不变，而是随着社会的发展和技术的进步不断改变的。在互联网时代，个人隐私的边界不断受到挑战。一方面，随着大数据、云计算等技术的发展，个人信息被更加广泛地收集和利用；另一方面，网络空间的开放性和共享性使个人隐私更容易泄露。因此，只有不断更新对个人隐私的界定才能适应时代的变化。

（二）数据收集与使用的道德边界

1. 数据收集的道德原则

在数据收集过程中，应遵循以下道德原则：一是合法性原则，即数据的收集必须遵守相关法律法规，确保数据来源的合法性；二是必要性原则，即数据的收集应限于实现特定目的所必需的最小范围；三是透明性原则，即数据的收集者应向被收集者明确告知收集的目的、范围和方式，并获得其明确同意。

2. 数据使用的道德约束

在数据使用过程中，应遵守以下道德约束：一是尊重个人隐私权，不得将个人数据用于与收集目的不符的用途；二是保护数据安全，防止数据被非法获取、篡改或破坏；三是促进数据利用公平，避免数据被滥用。

3. 道德边界的挑战及其应对

随着互联网技术的迅猛发展，数据收集与使用的道德边界不断受到挑战。例如，一些企业或个人可能会利用技术手段非法收集、使用或出售他人个人信息，这会严重侵犯个人隐私权。为应对这些挑战，企业或个人需要从多个方面努力，如加强法律法规建设，完善数据保护制度，提高数据安全意识，以及推动行业自律和社会监督等。

（三）隐私权与数据利用的平衡

1. 隐私权与数据利用的关系

隐私权与数据利用在某种程度上存在冲突。一方面，隐私权是公民的基本权利之一，应得到充分尊重和保护；另一方面，数据的合理利用有助于推动社会进步和经济发展。因此，需要在保护个人隐私和合理利用数据之间寻求平衡。

2. 平衡隐私权与数据利用的策略

为了实现隐私权与数据利用的平衡，可以采取以下策略：一是建立完善的数据保护制度，明确数据收集、利用、共享等环节的规范和要求；二是加强对数据主体知情权、选择权和更正权等权利的保护，确保个人对自己数据的掌控力；三是推广匿名化技术和加密技术等安全措施，降低数据泄露和被滥用的风险；四是加强行业自律和社会监督，形成多方共同参与的数据治理格局。

3. 案例分析与实践探索

在实践中，许多企业和机构已经在探索如何平衡隐私权与数据利用的关系。例如，一些电商平台通过匿名化方式处理用户数据来保护个人隐私，同时利用大数据分析技术为用户提供更加精准的推荐服务。此外，一些国家和地区在加强数据保护立法和实践探索方面取得了积极进展，为我们提供了宝贵的经验和借鉴。

二、数据歧视与公平性

（一）算法偏见与歧视

1. 算法偏见的产生

在数字化时代，算法已渗透到人们生活的方方面面，从社交媒体的内容推荐到金融信贷的审批，无处不在。然而，算法并非完全客观中立，可能会携带开发者的主观偏见，或者由于训练数据的偏差而产生偏见。例如，如果训练数据中隐含某种性别、种族或社会地位的偏见，那么算法执行过程中在学习这些数据时就可能将这些偏见内化，并在后续的决策中产生不公平的结果。

2. 算法歧视的表现

算法歧视可能表现在多个方面。例如，在招聘过程中，如果算法根据历史数据判断，某性别的应聘者更适合某个职位，就可能构成性别歧视。同样，如果算法根据过去的犯罪记录或信用评分来预测未来的犯罪行为或信贷风险，就可能导致对某些群体的不公平对待。

3. 算法偏见与歧视的风险

算法偏见与歧视不仅违背了公平原则，还可能加剧社会的不平等现象。被歧视的群体可能因此失去机会，并形成恶性循环。此外，算法歧视还可能损害公众对技术的信任，引发社会不满和抵触情绪。

（二）数据驱动的决策可能带来的不公平性

1. 数据的不完整性

数据驱动的决策需要依赖大量数据，但这些数据往往并不完整或存在偏差。例如，某些地区或群体的数据可能更容易被收集，而另一些地区或群体的数据则可能被忽略。这种数据的不完整性可能导致决策结果偏向于数据更丰富的地区或群体，从而造成不公平。

2. 数据的解释性问题

即使数据是完整的，数据驱动的决策也可能会因为数据的解释性问题出现不公平。不同的群体可能会对同一数据有不同的解释和理解，如果决策者只根据数据表面呈现的信息进行决策，而忽视背后的社会、文化和历史背景，就可能造成对某些群体的误解和歧视。

3. 数据驱动的决策与人为决策的对比

虽然数据驱动的决策在某些方面可能更客观和高效，但并非完美无缺。与人为决策相比，数据驱动的决策可能更加机械和刻板，缺乏对人类复杂性和多样性的理解。因此，在某些情况下，人为决策可能更为公平和合理。

（三）道德准则的制定

1. 制定道德准则的必要性

为了防范算法偏见与歧视，以及数据驱动决策的不公平性，制定道德准则是非常必要的。这些准则可以为算法开发者和决策者提供明确的指导原则，确保他们的行为符合社会公认的道德标准。

2. 道德准则的内容

道德准则应涵盖以下几个方面：公平性、透明性、可解释性、可追溯性和责任性。公平性要求算法和数据驱动的决策不能对任何地区或群体产生歧视或不公平对待；透明性要求决策者公开其数据来源、处理方法和决策逻辑；可解释性要求决策者解释其决策的依据和理由；可追溯性要求决策者记录并保存其决策过程和结果以便后续审查；责任性则要求决策者对其决策承担相应的法律和社会责任。

3. 道德准则的实施与监督

道德准则的制定只是第一步，更重要的是其实施和监督。政府、企业和社会应共同努力，确保道德准则得到有效实施。政府可以通过立法和监管来强制企业遵守道德准则，企业可以建立内部审查机制来进行自我监督，社会则可以通过舆论和公益诉讼等方式来维护公共利益和公平正义。同时，还应鼓励和支持第三方机构对算法与数据驱动的决策进行独立评估和监督，以确保其符合道德准则的要求。

三、透明度与可解释性

（一）算法黑箱问题与透明度要求

1. 算法黑箱问题的产生

随着大数据和人工智能技术的快速发展，算法在各个领域的应用越来越广泛。然而，这些算法往往如同一个"黑箱"，内部逻辑和工作原理对外界来说是不透明的。这种不透明性会引发一系列问题，如难以评估算法的性能和公平性，无法验证算法决策的合理性，以及在出现问题时难以追责。

2. 算法透明度要求的重要性

为了解决算法黑箱问题，提高算法的透明度成为迫切的需求。透明度要求算法的设计者、开发者和使用者能够提供足够的信息，以便外界理解算法的工作原理、数据来源、处理过程，以及可能存在的偏见。通过提高算法透明度，不仅可以增强公众对算法的信任，减少误解和疑虑，还有助于发现和纠正算法中存在的问题。

3. 实现算法透明度的措施

为了实现算法的透明度，可以采取以下措施：一是公开算法的设计原理和逻辑结构，让公众了解算法是如何做出决策的;二是公开数据来源和处理方法,以便验证数据的真实性和可靠性;三是建立有效的反馈机制,允许公众对算法的使用效果进行评价和监督。采取这些措施有助于打破算法的黑箱状态,提高公众对算法的信任度。

(二)数据处理和决策的可解释性需求

1. 可解释性的概念

可解释性是指数据处理和决策过程能够以人类可理解的方式呈现。在算法和数据分析中,可解释性对于确保结果的公正性、合理性和可信度至关重要。缺乏可解释性的数据处理和决策可能会引发误解和争议。

2. 数据处理的可解释性要求

在数据处理过程中,可解释性要求能够清晰地说明数据的来源、清洗方法、转换规则及特征选择等。这不仅有助于确保数据的准确性和可靠性,还有助于发现和纠正可能存在的数据偏差或错误。为了满足这个需求,可以采用可视化工具、数据字典、数据清洗报告等方式来提高数据处理的透明度。

3. 决策的可解释性要求

在算法决策过程中,可解释性要求算法能够给出决策的依据和理由,以便用户理解并信任算法的决策结果。例如,在信贷审批过程中,算法需要说明为何拒绝或批准某个申请,以及这个决策是基于哪些数据和逻辑得出的。为了满足这个需求,可以采用决策树、规则列表等易于理解的模型来表示决策逻辑,或者提供详细的决策报告来解释每个决策背后的原因。

(三)增进公众对数据使用的理解和信任

1. 提高公众数据素养

为了增进公众对数据使用的理解和信任,需要提高公众的数据素养。提高公众的数据素养可以采取以下措施:一是普及数据科学基础知识;二是培养公众分析和利用数据的能力;三是引导公众理性看待和评估数据驱动的决策。通过教育和培训项目,公众可以更好地理解数据的价值、局限性和潜在的风险,从而做出明智的决策。

2. 加强数据开放与共享

加强数据开放与共享是增进公众对数据使用的理解和信任的重要途径。政府和企业应该积极推动公共数据的开放与共享,让公众能够更方便地获取和利用数据。同时,还需要建立完善的数据安全和隐私保护机制,确保公众在利用数据的过程中不会泄露个人隐私或商业秘密。

3. 建立多方参与的监管机制

为了增进公众对数据使用的理解和信任,还需要建立多方参与的监管机制。政府应制定和完善相关法律法规，规范数据的收集、使用和传播行为；企业应加强自律，确保数据的合法合规使用；社会组织应发挥桥梁和纽带作用，促进政府、企业和公众之间的沟通与协作；公众应积极参与数据治理过程，提出自己的意见和建议。经过多方共同努力，可以构建更加公正、透明和可信的数据使用环境。

第三节　大数据环境下的法律责任与义务

一、企业的法律责任与义务

（一）数据保护政策的制定与执行

1. 数据保护政策的重要性

在数字化时代，数据已经成为企业运营不可或缺的资源。然而，数据的收集、存储和使用也带来了隐私和安全方面的风险。因此，制定并执行一套完善的数据保护政策，对于保护用户隐私、维护企业声誉和遵守法律法规具有重要的意义。数据保护政策不仅是企业向用户承诺保护其数据的公开声明，还是企业内部数据管理和使用的行为准则。

2. 数据保护政策的制定

在制定数据保护政策时，企业需要先明确数据收集、使用和共享的目的、范围与条件。政策内容应包括数据的分类、存储期限、安全措施及用户权利等。此外，数据保护政策还应符合相关法律法规的要求。在制定数据保护政策的过程中，企业应充分考虑用户需求，同时确保政策的透明度和合理性。

3. 数据保护政策的执行

数据保护政策的执行关键在于确保所有员工都了解和遵守该政策：第一，企业应通过培训、内部宣传等方式提高员工的数据保护意识；第二，企业应建立数据保护的内部监督机制，定期检查政策的执行情况，并对违规行为加以纠正；第三，企业应根据业务发展和法律环境的变化，定期审查和更新数据保护政策，确保其适应性和有效性。

（二）数据泄露的通知和应对措施

1. 数据泄露的风险与产生的影响

数据泄露是企业面临的安全威胁之一。一旦发生数据泄露，不仅可能导致用户隐私信息泄露，还可能引发法律纠纷、财务损失等问题。因此，及时发现、报告和应对数据泄露事件至关重要。

2. 数据泄露的通知义务

企业在发现数据泄露事件后，应立即启动应急响应计划，评估泄露的范围和产生的影响。根据相关法律法规的要求，企业可能需要在规定的时间内向监管机构报告泄露事件，并向受影响的用户发送通知。通知内容应包括泄露的数据类型、范围、可能的影响，以及企业采取的补救措施等。

3. 数据泄露的应对措施与责任

在应对数据泄露事件时，企业应迅速采取措施限制泄露的影响，如关闭漏洞、恢复数据等。同时，企业还应配合监管机构的监督和调查，提供必要的支持。对于因数据泄露导致的用户损失，企业应依法承担相应的赔偿责任。为了预防类似事件再次发生，企业还应深入分析泄露原因，加强安全防护措施，并持续改进数据管理和使用流程。

（三）合规性审计与监督的责任

1. 合规性审计的意义

合规性审计是企业确保数据管理和使用符合法律法规要求的重要手段。通过定期或不定期的审计活动，企业可以及时发现并纠正潜在的问题和风险，确保数据活动的合法性和合规性。同时，合规性审计也是企业向监管机构和用户证明其数据管理与使用行为合规的有效方式。

2. 合规性审计的内容与流程

合规性审计应涵盖企业数据管理与使用的各个方面，包括数据的收集、存储、处理、共享和销毁等环节。在审计过程中，审计人员应公平公正评估企业的数据管理制度、技术防护措施、员工的数据保护意识等。审计结果应形成详细的文字报告，并指出存在的问题和改进建议。企业应根据审计结果制订整改计划并落实改进措施。

3. 合规性审计的监督责任与持续改进

除了进行合规性审计之外，企业还应承担合规性审计的监督责任，确保数据管理和使用行为的持续合规。通过持续改进和完善数据管理与使用流程，企业可以降低法律风险、增进用户信任，并促进业务的可持续发展。

二、个人的权利与义务

（一）个人数据保护权

1. 个人数据保护权的重要性

在信息化社会，个人数据（包括但不限于姓名、地址、电话号码、电子邮件地址、社交媒体账号等）已经成为每个人数字身份的重要组成部分，不仅关乎个人隐私，还涉及个人安全和财产安全。因此，个人数据保护权显得尤为重要，它是保障个人隐私不被侵犯，以及维护个人信息安全的基本权利。

2. 个人数据保护权的内容

个人数据保护权的内容主要包括以下几个方面：一是数据保密权，即个人数据不被非法获取、泄露或滥用的权利；二是数据完整权，即个人数据不被篡改、毁损或丢失的权利；三是数据访问权，即个人有权查询、更正或删除自己的数据。这些权利共同构成了个人数据保护权的完整框架，用于确保个人数据在收集、处理和使用过程中得到充分保护。

3. 实现个人数据保护权的措施

为了实现个人数据保护权，需要采取一系列措施：第一，国家和政府应制定并完善相关法律法规，明确个人数据保护的标准和要求，为数据的合法收集、使用和传播提供法律保障；第二，企业和组织应建立严格的数据管理制度，以确保个人数据在处理和存储过程中的安全性；第三，加强数据安全技术的研发和应用，如数据加密、匿名化处理等技术，以防止数据泄露和被滥用；第四，提高公众对个人数据保护的意识，公众应了解自己的个人数据保护权利并学会如何保护自己的数据。

（二）数据被遗忘权

1. 数据被遗忘权的含义

数据被遗忘权，又称被遗忘的权利，是指个人有权要求删除或更正网络上关于自己的过时、不准确或不再相关的信息。这项权利的产生源于互联网时代信息传播的持久性和广泛性。个人信息一旦公布于网络，则往往难以彻底删除，可能对个人隐私和名誉造成长期影响。因此，数据被遗忘权被视为保护个人隐私的重要手段。

2. 数据被遗忘权的实践意义

数据被遗忘权的实践意义在于给予个人更多的数据控制权。在互联网时代，个人信息很容易被永久地记录在网络上，而这些信息可能随着时间的推移而变得过时或不准确。数据被遗忘权允许个人要求删除或更正这些信息，从而保护个人隐私和声誉。此外，这项权利还有助于平衡信息公开和个人隐私之间的关系，促进互联网空间的健康发展。

3. 数据被遗忘权的挑战及其应对

尽管数据被遗忘权在保护个人隐私方面具有重要意义，但在实际操作中也面临着一些挑战。例如，确定哪些信息应该被删除或更正可能是一个复杂的过程，需要综合考虑信息的性质、来源和公众利益等因素。此外，执行数据被遗忘权也可能与言论自由、新闻自由等权利发生冲突。为了应对这些挑战，需要建立完善的法律框架和监管机制，明确数据被遗忘权的行使条件和程序，并加强其与其他权利的平衡与协调。

（三）数据使用的知情权和同意权

1. 数据使用的知情权

数据使用的知情权是指个人有权知道其个人信息被收集、使用和共享的情况。这项权利是保护个人隐私的基础,因为只有了解了自己的数据如何被使用,个人才能做出明智的决策来保护自己的隐私。知情权包括但不限于了解数据收集的目的、使用范围、存储期限及共享对象等信息。企业或组织在收集和使用个人数据前,应向个人明确告知相关信息,并确保信息的准确性和完整性。

2. 数据使用的同意权

与数据知情权紧密相连的是数据使用的同意权。个人有权决定是否允许其个人信息被收集、使用和共享。这项权利体现了对个人自主权的尊重和保护,可以防止个人信息被滥用或非法获取。在收集和使用个人数据前,企业或组织应获得个人的明确同意,并确保同意的自愿性、明确性和无歧义性。同时,个人也有权随时撤回其同意,企业或组织应尊重并执行个人的撤回请求。

为了实现数据使用的知情权和同意权,需要建立完善的法律制度和监管机制。国家和政府应制定相关法律法规,明确数据知情权和同意权的行使方式与保障措施。企业或组织应建立透明的数据收集和使用流程,以确保个人能够充分了解并控制其数据的使用情况。此外,加强公众教育和宣传也很关键,可以提高公众对个人数据权利的认识和保护意识。

三、违法行为的法律后果

(一) 数据泄露和滥用的法律责任

1. 数据泄露的法律责任

数据泄露指的是未经授权访问、披露或使用敏感或保密数据的行为,可能会导致严重的隐私侵犯和财务损失。在多数法律体系中,数据泄露被视为一种严重的违法行为,对此类行为的处罚通常包括罚款、监禁及民事赔偿。除了承担直接的法律责任之外,企业还可能因此面临声誉损害和客户信任的丧失。

2. 数据滥用的法律责任

数据滥用通常涉及对个人数据的非法或不当使用,如未经同意将数据用于营销、欺诈或其他非法目的。数据滥用的法律责任可能包括刑事处罚、民事赔偿及行政处罚。在一些国家,滥用数据可能构成犯罪,导致刑事起诉和监禁。同时,受害者还可以寻求民事赔偿,以弥补因数据被滥用而遭受的损失。此外,监管机构可能会对滥用数据的企业进行罚款或进行其他行政处罚。

为了防止数据泄露和被滥用,企业应建立完善的数据保护政策,并定期对员工进行数据安全培训。同时,企业还应及时响应和处理数据泄露事件,以减轻潜在的法律风险。

(二) 进行非法数据收集和处理的处罚

1. 非法收集数据的法律责任

非法收集数据是指未经个人同意或违反法律规定收集个人数据。这种行为可能侵犯个人隐私权，并导致严重的法律后果。根据相关法律法规，非法收集数据的法律责任主要包括民事、行政和刑事责任。

2. 非法处理数据的法律责任

非法处理数据涉及对个人数据的非法使用、修改、删除或披露。这些行为同样可能导致严重的法律后果。根据数据的性质和违法行为的严重程度，处罚力度会有所不同。例如，在处理敏感个人信息时违法行为可能会受到较严厉的处罚。

为了避免非法收集和处理数据的风险，企业应确保在收集和处理个人数据之前获得其本人明确的同意，并遵守相关的数据保护法律法规。同时，企业还应建立有效的内部数据管理制度和监督机制，以确保数据的合法性和安全性。

（三）跨境数据流动的法律约束和处罚措施

1. 跨境数据流动的法律约束

随着经济全球化的加速和数据跨国流动的增多，各国对跨境数据流动施加了越来越严格的法律约束。这些约束通常涉及数据出口控制、数据本地化要求及跨境数据传输限制等方面。例如，一些国家要求企业在将数据传输到境外之前必须获得相关部门的批准或进行安全评估。此外，还有一些国家通过签订国际协议或加入多边数据流动框架来规范跨境数据流动。

2. 进行非法跨境数据流动的处罚措施

违反跨境数据流动法律约束的企业可能面临严重的法律后果，如罚款、数据流动限制、业务禁令及刑事起诉等。具体处罚措施因国家不同和具体违法行为而异。例如，在某些国家，未经授权将数据传输到境外可能被视为犯罪行为，并导致刑事起诉和监禁。而在一些国家，违规企业可能面临高额罚款或业务限制。

为了适应跨境数据流动的法律环境并降低潜在的法律风险，企业应充分了解并遵守目标国家的法律法规和国际协议。同时，企业还应与相关部门保持密切沟通，确保数据传输的合法性和安全性。此外，建立完善的数据跨境传输政策和程序也是降低法律风险的关键措施之一。

四、法律执行与监管

（一）数据保护监管机构的角色与职能

1. 数据保护监管机构的重要性

在数据驱动的时代，数据保护监管机构在保护个人隐私、确保数据安全和促进数据合法流动方面发挥着重要的作用。随着大数据、云计算和人工智能等技术的快速发展，个人数据的收集、处理和利用日益频繁，这也对数据保护提出了更高的要求。数据保护监管机构通过制定和执行相关法规，为数据的合法使用提供有力保障。

2. **数据保护监管机构的主要职能**

数据保护监管机构的主要职能包括制定和执行数据保护政策、监督和检查数据控制者与处理者的行为、处理数据保护相关的投诉和纠纷、开展数据保护宣传和教育等。具体来说，数据保护监管机构需要确保个人数据被合法、公正和透明地处理，防止其被滥用或非法获取。同时，数据保护监管机构还需要对数据控制者与处理者进行定期的检查，从而确保其遵守相关法律法规。

3. **数据保护监管机构的挑战与对策**

在履行职能的过程中，数据保护监管机构面临着技术快速发展、法律环境不断变化等多重挑战。为了有效应对这些挑战，数据保护监管机构需要不断加强自身能力建设，提高监管人员的专业素质和技能水平。同时，数据保护监管机构还需要与相关行业、企业和公众保持密切沟通，共同推动数据保护工作的深入开展。

（二）跨国法律执行的协作与挑战

1. **跨国法律执行协作的必要性**

在经济全球化的背景下，数据跨境流动日益频繁，跨国法律执行协作显得尤为重要。不同国家和地区的法律体系、数据保护标准与执法力度存在差异，这给数据的跨境流动和监管带来了诸多挑战。因此，加强跨国法律执行协作，共同打击跨境数据违法行为，维护各国数据安全和隐私权益，成了国际社会的共识。

2. **跨国法律执行协作的方式与挑战**

跨国法律执行协作的方式包括信息共享、联合调查、协助执行等。然而，在实际操作中，这种协作面临着诸多挑战，如法律体系的差异、语言和文化障碍、数据主权和管辖权争议等。为了应对这些挑战，各国需要加强沟通和协调、建立互信机制，推动国际合作协议的签署和实施。

3. **加强跨国法律执行协作的途径**

为了加强跨国法律执行协作，可以采取以下措施：一是建立多边和双边合作机制，明确各国的权利和义务；二是加强信息共享和技术合作，提高执法效率；三是推动国际数据保护标准的制定和实施，促进各国法律体系的衔接和融合；四是加强人才培养和交流，提高执法人员的专业素质和跨文化沟通能力。

（三）行业自律机制与社会监督的作用

1. **建立行业自律机制的重要性**

行业自律机制是维护行业秩序、促进行业健康发展的重要手段。在数据保护领域，行业自律机制可以规范企业的数据处理行为，提高数据安全和隐私保护水平。通过制定行业标准、建立认证制度、开展行业培训和宣传等措施，行业自律组织可以引导企业自觉遵守数据保护法律法规，提升整个行业的形象和信誉。

2. 社会监督的作用与方式

社会监督是保障数据保护法律法规得到有效执行的重要力量。公众、媒体和民间组织等可以通过舆论监督、举报违法行为、提起诉讼等方式参与数据保护的社会监督。这些监督方式具有广泛性、及时性和灵活性，能够发现和纠正数据保护领域的违法行为。

3. 行业自律与社会监督的互动关系

在数据保护领域行业自律与社会监督具有相互促进的关系。行业自律组织可以通过加强与社会各界的沟通和合作，共同推动数据保护工作的深入开展。同时，社会监督也可以为行业自律提供有益的反馈和建议，促进行业自律机制的不断完善和发展。这种互动关系有助于形成全社会共同参与的数据保护格局，提升整个社会的数据安全和隐私保护水平。

第十二章 大数据环境下计算机网络安全的未来趋势与挑战

第一节 人工智能与网络安全的结合

一、人工智能在网络安全中的应用现状

(一) 威胁检测与预防：利用人工智能进行实时威胁分析

1. 人工智能在威胁检测中的角色

随着网络攻击手段的不断演变和复杂化，传统的基于签名或规则的检测方法已经难以满足需求。人工智能，特别是机器学习技术，因为能够从海量数据中提取特征并进行自主学习，所以被广泛应用于网络安全领域，尤其是威胁检测方面。利用人工智能可以实时分析网络流量和用户行为，并通过识别异常模式来发现潜在的威胁。

2. 实时威胁分析的实现方式

利用人工智能进行实时威胁分析，主要依赖于对大数据的深度挖掘和学习。首先，人工智能系统需要收集并分析来自网络各个角落的数据，包括网络流量、用户行为日志、系统事件等。然后，通过机器学习算法，如随机森林、支持向量机或神经网络等，对这些数据进行训练和学习，以识别出正常的网络行为模式。一旦人工智能系统检测到与正常行为模式不符的异常行为，如突发的大量数据传输、非常规的访问请求等，就会触发警报，从而实现对威胁的实时检测。

3. 人工智能在威胁预防中的应用

除了检测威胁之外，人工智能还可以用于预防潜在的网络安全风险。人工智能系统通过对历史攻击数据进行分析，可以预测出可能的攻击路径和手段，从而帮助企业提前加固系统、修补漏洞。此外，人工智能系统还可以结合用户行为分析，对内部威胁进行预警。例如，当某个用户的访问行为与平时大不相同，或者尝试访问与其职责不符的资源时，人工智能系统可以及时发现并阻止这种行为。

4. 挑战与展望

尽管人工智能在威胁检测与预防中展现出了巨大的潜力，但也面临着一些挑战，如数

据质量问题、算法的可解释性问题及对抗性攻击等。为了应对这些挑战，未来的研究需要关注如何提高人工智能系统的鲁棒性和可解释性，以及如何利用更先进的技术（如深度学习、强化学习等）进一步提升人工智能在网络安全中的应用效果。

（二）自动化响应：人工智能驱动安全机器人自主识别和抵御网络威胁

1. 自动化响应的必要性

面对不断增多的网络威胁和攻击，人工响应显然无法满足实时性和准确性的要求。因此，自动化响应成为网络安全领域的重要发展方向。人工智能驱动的安全机器人能够实时监控网络环境，自主识别威胁，并快速做出响应，从而减轻安全团队的工作压力。

2. 人工智能驱动的安全机器人的工作原理

人工智能驱动的安全机器人通常集成了多种机器学习算法和模型，这些算法和模型用于对网络流量、用户行为等进行深度分析。一旦发现异常或威胁行为，安全机器人就会立即启动自动化响应机制，包括但不限于隔离被感染的系统、阻止恶意流量的传播、收集并分析攻击数据以更新防御策略等。此外，人工智能驱动的安全机器人还可以与安全团队进行交互，从而提供详细的威胁情报和处置建议。

3. 自动化响应的优势与挑战

自动化响应的优势主要在于其速度和准确性。人工智能驱动的安全机器人能够在毫秒级的时间内做出响应，这能大大降低潜在威胁对企业或组织的影响。然而，自动化响应也面临着一些挑战，如误报率问题、与现有安全系统的集成问题及对抗性攻击等。为了应对这些挑战，研究人员正在不断探索新的算法和模型，以提高人工智能驱动的安全机器人的性能和可靠性。

4. 未来发展趋势

随着信息技术的不断进步，人工智能驱动的安全机器人将更加智能化和自主化。未来，这些安全机器人不仅能够自主识别和抵御网络威胁，还能根据网络环境的变化自动调整防御策略。此外，随着5G、物联网等技术的发展，网络安全威胁将更加复杂多样，这也对人工智能驱动的安全机器人的性能和功能提出了更高的要求。

（三）智能防御系统：集成人工智能与机器学习来增强网络防御功能

1. 智能防御系统的构建基础

智能防御系统是建立在大数据、云计算和人工智能等基础之上的新型网络安全防护体系。它通过集成人工智能与机器学习，能够实时感知网络环境的变化，并自动调整防御策略以应对各种网络威胁。这种系统的构建需要对网络流量、用户行为、系统日志等多源数据进行深度分析和学习，以提取有效的安全特征和模式。

2. 人工智能与机器学习在智能防御中的应用

在智能防御系统中，人工智能和机器学习算法发挥着核心作用。利用人工智能和机器学习对历史数据进行训练和学习，系统可以识别出正常的网络行为模式，并在发现异常时及时发出警报。此外，人工智能还可以用于预测未来的安全趋势和威胁类型，从而指导企业提前做好防御准备。机器学习算法则可以用来帮助系统不断优化防御策略，提高对不同类型的攻击的识别和防御能力。

3. 智能防御系统的优势与挑战

智能防御系统的主要优势在于其主动性和自适应性。与传统的被动防御方式不同，智能防御系统能够主动感知网络环境的变化，并自动调整防御策略以应对新出现的威胁。然而，这种系统也面临着一些挑战，如数据质量问题、算法复杂度问题等。为了应对这些挑战，研究人员需要不断探索新的算法和技术，以提高系统的性能和可靠性。

4. 未来发展方向与前景展望

随着技术的不断进步和应用场景的拓展，智能防御系统在未来将发挥更加重要的作用。首先，随着5G、物联网等新技术的发展，网络安全威胁将更加复杂多样，智能防御系统需要不断提高自身的智能化和自适应能力以应对这些挑战。其次，随着云计算、边缘计算等技术的应用普及，智能防御系统将与这些技术深度融合，以实现更加高效、灵活的网络安全防护。最后，随着人工智能的不断发展，智能防御系统有望在更多领域得到应用和推广，为网络安全事业做出更大的贡献。

二、人工智能与大数据结合的挑战和机遇

（一）数据处理量巨大，需要高效的算法和强大的计算能力

1. 挑战：数据量的激增

随着大数据时代的到来，数据量呈现爆炸式增长，每天都会产生海量的数据。这些数据来源于各个领域，如社交媒体、电子商务、物联网设备等。处理如此庞大的数据量，对算法的效率和计算能力提出了极高的要求。传统的数据处理方法在面对如此巨大的数据量时，往往显得力不从心，无法满足实时处理和分析的需求。

2. 机遇：高效的算法和强大的计算能力

为了应对巨大的数据量，研究人员需要不断探索高效的算法和强大的计算能力。一方面，通过优化现有算法，如分布式计算、并行计算等，提高数据处理的效率；另一方面，借助云计算、边缘计算等技术实现计算资源的弹性扩展，以满足大规模数据处理的需求。这些技术的发展不仅为海量数据的处理提供了有力支持，还带来了新的商业机会和技术创新空间。

3. 应对策略

为了充分利用高效的算法和强大的计算能力，企业和研究机构可以采取以下策略：首先，要加大对算法研发的投入力度，推动算法的创新和优化，提高数据处理效率；其次，

要积极拥抱云计算等先进技术，实现计算资源的动态分配和管理，以满足不同场景下的数据处理需求；最后，要加强人才培养和引进，培养一支具备高效算法设计和强大计算能力的高素质技术团队。

（二）隐私保护与数据利用的平衡问题

1. 挑战：隐私泄露风险较高

在大数据时代，个人隐私保护面临着前所未有的挑战。由于数据量的激增和数据来源的多样化，个人隐私信息在收集、存储、传输和使用过程中存在较高的泄露风险。一旦隐私信息被泄露或滥用，就会对个人和社会造成严重影响。因此，如何在利用大数据的同时保护个人隐私成为亟待解决的问题。

2. 机遇：隐私保护技术的发展

为了保护个人隐私，隐私保护技术得到了快速发展。例如，差分隐私技术通过添加随机噪声来保护原始数据中的敏感信息，因此攻击者无法准确推断出特定个体的隐私信息。此外，联邦学习等技术允许数据在本地进行训练，而无须将原始数据共享给中心服务器，从而降低了隐私泄露的风险。这些技术的发展为平衡隐私保护与数据利用提供了有力支持。

3. 应对策略

为了实现隐私保护与数据利用的平衡，企业或组织可以采取以下策略：首先，应明确数据收集、存储和使用的标准与规范；其次，应推广和应用先进的隐私保护技术，如差分隐私、联邦学习等技术，以降低隐私泄露的风险；最后，应加强公众教育和培训，提高个人对自身隐私信息的保护能力。

（三）通过人工智能提升网络安全的可行性与前景展望

1. 挑战：网络安全威胁日益严峻

随着大数据的广泛应用，网络安全威胁也日益严峻。黑客利用漏洞和恶意软件等手段攻击大数据系统，窃取或篡改数据，给企业和个人带来了巨大损失。传统的安全防护手段在面对复杂多变的网络攻击时显得捉襟见肘，因此需要借助人工智能来提升大数据网络的安全性能。

2. 机遇：人工智能在网络安全中的应用

人工智能在网络安全领域具有广泛的应用前景。首先，利用人工智能可以对大量安全数据进行深度学习和模式识别，以发现潜在的安全威胁和攻击行为；其次，利用人工智能可以实时监测网络流量和用户行为，及时发现并处置异常事件；最后，利用人工智能可以协助制定和执行安全策略，提高系统的防御能力。

3. 应对策略与前景展望

为了充分利用人工智能以提升网络安全性能，可以采取以下策略：首先，加大对人工智能研发的投入力度，推动人工智能在网络安全领域的创新和应用；其次，建立完善的数据安全体系，确保数据的完整性、机密性和可用性；最后，加强与国际社会的合作和交流，共同应对网络安全挑战。

展望未来，随着人工智能的不断发展和完善，我们有理由相信人工智能将会在网络安全领域发挥更加重要的作用，为构建安全、可靠的网络环境提供有力保障。

第二节 零信任模型在网络安全中的应用

一、零信任模型的基本概念

（一）基于身份的访问控制和持续的信任评估

1. 基于身份的访问控制

在传统的网络安全模型中，访问控制往往基于网络位置或系统角色而言。然而，基于网络位置或系统角色的访问控制在日益复杂的网络环境下难以有效应对各种安全威胁。零信任模型则提出了一种全新的访问控制理念——基于身份的访问控制。该理念强调，在授予访问权限时，不再仅仅依据用户所处的网络位置或所担任的系统角色，而是更加注重验证用户的真实身份。

在零信任模型中，每个用户和设备在访问资源之前，都必须经过严格的身份认证（利用包括但不限于多因素认证、生物识别技术、行为分析等手段），以确保只有经过授权的用户才能访问敏感数据或关键系统。这样可以大大提高系统的安全性，降低未经授权访问的风险。

此外，基于身份的访问控制还意味着系统需要能识别和追踪每个用户的身份。这通常通过为每个用户分配唯一的身份标识符来实现，如用户名、电子邮件地址或员工编号等。系统可以根据这些身份标识符来追踪和管理用户的访问权限，确保每个用户只能访问其被授权的资源。

2. 持续的信任评估

除了基于身份的访问控制之外，零信任模型还强调对用户行为的持续监控和信任评估。这意味着系统不仅要在用户初次访问时对其进行身份认证，还要在用户访问过程中不断对其行为进行评估和分析。

持续的信任评估主要通过监控用户的行为模式、访问频率、访问时间等来实现。例如，如果用户突然在短时间内大量下载敏感数据，那么系统可能会将其视为可疑行为，并采取相应的安全措施加以制止。

为了实现持续的信任评估，零信任模型通常会利用大数据分析和机器学习等技术来自动识别异常行为模式。利用这些技术，系统可以更准确地判断用户行为的合法性，并及时发现潜在的安全威胁。

（二）动态访问管理和最小化权限原则

1. 动态访问管理

在零信任模型中，动态访问管理是一个核心概念。与传统的静态访问控制策略不同，动态访问管理能够根据用户的身份、行为、所处环境等因素实时调整其访问权限。这种管理方式不仅可以提高系统的灵活性，还可以更有效地应对各种安全威胁。

在实施动态访问管理时，系统会持续监测用户的行为、设备状态和网络环境。例如，当用户在一个新的地理位置或未知设备上登录时，系统可能会要求其进行额外的身份认证。此外，如果用户的行为模式发生异常变化，如突然大量下载敏感数据，系统也会自动调整其访问权限或触发警报。

通过动态访问管理，零信任模型能够确保只有合规的用户和设备才能访问敏感资源。这种管理方式不仅可以大大降低未经授权访问的风险，还可以提高系统的整体安全性。

2. 最小化权限原则

最小化权限原则是零信任模型的一个重要组成部分，强调只授予用户完成其工作所必需的最小权限。通过这种方式，即使某个用户的账户被攻破，攻击者也难以获取到过多的敏感信息或执行未授权的操作。

为了实现最小化权限原则，系统管理员需要对每个用户的职责和访问需求进行细致的分析，并据此为其分配适当的访问权限。此外，系统还需要定期审查和更新用户的权限设置，以确保其始终符合最小化权限原则。

最小化权限原则不仅有助于降低系统安全风险，还能提高系统的可管理性和效率。通过限制用户的访问权限，系统管理员可以更容易地追踪和监控用户的行为，及时发现并处置安全事件。同时，由于每个用户只能访问其所需的资源，因此系统的整体性能也会得到提升。

二、零信任模型在大数据环境下的应用实例

（一）零信任模型在远程办公中的应用

随着远程办公的普及，企业的网络安全边界逐渐模糊，传统的基于网络位置的访问控制策略已不再适用。零信任模型通过持续的身份认证和授权，可以为远程办公提供强有力的安全保障。例如，在员工通过虚拟专用网络或其他远程访问工具连接企业内部资源时，零信任模型会要求员工进行多因素身份认证，如指纹识别、面部识别或一次性密码验证等，以确保只有合法的用户才能访问敏感数据。

此外，零信任模型还可以根据用户的行为和设备状态让用户进行动态的访问。例如，如果用户在一个新的或未知的设备上登录，系统可能会要求额外的身份认证步骤或限制其

访问某些敏感资源。这种动态的访问控制策略可以大大降低未经授权访问的风险。

(二) 零信任模型在多云环境下的应用

多云环境虽然为企业发展提供了灵活性和可扩展性的空间，但同时带来了复杂的安全挑战。在不同的云服务提供商之间，安全策略及其实施方式可能存在差异，这增加了统一管理和保护数据的难度。零信任模型通过建立一个以身份为中心的安全框架来实现对多云环境的统一安全管理。

在这个框架中，无论数据存储在哪个云服务提供商的平台上，访问者都需要经过严格的身份认证和授权才能访问。此外，零信任模型还可以利用云服务提供商提供的安全功能，如加密、访问日志和监控等，来增强数据的安全性。通过这种方式，零信任模型可以确保多云环境下数据的一致性和安全性。

三、数据中心的微隔离技术

(一) 微隔离技术的原理

微隔离是一种网络安全技术，可以将数据中心在逻辑上划分为各个工作负载级别的安全段，并为每个段提供独立的安全策略。这种技术允许IT人员在数据中心部署灵活的安全策略，而不必依赖物理防火墙。利用微隔离技术，企业不仅可以更有效地防止内部攻击和数据泄露，还可以提高网络的灵活性和可扩展性。

(二) 微隔离技术在数据中心的应用

在数据中心，应用安全至关重要。微隔离技术通过为每个应用或虚拟机提供独立的安全策略来确保应用之间的网络隔离及其安全性。例如，一个应用如果受到攻击或感染病毒，利用微隔离技术就可以防止该威胁扩散到其他应用或整个网络。

此外，微隔离技术还可以提供细粒度的访问控制。系统管理员可以为每个应用或虚拟机设置特定的访问权限和规则，从而确保只有经过授权的用户或系统才能访问敏感数据或执行关键操作。这种细粒度的访问控制可以大大提高数据中心的整体安全性。

(三) 微隔离技术与零信任模型的结合

微隔离技术与零信任模型是相辅相成的。零信任模型强调对所有流量和用户的持续验证和授权，而微隔离技术则可以为这种验证和授权提供更细粒度的控制手段。通过将微隔离技术与零信任模型结合使用，企业可以构建更加安全、灵活且易于管理的网络环境。在这种环境下，无论是内部用户还是外部攻击者，都难以绕过安全措施这道防线来访问敏感数据或执行恶意操作。

四、零信任模型面临的挑战

（一）技术实现的复杂性和成本问题

1. 技术实现的复杂性

零信任模型的核心思想是对所有用户和设备进行持续的信任评估与验证，这就要求企业具备高度先进的技术实现能力。然而，在实际操作中，构建和维护一个零信任模型面临着诸多技术挑战。该模型需要对现有的 IT 基础设施进行全面改造，以适应基于身份的访问控制和动态权限管理的需求。

实施零信任模型需要对现有的应用系统进行改造升级，以确保它们能够与新的安全策略相兼容。这可能需要大量的定制开发工作，因此增加了技术实现的复杂性。此外，由于零信任模型涉及多个系统和组件的集成问题，因此还需要解决不同系统之间的兼容性和互操作性问题。

零信任模型需要具备持续的安全监测和响应机制，以便及时发现并应对潜在的安全威胁。这就需要建立 SIEM 系统，并组建专业的安全团队来负责监控和分析安全事件。

2. 成本问题

实施零信任模型不仅需要投入大量的技术资源，还需要承担高昂的成本费用。企业需要购买和部署一系列的安全设备与系统，如多因素身份认证设备、入侵检测系统和入侵防御系统、SIEM 系统等。这些设备和系统的采购、部署与维护都需要投入大量的资金。

由于零信任模型需要对现有的 IT 基础设施和应用系统进行全面改造升级，因此企业需要雇用专业的技术人员负责定制开发和集成工作，这将产生大量的人力成本和时间成本。此外，为了确保零信任模型的有效运行，企业还需要对员工进行安全教育和培训，这也需要一笔不小的开支。

由于零信任模型需要持续的安全监测和响应机制，因此企业需要组建专业的安全团队来负责这项工作。这将增加企业的运营成本，并且可能对企业的财务状况产生影响。

（二）用户接受度和培训需求

1. 用户接受度

零信任模型需要对所有用户进行持续的信任评估和验证，这可能会对用户的使用体验产生一定的影响。例如，用户可能需要经常使用多因素身份认证来访问系统，这可能会增加用户的操作复杂度和时间成本。因此，一些用户可能会对零信任模型的实施产生抵触情绪，不愿意接受这种新的安全策略。

此外，由于实施零信任模型需要对用户的网络行为进行持续监测和分析，因此一些用户可能会担心自己的隐私受到侵犯。这种担忧可能会影响用户对零信任模型的接受度。

为了提高用户的接受度，企业需要与用户进行充分的沟通，让他们了解使用零信任模型的重要性和必要性。同时，企业还可以考虑提供一些激励机制来鼓励用户积极参与零信任模型的建设和运行。

2. 培训需求

实施零信任模型需要对员工进行全面的安全培训。首先，员工需要了解零信任模型的基本原理和运行机制，以便能够更好地理解和遵守新的安全策略。其次，员工需要学习如何使用新的安全设备和系统，如多因素身份认证设备、SIEM 系统等。因此，企业需要投入大量的时间和资源来组织培训活动，以确保员工能够掌握这些新的知识和技能。

此外，由于零信任模型涉及多个系统和组件的集成与互操作性问题，因此员工还需要具备一定的技术能力和解决问题的能力。这就要求企业在培训过程中要注重实践操作和案例分析等方面的内容，以提高员工的实际操作能力和解决问题的能力。同时企业还需要定期更新培训内容以适应不断变化的安全威胁和技术发展趋势。

第三节 未来网络安全的发展趋势与挑战

一、未来网络安全的发展趋势

（一）区块链在数据安全和溯源方面的应用

1. 区块链在数据安全方面的应用

随着信息技术的飞速发展，数据安全已成为企业和个人关注的重点。区块链以其去中心化、不可篡改和分布式记录的特性，为数据安全提供了新的解决方案。在数据安全领域，区块链主要应用于以下几个方面：

（1）数据加密与存储：区块链可以对敏感数据进行加密处理，并将加密后的数据存储在链上，以确保数据的机密性和完整性。如果采用公钥和私钥加密技术，那么只有拥有相应私钥的用户才能解密和访问数据，这大大提高了数据的安全性。

（2）数据验证与防伪：区块链可以对数据进行数字签名和时间戳验证，以确保数据的真实性和合法性。这对于需要验证数据真伪的场合非常有用，如电子合同、电子发票等。同时，区块链还可以有效防止数据被篡改或伪造，因为任何对链上数据的修改都会留下痕迹并被网络中的其他节点记录。

（3）数据访问控制：通过智能合约等技术手段，区块链可以实现精细化的数据访问控制。只有符合特定条件的用户才能访问敏感数据，这进一步保护了数据的隐私和安全。

2. 区块链在数据溯源方面的应用

区块链的不可篡改性和透明性使其成为溯源领域的理想选择。以下是区块链在数据溯源方面的具体应用：

（1）区块链可以记录商品从生产到销售的每个环节的信息，形成一条不可篡改的信息链。消费者可以通过扫描商品上的二维码或标签，轻松追溯商品的来源和流向，确保购买到的是正品。

（2）区块链可以详细记录食品在生产、加工、运输和销售等过程中的信息。一旦发生食品安全问题，可以追溯到问题的源头，迅速采取相应措施防止问题扩大。同时，使用区块链还有助于提高食品生产企业的透明度和信誉度。

（3）在医药领域，区块链可以完整记录药品的来源、生产过程、运输过程等信息。这有助于打击假药和非法药品的流通，保障患者的用药安全。

（二）神经网络系统和专家系统在网络安全防御中的应用

1. 神经网络系统在网络安全防御中的应用

神经网络系统具有强大的学习和处理能力，在网络安全防御中发挥着重要作用。以下是神经网络系统在网络安全防御中的深化应用：

（1）入侵检测与预防：神经网络系统可以通过训练识别出网络中的异常流量和行为模式，及时发现并阻止潜在的攻击行为。同时，神经网络系统还可以对已知的攻击模式进行学习，从而提高防御的准确性和效率。

（2）恶意软件检测：神经网络系统可以识别出恶意软件的特征和行为模式，从而及时检测到网络中的恶意软件并进行清除。这有助于保护网络系统的安全性和稳定性。

（3）漏洞扫描与修复：神经网络系统可以自动扫描网络系统中的漏洞，并提供相应的修复建议。这有助于及时发现和修复潜在的安全隐患，提高网络系统的安全性。

2. 专家系统在网络安全防御中的应用

专家系统是一种模拟人类专家决策过程的计算机系统，在网络安全防御中发挥着重要作用。以下是专家系统在网络安全防御中的应用：

（1）安全策略的制定与优化：专家系统可以根据网络系统的实际情况和安全需求，制定最优的安全策略。同时，专家系统还可以根据实际情况对安全策略进行动态调整和优化，提高网络系统的安全性和效率。

（2）安全事件的响应与处理：当网络系统发生安全事件时，专家系统可以迅速响应并处理。通过模拟人类专家的决策过程，专家系统可以自动分析安全事件的性质、原因和危害程度，并提供相应的处理建议。这有助于及时消除安全隐患并防止类似事件的再次发生。

（3）安全风险的评估与预警：专家系统可以对网络系统的安全风险进行评估和预警。通过对网络系统的安全状况进行实时监测和分析，专家系统可以及时发现潜在的安全风险并发出预警信息。这有助于提前发现并解决安全问题，确保网络系统的稳定性和安全性。

二、未来网络安全面临的挑战

（一）数据泄露和隐私保护的风险增加

1. 数据泄露风险

随着大数据技术的广泛应用，企业收集、存储和处理的数据迅速增长。这种大规模的数据集包含商业价值极高的信息，因此会吸引网络犯罪分子的注意，应加强对数据泄露风险的防范。数据量的激增意味着更多的潜在泄露点，任何一个环节的疏忽都可能导致大量敏感信息泄露。

2. 隐私保护的挑战

大数据的收集和处理往往涉及个人隐私信息，如消费习惯、健康记录、位置信息等。在大数据环境下，传统的隐私保护手段（如匿名化、加密等技术）可能难以完全奏效。这是因为通过数据挖掘和关联分析，攻击者仍有可能从匿名化数据中识别出特定个体，进而侵犯其隐私。

3. 内部人员不当行为

除了外部攻击，内部人员的不当行为也是导致数据泄露的重要原因。由于大数据环境复杂，一些员工可能会故意泄露敏感信息。因此，加强内部监管和员工培训也是降低数据泄露风险的关键。

（二）网络攻击和威胁的持续进化

1. 高级持久性威胁的增加

大数据环境为网络犯罪分子提供了更多的攻击面和更复杂的攻击手段。APT攻击就是一种针对特定目标进行的长期、复杂的网络入侵行为。攻击者会利用各种技术手段，如钓鱼邮件、恶意软件、零日漏洞等，绕过安全防护措施，深入渗透目标网络，以窃取敏感数据或进行破坏活动。

2. 勒索软件和擦除恶意软件的威胁

在大数据背景下，勒索软件和擦除恶意软件的威胁也日益严重。这些恶意软件会加密或删除目标系统中的重要数据，并向受害者索要赎金或实施破坏行为。由于大数据环境下数据非常重要，因此这种威胁对企业来说可能是致命的。

3. DDoS攻击的升级

DDoS攻击是一种通过大量请求拥塞目标服务器，使其无法提供正常服务的网络攻击手段。在大数据环境下，由于数据量的激增和网络流量的增加，DDoS攻击的威力和破坏性也随之提升。攻击者可以利用大量的僵尸网络或反射攻击来放大流量，对目标服务器造成毁灭性的打击。

(三) 跨境数据流动和合规性问题

1. 数据跨境流动的复杂性

在经济全球化背景下,大数据的跨境流动变得日益频繁。企业需要遵守各个国家和地区的法律法规,同时确保数据的合法性和安全性。

2. 隐私保护政策和数据保护法律的多样性

随着数据保护意识的提高,各国纷纷出台了自己的隐私保护政策和数据保护法律,这给企业带来了合规性风险。企业需要了解并遵守各个国家和地区的法律要求,否则可能面临法律诉讼和巨额罚款。

3. 国际合作与执法的困难性

跨境数据流动还涉及国际合作与执法的问题。由于不同国家和地区的法律体系与执法机构存在差异,因此,在处理跨境数据犯罪时可能面临协调困难、证据收集与交换不便等问题。这就需要国际社会加强合作与沟通,共同打击跨境数据犯罪活动。同时,企业也需要建立完善的跨境数据流动管理机制和应急预案,以应对可能的法律风险和安全威胁。

三、应对未来网络安全挑战的策略

(一) 加强技术研发,提升安全防护能力

1. 发展先进加密技术

随着大数据技术的不断发展,传统的加密方法可能已经无法完全满足当前的安全需求。因此,应加强新型加密技术的研发,如同态加密、安全多方计算等,这些技术可以在保护数据隐私的同时进行数据分析,从而提高大数据在处理过程中的安全性。

2. 构建智能安全防御系统

利用人工智能和机器学习构建的智能安全防御系统能够实时分析网络流量、用户行为、系统日志,从而识别并预防潜在的安全威胁。通过持续学习和优化,智能安全防御系统可以提高对新型攻击的识别和防御能力。

3. 强化网络基础设施安全

网络基础设施是大数据传输和存储的关键。应加强对网络基础设施的安全防护,包括但不限于路由器、交换机、防火墙等设备的安全配置和更新。同时,可以采用可靠的网络隔离技术,防止潜在的攻击扩散到整个网络。

4. 推动安全芯片和可信计算技术的发展

安全芯片和可信计算技术能够从硬件层面为大数据提供更强的安全保障。通过集成安全芯片,可以确保数据的机密性、完整性和真实性,防止数据在传输和存储过程中被篡改

或窃取。

（二）完善法律法规，加大监管和处罚力度

1. 制定和完善网络安全相关法律法规

针对网络安全的特点，制定和完善相关法律法规，明确数据所有权、使用权和经营权，规范大数据的收集、存储、处理和使用行为。同时，应加大对违法行为的处罚力度，提高法律的威慑力。

2. 建立数据跨境流动的法律框架

针对跨境数据流动的问题，建立明确的法律框架，规定数据跨境流动的条件、程序和责任。同时，应加强与其他国家和地区的合作与沟通，共同打击跨境数据犯罪活动。

3. 加大监管和执法力度

监管部门应加大对网络安全的监管力度，定期对相关企业和组织进行安全检查与评估。对发现的违法行为，应依法进行严厉处罚，并公示处理结果，以起到警示作用。

（三）提高用户的安全意识和操作技能

1. 开展网络安全教育和培训

针对个人和企业用户，应定期开展网络安全教育和培训活动，提高他们对网络安全的认识和重视程度。通过教育和培训，用户可以了解常见的网络攻击手段和防御方法，提高自我保护能力。

2. 推广安全操作习惯

推广良好的安全操作习惯对于提高网络安全至关重要。用户应定期更新密码、使用强密码，并避免在公共场合使用个人账号和密码。此外，对于可疑的邮件和链接应保持警惕，避免随意点击或下载。

3. 建立用户之间的安全信息共享机制

通过建立用户之间的安全信息共享机制，可以及时发现并应对潜在的安全威胁。用户可以共享自己遇到的安全问题和解决方案，从而提高整个用户群体的安全防范能力。这种信息共享可以通过社区论坛、社交媒体等渠道实现。

参考文献

[1] 陈镇. 大数据时代计算机网络安全及防范措施分析［J］. 软件, 2024, 45（02）: 86-88.

[2] 陈小永. 大数据背景下网络安全问题及解决对策［J］. 信息与电脑（理论版）, 2024, 36（02）: 224-227.

[3] 马艮娟, 卜言彬. 简析大数据时代计算机网络安全技术的优化策略［J］. 数字技术与应用, 2024, 42（01）: 224-226.

[4] 王少辉. 大数据背景下的计算机网络安全防御技术［J］. 信息与电脑（理论版）, 2024, 36（01）: 208-210.

[5] 戴昀. 大数据与人工智能在计算机网络技术中的应用［J］. 电子技术, 2023, 52（11）: 94-95.

[6] 姜超. 基于大数据的计算机网络安全防范措施分析［J］. 电子技术, 2023, 52（11）: 112-113.

[7] 张萌. 大数据与计算机网络安全问题对策分析［J］. 电子技术, 2023, 52（11）: 164-166.

[8] 陈文涛. 大数据时代计算机网络安全技术的优化策略［J］. 网络安全技术与应用, 2023（11）: 157-158.

[9] 任成刚. 大数据下的计算机网络安全技术分析［J］. 网络安全和信息化, 2023（11）: 148-150.

[10] 于晓冬, 翟伟华, 冯涛. 大数据背景下计算机网络安全技术优化策略［J］. 产业创新研究, 2023（20）: 8-10, 124.

[11] 韩菊莲. 大数据背景下的计算机网络安全技术研究［J］. 数字通信世界, 2023（10）: 32-34.

[12] 刘王宁. 大数据及人工智能技术的计算机网络安全防御系统［J］. 网络安全技术与应用, 2023（10）: 67-69.

[13] 贾珺. 人工智能技术在大数据网络安全防御中的运用研究［J］. 天津职业院校联合学报, 2023, 25（09）: 31-35, 54.

[14] 徐立溥. 大数据环境下计算机网络安全技术实践研究［J］. 软件, 2023, 44（09）: 148-151.

[15] 项建德. 基于大数据的计算机网络安全防御系统建构分析［J］. 信息记录材料, 2023, 24（09）: 53-55.

[16] 白天毅. 局域网环境背景下的计算机网络安全技术应用探析［J］. 网络安全技术与应用, 2023,（08）: 19-21.

[17] 彭鹏. 大数据下的计算机网络安全技术探讨［J］. 网络安全技术与应用, 2023（08）:

60-62.

[18] 朱珅莹. 大数据下的计算机网络安全技术分析[J]. 科技资讯, 2023, 21 (15): 16-19.

[19] 张淑红. 大数据背景下的计算机信息安全及防护思路[J]. 网络安全技术与应用, 2023 (07): 64-66.

[20] 倪瑞, 梁嬿良, 马雯阳. 大数据时代背景下的网络信息安全管理分析[J]. 数字通信世界, 2023 (06): 188-190.

[21] 陈阳. 大数据背景下计算机网络安全防范研究[J]. 网络安全技术与应用, 2023 (06): 66-68.

[22] 吴锡, 刘鹏. 大数据背景下网络安全问题及对策[J]. 科技创新与应用, 2023, 13 (14): 152-154, 159.

[23] 巫兰光, 马世龙. 大数据与计算机网络中的信息安全措施分析[J]. 集成电路应用, 2023, 40 (05): 274-276.

[24] 蔡琴. 关于大数据时代计算机网络安全防范的途径分析[J]. 现代工业经济和信息化, 2023, 13 (04): 69-71.

[25] 刘城. 大数据时代背景下计算机网络安全防范应用与运行[J]. 无线互联科技, 2023, 20 (08): 166-168.

[26] 孙鹤. 基于大数据时代的计算机网络安全研究[J]. 信息与电脑 (理论版), 2023, 35 (08): 211-214.

[27] 高春苹, 王静. 大数据时代的计算机网络安全及防范措施探讨[J]. 中国新通信, 2023, 25 (08): 113-115.

[28] 王艳. 大数据背景下计算机网络信息安全及防护策略研究[J]. 软件, 2023, 44 (04): 178-180.

[29] 何帅杰. 大数据背景下网络信息安全研究[J]. 无线互联科技, 2023, 20 (07): 151-153.

[30] 郑碧虹. 浅谈大数据时代背景下的计算机网络安全防范策略[J]. 网络安全和信息化, 2023 (04): 124-127.

[31] 罗玮. 大数据时代的计算机网络安全及防范措施探讨[J]. 信息记录材料, 2023, 24 (03): 56-58.

[32] 程娜. 计算机网络安全防范策略研究[J]. 信息记录材料, 2023, 24 (03): 86-88.

[33] 杨明, 韩旭, 宋万鹏, 等. 基于大数据的计算机网络信息安全防护研究[J]. 信息记录材料, 2023, 24 (03): 74-76.

[34] 于晶晶, 宋庆龙, 李文博. 大数据时代计算机网络信息安全防护[J]. 电子元器件与信息技术, 2023, 7 (02): 213-216.